노벨상이 만든 세상

화 학 I

노벨상이 만든 세상
화 학 I

이제 나는,
사람에게 주어진 모든 이익 가운데 인간의 삶을
더욱 윤택하게 하기 위한
기술, 재능, 부(富)보다 더 훌륭한 것을 발견할 수 없다.
-프랜시스 베이컨 -

| 목 차 |

1권

머리말 (Preface) | 006 |

알프레드 노벨 (Alfred Bernhard Nobel) | 017 |

노벨상을 받지 못한 과학의 선구자 (Pioneers without Nobel Prize) | 029 |

쓰레기봉투 (Garbage Bag) | 051 |

달라붙지 않는 프라이팬 (Non-stickg Frying Pan) | 069 |

나이론 양말 (Nylon Stockings) | 083 |

플라스틱 전기 (Plastic Electricity) | 103 |

합성염료 (Synthetic Dyestuff) | 117 |

진토닉(유기화학합성) (Gin and Tonic) | 135 |

축구공 (Soccer Ball) | 145 |

비료 (Fertilizer) | 167 |

살충제DDT (DDT) | 181 |

치약 (Dentifrice) | 203 |

김장 김치 (Kimchi) | 215 |

막걸리 (Makgeolli) | 235 |

아이스크림 (Icecream) | 265 |

진통제 (Anodyne) | 287 |

반딧불이 (Firefly) | 309 |

2권

PET-MRI | 007 |

컬러 사진 (Color Photo) | 027 |

홀로그래피 (Holography) | 045 |

인공 다이아몬드 (Art diamond) | 061 |

백열전구와 네온사인 (Incande Scentlamp and Neon Sign) | 089 |

가짜 예술품 (Imitationawork) | 107 |

연금술 (Alchemy) | 137 |

원자력발전소 (Nuclear Powerplant) | 175 |

인조석유와 설탕 (Synthetic Oil and Suger) | 217 |

프레온가스 (Freongas) | 243 |

맹물 자동차 (Water Car) | 261 |

화성복덕방 (Estate agency Mars) | 275 |

노벨물리학상 수상자 명단 | 318 |

참고문헌 | 324 |

| 머 리 말 |

매년 10월 중순이 되면 어김없이 언론에서 대서특필하는 기사가 있다. 바로 스웨덴과 노르웨이에서 발표되는 5개 분야의 노벨상 수상자에 관한 기사이다(문학상, 평화상, 물리학상, 화학상, 생리·의학상 외에 노벨 경제학상이 있으나 경제학상은 엄밀한 의미에서 노벨상위원회에서 수여하는 것이 아니다).

그러나 노벨상 수상자에 대한 기사를 읽을 때마다 거의 대부분의 사람들이 자신과는 전혀 관련 없는 특별한 사람이 노벨상을 수상했다고 생각하며 거들떠보지도 않는다. 특히 물리, 화학, 생리·의학상인 경우는 더욱 그러하다. 노벨상 수상 대상 논문의 제목만 읽고 그가 무슨 내용을 연구해서 수상했는지는 더더욱 알 수 없다. 그러므로 일반인들은 태어날 때부터 똑똑한 천재 과학자가 자신들은 상상할 수 없이 골머리 아프고 난해한 문제를 연구한 것으로 생각한다. 노벨상 수상자들에 대해 부러움을 느끼기는 하지만, 자신은 다시 태어나도 노벨상을 받을 수는 없다고 생각하는 것은 물론, 노벨상이 자신의 생활에 전혀 영향을 미치지 않는다고 생각한다.

이러한 일반적인 생각은 절반은 옳고 절반은 옳지 않다. 우선 2006년까지 과학 분야에서 노벨상을 수상한 498명의 수상자들의 면모를 보면 대다수가 전문 연구 분야에서 탁월한 업적을 쌓은 학자들이다. 아인슈타인은 어려서는 공부를 잘 못했다는 이야기가 알려져 있기도 하고, 평범한 사람들도 노벨상을 많이 받았다고 하지만 노벨상 수상자 전체를 두고 볼 때 그런 사람은 일부분에 지나지 않는다. 대부분의 노벨상 수상자들, 특히 현대로 내려올수록 노벨상 수상자의 선정 기준은 엄격해지고 경쟁률도 더욱 높아진다.

노벨상을 수상한 사람들은 평생을 통하여 같은 분야에 종사한 사람이 대부분이다. 그러므로 노벨상이 제정된 초창기나 혹은 특별한 경우가 아니라면 한두 개의 유용한 발명이나 발견으로 노벨상을 수상하는 경우는 거의 없다. 노벨상을 수상할 만한 업적을 이루었음에도 계속하여 같은 분야에 종사하지 않았기 때문에 수상에서 탈락한 경우도 있기 때문이다.

그러나 결과만 따진다면 노벨상은 일반인들이 전혀 모르는 분야를 연구한 사람에게 수여된 적은 거의 없다. 비록 수상 논문 자체는 난해할 수도 있지만 그들의 연구 결과는 거의 전부 우리들의 생활에 직결되어 있다. 단지 일반인들은 노벨상의 연구가 얼마나 실생활에 접근되어 있는지를 알지 못하고 있을 뿐이다.

노벨상을 제정하도록 유언을 남긴 알프레드 노벨은 자신의 유언장에서 다음과 같이 말하고 있다.

"이자는 5등분하여 물리학 분야에서 가장 중요한 발견이나 발명을 한 사람, 화학 분야에서 가장 중요한 발견 또는 개발을 한 사람, 생리학 또는 의학 분야에서 가장 중요한 발견을 한 사람, 문학 분야에서 이상주의적인 가장 뛰어난 작품을 쓴 사람, 국가간의 우호와 군대의 폐지 또는 삭감과 평화회의의 개최 혹은 추진을 위해 가장 헌신한 사람에게 준다."

이러한 노벨의 유지를 받들어 과학의 세 가지 분야는 인류의 지식을 높이는 것뿐만 아니라 일상 생활에서 많이 사용되는 여러 가지 필수품을 개발하거나 개발하는 데 기초를 닦아 놓은 연구들이 노벨상을 수상하는 경우가 대부분이다.

대기업에서 근무하고 있는 39세의 홍명호 부장의 예를 보자.

대학을 졸업하자마자 공채로 입사한 후 뒤도 돌아보지 않고 오로지 회사만을 위해 일한 그는 아직까지도 주말에 회사에 출근하여 자료들을 챙긴다. 직장 후배들을 잘 다독거리고 경조사에는 어떠한 일이 있더라도 참석하여 소위 슈퍼맨이라는 소리를 듣고 있지만, 아무래도 집안 일에는 소홀한 편이다. 그 흔한 가족과의 외식도 1년에 한두 번이 고작이지만 그래도 가족들은 홍부장이 직장을 위해 헌신하는 것을 이해해 준다.

그러한 그에게 요즈음 예기치 못한 고민거리가 생겼다. 얼마 전 회사에서 실시하는 정기 신체 검사에서 무언가 이상한 점이 발견됐는지 정밀 검사를 다시 해야 한다는 연락이 온 것이다. 정밀 검사를 다시 하자는 것을 보면 뭔가 큰 병이 있는 것이 틀림없었다.

모든 검진을 다시 했다. 혈액을 다시 뽑았고 X-RAY를 찍었으며 심전도 검사도 다시 했다. 신체 내의 각 부분을 초음파 검사인 컴퓨터 단층 촬영으로 검사한 것은 물론 최신식 기자재인 PET-MRI로 머리까지 촬영했다.

혹시 불치의 병이거나 암일지도 모른다고 생각하니 만감이 교차했다. 큰아이라야 초등학교 5학년, 작은아이가 초등학교 2학년에 불과했다. 자신이 쓰러진다면 처가 그 아이들을 데리고 어떻게 생활할지 앞이 캄캄했다. 회사 일만 열심히 하느라고 재산을 모아둔 것도 없었다. 10년만 더 살았으면 좋겠다는 생각뿐이었다.

토요일 오전. 홍부장은 평소와 같이 6시에 자명종이 울리자 조용히 일어나서 나일론 칫솔에 치약을 발라 양치질과 세면을 하고, 거실로 나가 TV를 켠 후 컴퓨터를 작동시켰다. E-mail과 팩시밀리를 확인하였더니 미국 지사에서 보내 온 계약서 초안에 대한 최종 보고서가 있었다. 레이저 프린터로 프린트하여 중요 대목에 줄을 치면서 꼼꼼히 검토하고 있는데, 처가 전자레인지로 데운 살균 우유 한 잔을 갖고 와 마셨다.

7시 30분이 되자 핸드폰과 쓰레기가 담겨 있는 비닐봉투를 들고 아파트 현관을 나섰다. 경비원이 아파트 현관에 설치된 방범 카메라를 조정하면서 작동 상황을 확인하고 있었다. 주차장 옆에 있는 쓰레기통에 비닐봉투를 넣은 후 자동차 시동을 켜고 도로 상황을 알려 주는 GPS를 켠다.

그가 제일 먼저 들러야 하는 곳은 재검 결과를 알려 줄 병원이다. 이미 러시아워가 시작되었지만 실시간으로 정체되는 구간들을 GPS의 지시대로 달렸으므로 예상한 것보다 빠른 8시 30분에 병원에 도착했다.

병원의 현관에 도착하자 자동문을 통하여 곧바로 검진 센터로 향했다. 기다리는 사람이 많았다. 예약된 9시까지 기다리는 동안 서가에 비치된

월간지를 훑어보는데 1993년도에 간행된 잡지가 있었다. EXPO '93 대전 박람회에서 자기부상열차, 홀로그래피 등 첨단 기법 등을 선보인다는 기사가 실려 있었다. 다른 주간지에는 복제 인간에 대한 내용과 유전자 감식에 의해 범인이 잡혔다는 기사가 특집으로 나와 있었다.

간호사의 호출로 담당 의사의 방으로 들어가니 의사가 모니터로 진료카드를 보고 있었다. 가슴이 약간 떨리기 시작했다. 의사는 혈당치가 당뇨병의 기준치인 140mg/dl에는 약간 못 미치는 135mg/dl이므로 인슐린으로 치료할 단계는 아니지만 경계치에 거의 가까우므로 조심하라고 주의를 줬다. 지방간이 약간 있다며 필름으로 지방이 낀 하얀 부분을 보여줬다. 전반적으로 건강이 나쁘지는 않지만 곧 40대로 들어서니 정규적인 운동을 게을리 하지 말고 스트레스를 받지 않도록 조심하라고 당부했다.

스트레스가 암을 유발하는 가장 큰 공신(功臣)이라면서 과음하지 말라는 소리도 빠트리지 않았다.

홍부장이 볼멘소리로 아무 이상이 없는데도 재검한 이유를 묻자 의사는 회사의 고위층에서 실적이 좋은 부서의 책임자들에 대한 특별 검진을 요청했다고 재검의 이유를 설명해 주었다. 재검 때문에 공연히 1주일씩이나 잠을 설친 것을 생각하면 억울하기는 했지만 몸에 별 이상이 없다니 기분이 그렇게 상쾌할 수가 없었다.

회사에 출근하여 즐거운 마음으로 업무를 처리한 후 오후 1시에 퇴근하자마자 처와 아이들을 데리고 민속촌으로 갔다. 모처럼의 가족 동반 외출이라 아이들이 매우 좋아했다. 아이들이 사진 찍자는 장소마다 셔터를 눌렀더니 필름이 다 떨어져 컬러 필름을 두 통이나 샀다. 필름이 필요 없는 디지털 카메라도 갖고 있지만 아마추어 사진작가로도 활약하는 홍부장이므로 작품용일 경우 필름 사용을 원칙으로 하고 있다.

돌아오는 길에 대형 할인 매장에 들러 여러 가지 생활필수품을 골랐다. 셀로판으로 된 음식 랩, 비닐로 된 테이블 크로스, 플렉시글라스컵 세트, 테플론으로 된 타지 않는 프라이팬, 폴리에틸렌으로 된 쓰레기통, 비디오 공테이프, 베토벤과 모차르트의 CD, 식료품 코너에서는 맥주, 막걸리, 유산균 음료인 요구르트를 비롯한 음료수와 별도로 운영되는 무공해 코너에서 비료를 전혀 쓰지 않고 재배했다는 무공해 식품들을 구입했다. 의류 매장에서는 유명 브랜드 회사 제품에 대한 파격 바겐세일을 하고 있었으므로 폴리에스터 등으로 된 골프용 바지와 티셔츠, 양말 등을 샀다. 모든 물건을 갖고 계산대로 나가자 종업원은 그들이 산 상품이 많은 데도 능숙하게 물건들에 있는 바코드를 확인하면서 계산을 했고 그는 신용카드로 결재했다.

할인 매장에서 나와 젊은 사람들이 많이 가는 음식 체인점에 들렀다. 종업원은 핸드폰보다 조금 큰 휴대용 단말기(PDA: Personal Digital Assistants)를 사용해 주문을 받았다. 홍부장은 새로 개발되어 시판되자마자 선풍적인 인기를 끌고 있는 과일 맛의 청량 음료수와 아이스크림을 시키자 아이들이 좋아했다.

집에 돌아오는 길은 번화가를 지나가기에 각 상점의 조명과 네온사인 때문에 자동차의 조명등을 켜지 않아도 될 정도로 밝았다. 멀리 보이는 야구장에서 야간 경기를 하고 있기에 라디오를 켜니 그가 좋아하는 야구팀이 1점 차이로 승리하고 있었다.

정밀 검사에 암과 같은 특별한 질병이 나오지 않은 것이 고마웠고 모처럼 가족과 함께 주말을 보내는 것이 기뻤다. 아이들이 PC로 컴퓨터게임을 하는 동안 그는 처와 함께 TV를 보았다. 한 채널에서는 원자폭탄 개발에 대한 특집이, 다른 채널에서는 프레온 가스, DDT가 공해의 원인이라며 사용을 중지해야 한다는 뉴스가 나오고 있었다. 두 프로그램을 번갈아 보다가 침실로 들어갔다.

곧바로 잠이 오지 않아 침대 곁의 사이드 테이블 위에 있는 백열등을 켜고 누워서 새로 나온 과학 잡지를 보다가 졸음이 오자 불을 끄고 오래간만에 푹 잠을 청했다.

홍명호 부장 가족의 하루는 평범한 가정에서 자주 겪는 매우 평범한 하루 일정이다. 독자들은 그렇다면 홍부장 가족의 일을 왜 그렇게 장구하게 썼느냐고 의아해 할지도 모르겠다.

그러나 필자가 의도하는 점은 바로 독자들이 아무런 특징이 없는 한 가정의 이야기를 들었다고 느끼게 하는 것, 바로 그것이다. 홍부장 가족은, 그리고 독자들은 평상시에 자신들이 아무 생각 없이 사용하고 있는 모든 일상용품이 거의 노벨상 수상작이거나 노벨상의 연구 업적에 의해 개발되었다는 것을 전혀 느끼지 못하고 있다.

홍명호 부장 가족이 토요일 단 하루 동안 사용한 것 중에서 노벨상과 밀접한 연관을 맺고 있는 것들을 적어 보자. TV, 라디오, 전화기, 컴퓨터, GPS, X-RAY, 심전도 검사, 컴퓨터 단층촬영, PET-MRI, 칫솔, 치약, 레이저프린터, 팩시밀리, 전자레인지, 핸드폰, 쓰레기 비닐봉투, 방범 카메라, 자동문, 자기부상열차, 홀로그래피, 유전자 감식, 인슐린, 컬러 필름, 음식 랩, 비닐 테이블 크로스, 플렉시글라스 컵, 테플론, 폴리에틸렌 쓰레기봉투, 비디오테이프, 콤팩트디스크, 맥주, 유산균, 살균 우유, 막걸리, 폴리에스터, 바코드, 청량음료, 휴대용 단말기, 아이스크림, 원자폭탄, 프레온가스, DDT, 백열등, 네온사인 등등이다.

이상과 같이 수많은 제품들이 노벨상의 수상 대상 작품이거나 수상 연구에 의해 파생된 것이다. 한마디로 노벨상은 탄생한 지 100년밖에 되지 않았음에도 인류 생활을 혁신적으로 바꾸었다.

이러한 제품이 나오기까지는 과학자들의 공이 전적으로 크다. 일부 제품의 경우 과학과는 전혀 관련이 없는 문외한이 발명·발견한 경우도 있으나, 그들의 경우도 과학적인 기초 지식 없이 과학 기술에 관련되는 제품을 개발할 수는 없는 일이다. 그만큼 우리들의 주위에 과학이 깊이 자리 잡고 있으며, 노벨상은 우리들에게 친근한 것이다.

그러나 과학이라는 것을 골머리 아프게 생각하는 사람들은 자신들이 과학에 무지하더라도 과학자들이 모든 문제점을 해결해 줄 것이므로 자신은 과학을 공부할 필요가 없다고 공공연하게 말한다. 그들 중에는 자신은 과학자가 될 생각이 없으므로 과학을 배워야 할 이유가 없다는 사람들도 있다.

그러나 정작 과학이 중요한 것은, 우리들이 일상에 사용하는 자동차, TV, 전축, 컴퓨터, 로봇 등 문명의 이기가 과학 원리에 의한 것이라는 점 때문이 아니다. 과학이 중요한 것은 과학적 원리에 의해 개발된 지식들이 인간들로 하여금 보다 더 풍요로운 삶을 살 수 있게 해주기 때문이다. 게다가 일부 독재자나 과학자가 과학적 지식을 그릇되게 사용하는 것을 막을 수 있는 사람들은 일반 대중들이다. 그러나 일반 대중이 과학을 모른다면 어떻게 독재자를 제어할 수 있는 현명한 판단을 내릴 수 있겠는가.

물론 모든 인간이 전문 과학자가 되어야 한다는 것은 아니다. 대부분의 일반인들은 과학적인 사고를 하기 위한 지식을 갖추는 정도면 충분할 것이다. 그리고 현대 문명의 토대를 이루고 있는 과학의 발전을 관심을 갖고 지켜본다면 더 바랄 것이 없을 것이다. 필자가 이 글을 쓴 목적도 현대의 물질문명이 과학 기술의 토대로 이루어져 있다는 것을 독자들에게 알려 주려는 것이다.

그러므로 이 책에서는 과학을 무조건 어렵다고 생각하는 사람이나 수학 공식만 보면 골머리가 아프다고 하소연하는 사람들도 충분히 이해할 수 있도록 부득이한 경우를 제외하고는 수식을 사용하지 않았다. 첨단 과학

기술의 묘미는 그것이 갖고 있는 기술의 어려움과 복잡성이 아니라 기본 원리의 독창성이나 새로움에 있기 때문이다.

노벨상이 세상을 어떻게 바꾸었느냐는 것은 2000년, 『노벨상이 만든 세상』으로 물리, 화학, 생리·의학 분야로 나누어 일차적으로 다루었다. 그러나 하루가 다르게 바뀌는 현대에서 시간에 따라 축적되는 과학 정보는 상상을 초래할 정도로 엄청나다. 특히 노벨상은 매년마다 새로운 수상자들이 나오므로 이들에 대한 연구 성과를 신속하게 다루어 달라는 주문도 적지 않았다.

필자로 하여금 개정판을 내도록 만든 또 다른 압력은 국내에서 발간된 과학서적으로는 최초로 중국(대만과 홍콩 제외)에 번역 수출되었기 때문이다. 2006년 초 중국의 출판사 'JIELI Publishing House'는 전 세계의 중국권(한자문화권)을 겨냥하여 『노벨상이 만든 세상』을 출간하겠다고 의사를 전해 왔다.

그런데 필자가 개정판을 준비하고 있다고 난색을 표하자 중국 측은 개정판이 나오면 곧바로 출간을 하되 일단 기존에 발간된 책을 먼저 번역하여 출간하겠다며 2006년 8월 계약했고 2007년 1월 출간 되었다. 이것이 상당한 자료를 새로 추가하고 기존 원고를 대폭 보완하여 수정본이 아닌 개정판으로 다시 태어나도록 만든 원동력이다.

마지막으로 이 책의 각 장은 하나하나가 완결되어 있다. 그러므로 많은 부분에서 상호 연관성을 지니고 있다고 하더라도 독자들이 취향에 따라서 어디서부터 읽어도 무방할 것이다. 노벨상의 수상 내역을 보면 일관성 있는 연구로 수상한 것도 있지만 대체로 독창적인 분야에서 수상한 것이 많기 때문이다.

알프레드 노벨
Alfred Bernhard Nobel

그의 유언을 집행하려는 데는 어려움이 많았다.
우선 가족들이 거의 모든 재산을 노벨 재단에 기부한다는 것에 반발하여
유언의 집행을 중지시키려고 법원에 소송을 제기했다.
더구나 세기말의 국수주의에 편승하여 스웨덴의 국왕조차
스웨덴 국가와 국민들에게 기여가 없는 노벨의 유언은 애국심이 결여된 것이라고 비난했다.

- 본문 중 -

알프레드 노벨

노벨상은 다이너마이트를 발명하여 억만 장자가 된 알프레드 노벨(Alfred Bernhard Nobel, 1833~1896)이 남긴 유언에 따라 1901년부터 시작한 국제상이다. 제1회 노벨상 수상의 영광은 물리학상에서 X선을 발견한 독일의 뢴트겐(Wihelm Conard Rontgen), 화학상에서 삼투압과 화학 반응 속도를 연구한 네덜란드의 반트 호프(Jacobus Van't Hoff), 그리고 생리·의학상에서는 디프테리아의 혈청요법을 개발한 독일의 베링(Emil von Behring)에게 돌아갔다.

이후 거의 100년 동안 몇 차례를 제외하고 노벨재단은 과학 발전에 큰 공헌을 한 사람들을 선정하여 노벨상을 수여해 왔다. 노벨상 수상자들은 당사자에게 쏟아지는 존경과 부러움은 물론 엄청나게 큰 상금도 받는다(2006년의 경우 1천만 크로네(약 13억 원)).

그래서 과학자들은 노벨상을 타기 위해 더욱 열심히 연구했으며, 결과적으로 노벨상은 20세기 과학을 발전시키는 원동력이 되었고 20세기 과학의 지표로 자리 잡았다.

| 알프레드 노벨 |
알프레드 노벨이 자신의 전 재산을 희사하여 제정한 노벨상은 물리학, 화학, 생리 및 의학의 발전에 기여한 사람과 세계 평화에 공헌한 사람, 문학성이 뛰어난 작가들에게 수여되고 있다.

공업용보다는 전쟁용으로 각광

노벨은 1833년 스웨덴의 스톡홀름에서 태어났다. 아버지 임마누엘은 원래 직업이 건축가였지만, 항상 무엇을 만드는 것을 좋아해 발명가라는 별칭이 붙을 정도였다. 그는 여러 가지 기계를 발명했지만 그가 만든 공장에 불이 나는 바람에 모든 재산을 날려 버렸다. 노벨이 태어나기 얼마 전의 이야기다. 그러므로 노벨이 태어날 당시에 가사는 매우 기울어 어머니가 야채 장사를 하고 두 형은 길거리에서 성냥을 팔았다.

그러던 중 아버지가 러시아로 가서 러시아 육군에서 사용될 특수한 지뢰를 발명하여 많은 상금을 받았다. 그는 상금으로 무기 제조 회사를 설립했고 노벨이 아홉 살 때 러시아로 이주했다. 이후 노벨은 비교적 안정된 생활 속에서 가정교사로부터 교육을 받으면서 자랐다.

아버지의 기질을 이어 받은 노벨은 열일곱 살 때 유학 길에 올라 프랑스, 독일, 이탈리아 등을 돌아다녔다. 미국에서는 '모니터호(장갑함)'를 만들었던 존 에릭슨 밑에서 일했고, 이것이 그의 진로에 큰 영향을 미친다. 특히 노벨은 외국어 실력이 매우 뛰어났는데, 프랑스의 철학자 볼테르의 책을 스웨덴어로 번역하고 그것을 다시 프랑스어로 번역해서 원전과 비교할 정도라고 송성수 박사는 말한다. 노벨의 탁월한 외국어 실력이 추후 수많은 다국적 기업을 운용하는 데 큰 도움이 되었음은 물론이다.

노벨이 러시아로 돌아왔을 때 아버지의 군수 회사는 더욱 번창하고 있었다. 특히 1853년에 크림전쟁(1854~1856)이 일어나면서 무기 제작 주문이 쏟아졌다. 그러나 이것이 오히려 노벨의 아버지에게 치명타

| 실험 |
노벨의 아버지 임마누엘이 발명한 지뢰를 호수에서 실험하고 있다.

가 되었다. 1856년에 러시아가 영국, 프랑스 등 연합군에 패배하자 막대한 자금을 지급받지 못한 것이다. 결국 노벨의 아버지 임마누엘은 파산했다. 부모는 스웨덴으로 돌아갔고 노벨 형제들은 러시아에 남아 생계를 유지했다. 1860년 스웨덴에 돌아온 노벨은 아버지와 함께 흑색 화약보다 폭발력이 열 배 정도 큰 니트로글리세린이라는 폭약에 관심을 가지고 연구에 몰두하기 시작했다. 다이너마이트의 주 성분인 니트로글리세린은 지금까지 알려진 가장 강력한 폭발물질 중의 하나다.

이탈리아의 화학자 소브레로가 1847년 글리세린에 초산을 혼합하여 화학적 반응으로 처음 만들어낸 이 물질의 폭발력은, 재래식 폭발 중 가장 강하다는 트리니트로톨루엔(TNT)과 비슷하다.

니트로글리세린은 폭발하면 보통의 실온과 압력 아래에서 순식간에 원래 부피보다 1,200배 이상 늘어난 기체로 바뀌게 되고, 약 5,000℃ 이상의 온도가 상승한다. 순식간에 부피가 팽창하면서 자신을 감싸고 있는 장치를 강하게 밀어내게 되는데 그것이 폭발력의 원리가 되는 것이다.

그러나 강력한 폭발력을 갖고는 있지만, 니트로글리세린은 액체 상태로 운반이 허용되지 않을 만큼 약간의 충격에도 폭발하기 때문에 다루기 무척 힘들었다. 하지만 노벨은 비교적 안전하게 폭약을 다룰 수 있는 방법을 개발했다. 니트로글리세린에 흑색 화약을 채운 작은 병을 넣고 거기에 도화선을 연설시키는 방법이다. 노벨은 1863년에 니트로글리세린 폭약에

| 노벨의 아버지 임마누엘 |

대한 특허를 얻었고, 곧바로 그의 화약은 세계로부터 주문이 쇄도하기 시작했다. 그러나 1864년 노벨의 동생이 폭약의 효율을 높이려는 실험을 하다가 폭발사고로 동생과 직원 다섯 명이 사망하는 사고가 일어났다. 주민들의 원성이 심해지자 노벨은 호수에 배를 띄우고 그 위에 공장을 차렸는데 이후 대규모 공사에 적합하다는 판정을 받아 주문을 제때에 소화시키지 못할 정도로 호황을 누렸다.

문제는 노벨이 발명한 폭약은 아직도 위험성을 내포하고 있다는 점이다. 노벨이 만든 폭약은 깡통에 넣어진 뒤 다시 나무상자에 빽빽하게 담겨 운반되었는데, 오랜 시간이 지나면 깡통에 녹이 슬고 구멍이 뚫려 폭약이 흘러나올 위험이 있었다. 노벨은 누수될 경우에 일어날 수 있는 위험을 잘 알고 있었으므로 항상 안전을 강조했지만 잘 지켜지지 않았고 사고는 계속 일어났다. 특히 1866년 4월에 파나마 해안에서 니트로글리세린을 실은 배가 폭발하는 바람에 마흔일곱 명이 숨지기도 했다. 급기야 세계 각국은 니트로글리세린의 반입을 중지시켜 노벨에게 큰 타격을 주었다.

다행히 노벨은 1866년 규조토와 니트로글리세린을 섞으면 폭발력은 유지되면서 안전하게 취급할 수 있다는 것을 발견했다. 규조토란 규조류라고 불리는 아주 작은 크기의 부유성 조류(藻類)의 껍질로 이루어진 퇴적물로, 이것이 퇴적되어 두꺼운 지층을 이루어 땅 위로 나온 것이라고《과학향기》의 이성규 위원은 설명한다. 규조토는 흔히 크기가 1마이크로미터에

알프레드 노벨

| 규조토·규조토 확대(우) |

서 수밀리미터까지 변하는 식물플랑크톤으로 돌말이라고 부르는데, 수중 생태계의 생산자로서 어패류의 먹이로도 중요한 역할을 한다.

규조토가 우수한 여과 능력을 가지는 것은 이것이 기본적으로 돌말의 갑옷 껍질이기 때문이다. 돌말의 세포를 감싼 갑옷은 실리카 성분이며, 나노미터 크기의 작은 구멍들이 무수히 정렬된 단단한 구조를 가지고 있다. 따라서 규조류의 갑옷이 퇴적된 다공성 규조토는 자기 무게의 3배에 이르는 니트로글리세린을 흡수할 수 있다.✢

노벨은 1867년에 다이너마이트에 대한 특허를 받았다. 때마침 지중해와 홍해를 연결하는 스에즈 운하가 건설되고 알프스 산맥에 터널이 만들어지는 덕분에 노벨의 사업은 더욱 크게 번창했다. 1870년 프로이센-프랑스 전쟁이 일어나자 프랑스는 6만 프랑의 지원금을 내놓으면서 프랑스에 공장을 세워 달라고 요청할 정도였다.

다이너마이트에 대한 수요는 끊이지 않아 노벨은 21개 국가에 95개의 공장을 설립했다. 그 중에는 오늘날 세계적인 기업으로 성장한 영국의 〈임페리얼화학〉, 독일의 〈다이너마이트노벨〉, 스웨덴의 〈노벨산업〉 등이 있다. 또한 노벨은 그의 둘째 형인 루드비히와 함께 러시아 바쿠에서 정유 공장을 차려 크게 성공하기도 했다.

✢「나노 과학 기술 여행」, 강찬형 외, 양문, 2006

| 노벨 공장(위)과 실험실(아래) |

　노벨은 다이너마이트를 발명한 뒤에도 폭약의 성능을 개선하는 일을 게을리하지 않았다. 1875년 니트로글리세린으로 실험하던 중 손가락을 다쳐 상처에 콜로디온(니트로셀룰로오스를 에테르와 알코올의 혼합액으로 만든 것으로 상처의 보호나 투석막·사진 감광막 등에 사용)을 바르고 실험을 계속했는데 실험 후 콜로디온의 모습이 변한 것을 발견했다. 그는 콜로디온을 니트로글리세린과 혼합하여 약간 가열하면 껌과 비슷한 물질이 생긴다는 사실에 주목했고, 이것이 '젤라틴 폭약'이다. 젤라틴 폭약은 다이너마이트보다 폭발력이 세면서 안정성이 뛰어나고 가격도 저렴하여 폭발적으로 판매되었음은 물론이다.

　노벨은 타고난 발명가로 평생 동안 355건의 특허를 획득했다. 그 중에는 폭약 이외에도 페인트, 파이프라인, 인조견사 등이 있다고 송성수 박사는 기술하고 있다.✝✝

전 재산을 노벨상을 위해 기부

　다이너마이트는 노벨의 의지와는 관계없이 전장에서 대규모 인명 살상이 가능한 재래식 무기에도 안성맞춤이었으므로 전쟁이 벌어질 때마다 폭발적인 수요를 보였다.✝✝✝

　일반적으로 많은 사람들이 그가 다이너마이트가 전쟁에 사용되어 수많

✝✝
『청소년을 위한 과학자 이야기』, 송성수, 신원문화사, 2002

✝✝✝
「노벨상감인 다이너마이트의 두 가지 성분」, 이성규, 사이언스타임스, 2005. 10. 18

알프레드 노벨 | 23

은 사람들을 살상한 대가로 거부가 되었다고 생각하지만, 사실 다이너마이트가 가장 많이 쓰인 곳은 전쟁터가 아니라 토목 공사장이었다. 당시 세계 각지에서는 철도, 댐, 광산 등의 건설로 거대한 토목 공사가 진행되고 있었으므로 다이너마이트의 수요는 폭발적이었다.

노벨은 평생 독신으로 살았다. 그러나 독신생활을 청산하고 결혼할 생각을 한 적도 있다. 60세에 그는 신문에 이런 광고를 냈다.

> 부유하고 학식 있는 나이 든 신사가 숙녀를 찾고 있습니다. 외국어에 능숙하며 비서와 가정 주부를 겸할 수 있었으면 더욱 좋겠습니다.

이 광고를 보고 찾아온 여자가 오스트리아 귀족 집안의 주트너였다. 노벨은 그녀를 좋아하여 청혼까지 했으나 뜻을 이루지 못했다. 전쟁을 종식하는 방법에 그녀와 이견이 생겼기 때문이다.

주트너는 평화 운동 단체를 운용하면서 무기를 만들지 말아야 한다고 강조했다. 반면에 노벨은 가공할 위력을 가진 무기를 만들면 전쟁이 불가능해진다고 생각했다. 이러한 이견으로 두 사람은 결혼하지 못했는데, 학자들에 따라 노벨이 노벨상을 만들게 된 동기를 주트너의 영향이라고 보기도 한다. 주트너는 노벨이 사망한 후에도 자신의 길을 계속 갔고, 1905년에 노벨 평화상을 받기도 했다.

여하튼 알프레드 노벨은 이때 축적한 재산 중에서 일부분을 자신의 가족과 평생 신세를 진 사람들에게 유산 또는 연금 형식으로 물려주었다.

그리고 나머지 현금화가 가능한 전 재산을 안전한 유가 증권으로 바꾸어 그 이자로 매년 그 전해에 물리학, 화학, 생리학 및 의학의 발전에 기여한 사람과 평화에 공헌한 사람, 문학성이 뛰어난 작가를 선발하여 상금을 주도록 유언했다.

| 알프레드 노벨 |

　노벨상 수상자는 매년 말에 5개 분야에서 발표된다. 수상 대상자는 "상의 선정에 있어서는 국적은 일체 고려하지 않고 가장 적합한 사람을 선정하여야 한다"는 노벨의 유언에 따라 국적을 따지지 않는다. 한 상에 대하여 두 분야, 최대 3명에게 수여되며 생존자만이 수상할 수 있다. 수상자로 결정되고 나서 수상식까지 사이에 수상자가 사망하거나 혹은 수상식에 결석하여도 수상 자격은 상실되지 않지만, 1년 이내에 상을 받지 않는 경우에는 특별한 경우가 아닌 한 수상을 사퇴한 것으로 간주하여 수상 자격이 상실된다.

　노벨이 인류의 평화와 과학 발전을 위해 자신의 전 재산을 내놓을 생각을 갖게 된 데는 다음과 같은 에피소드가 있다.

　1888년 파리의 한 신문에 노벨이 죽었다는 기사가 실린 적이 있었는데, 그것은 그의 형 루드비히가 사망한 것을 기자가 착각하여 노벨이 사망한 것으로 발표한 것이다. 그런데 기사에는 다이너마이트가 수많은 사람들의 목숨을 앗아간 것을 비꼬아 「죽음의 상인 알프레드 노벨이 드디어 사망했다」는 제목이 붙어 있었다.

　노벨은 평생 결혼하지 않아 부인과 자식이 없었지만 7남매로 태어났으므로 많은 가족이 있었다. 노벨은 처음에는 자신의 유산이 이들 가족에게 돌아가야 한다고 생각했지만, 자신을 '죽음의 상인'이라고 비난한 언론 보도로 인해 충격을 받아 유언장을 다시 작성했다. 7년에 걸쳐 세 번이나 고쳐 쓴 그의 유언장은 일관되게 인류의 복지 향상과 전쟁의 억지 내지는 방지 방안을 고려하고 있었다.

노벨은 1896년 12월 10일에 63세의 일기로 이탈리아의 산레모에서 사망했다. 그의 시신은 스톡홀름으로 운반되었고, 1896년 12월 30일에 장례식이 거행되었다.

그의 유언을 집행하려는 데는 어려움이 많았다. 우선 가족들이 거의 모든 재산을 노벨 재단에 기부한다는 것에 반발하여 유언의 집행을 중지시키려고 법원에 소송을 제기했다. 더구나 세기말의 국수주의에 편승하여 스웨덴의 국왕조차 스웨덴 국가와 국민들에게 기여가 없는 노벨의 유언은 애국심이 결여된 것이라고 비난했다.

스웨덴 학계에서도 비난이 일었다. 국적을 가리지 않고 노벨상을 수여한다면 주로 외국 과학자들에게 노벨상이 돌아가게 될 가능성이 컸기 때문이다. 노벨 평화상을 노르웨이에서 수여하게 한 것도 불만이었다.

그러나 유언 집행인인 라그나르 솔만(Ragnar Sohlman)의 치밀하고 결단성 있는 헌신으로 1900년 6월 29일에 노벨 재단이 출범하였고, 1901년 12월 10일 노벨의 5주기를 기념하여 제1회 노벨상 시상식이 스톡홀름의 음악당에서 거행되었다.

노벨상의 신화가 탄생한 것이다.

노벨이 노벨상을 만들게 된 동기는 한 편의 동화와 같다는 것을 알 수 있다. 그는 광산을 효율적으로 개발할 수 있는 다이너마이트를 발명하여 소위 떼돈을 벌었다. 그러나 그의 발명품은 광산 등 산업에 이용하는 것보다 인간을 살상하는 폭탄으로 보다 큰 명성을 얻었고, 결국 '죽음의 상인'이라는 오명에 충격을 받았다. 이것이 노벨상이라는 사상 초유의 획기

| 알프레드 노벨 기념 메달 |
노벨상 수상 기념 메달의 앞면에는 창설자 알프레드 노벨의 생년월일 및 사망 연월일이 조각되어 있다.
뒷면은 수상자의 성명과 수상년도, 그리고 라틴어로 '자연', '과학' 및 스웨덴 왕립 과학 아카데미의 약칭과 '위대하다, 스스로의 발명에 의해 풍요해지는 인류의 삶이여'라는 고대 로마의 시인 베르길리우스의 시구가 새겨져 있다. 사진의 메달은 아인슈타인이 1921년에 수상한 것이다.

적인 상을 만들게 한 요인이다.

니트로글리세린은 치료약

과학은 계속 발전하며 과거의 이론이나 정설이 후대에 오류로 바뀌는 것이 다반사이다. 이와는 달리 과거에 비난 받거나 오류로 인정되던 것들이 추후에 재평가되기도 한다. 아이러니하지만 이런 사례 중에 노벨도 포함된다.

노벨이 그렇게도 비난을 받던 니트로글리세린이 인간에게 유용한 치료제가 될 수 있다는 연구 결과가 근래에 발표되었다.

협심증으로 통증이 있을 때 극히 소량의 니트로글리세린을 혀 밑에 넣거나 증기를 흡입하면, 잠시 타는 듯한 느낌이 지나간 뒤 3~5분 뒤에는 통증이 사라진다. 니트로글리세린이 혈관을 타고 들어가 심장이나 뇌의 혈액순환을 좋아지게 하는 것이다. 다이너마이트의 원료가 혈관확장제로도 쓰인다니 이상한 것 같지만, 실제로 니트로글리세린은 수많은 사람들의 생명을 지금도 구하고 있다. 《사이언스타임스》의 이성규 위원의 글을 참조한다.

니트로글리세린의 맛을 보면 단맛이 난다. 니트로글리세린이 협심증의 약으로서의 효능이 밝혀진 것도 바로 이 단맛 덕택이다.

19~20세기 무렵 서양에서 산업 발달과 군비 경쟁 때문에 다이너마이트 공장이 많이 늘어났는데, 신기하게도 이들 공장에 다니던 협심증 환자들에게는 협심증 발작이 나타나지 않았다. 원인을 밝히기 위한 연구가 실시됐고, 결국 환자들이 비교적 단맛을 내는 니트로글리세린을 작업 중에 무의식적으로 섭취한 덕택에 협심증을 예방할 수 있었다는 결론이 났다. 니

트로글리세린이 심장 주위를 감싸고 있는 관상동맥을 넓혀 주어서 협심증 발작을 가라앉힌다는 것이었다.

당시에는 그 원리가 알려지지 않았으나, 근래 생명공학기술 덕택에 니트로글리세린이 미토콘드리아의 효소와 작용한다는 사실이 밝혀졌다. 2002년 듀크 대학 메디컬센터 스템러 박사팀이 니트로글리세린이 미토콘드리아에서 미토콘드리알 알데히드 탈수소효소(mtALDH; mitochondrial aldehyde dehydrogenase)라는 효소를 발견해 내고, 이 효소가 니트로글리세린을 분해하여 산화질소와 관련된 물질로 만든다는 사실을 규명했다. 산화질소는 혈관이 잘 팽창하도록 해주고 심장발작의 원인이 되는 혈소판의 응집과 혈전의 형성을 막아 주는 것으로 알려져 있다

과거 전장에서 수많은 사람들의 목숨을 앗아간 죽음의 천사인 니트로글리세린이 협심증 환자들에게는 생명의 천사였던 것이다. 물론 니트로글리세린이 심장질환 환자에게 오랫동안 쓸 수 있는 만능 치료제는 아니다. 내성이 생겨나기 때문이다.

그런데 더욱 흥미로운 점은, 알프레드 노벨 자신이 바로 협심증 환자였다는 사실이다. 노벨이 사망하기 전에 미리 노벨상에 관한 유서를 남겼던 것은 자신의 지병인 협심증으로 인해 언제 죽을지 몰랐기 때문이었다.✝

✝「노벨상감인 다이너마이트의 두 가지 성분」, 이성규, 사이언스타임스, 2005. 10. 18

노벨상을 받지 못한 과학의 선구자

Pioneers without Nobel prizw

과학 분야의 선구자들은 어느 누구도 노벨상을 받지 못했다.
이들이 모두 노벨상을 받지 못한 것은 당연한 일이다.
그들이 생존해 있는 동안 노벨상이라는 제도가 없었기 때문이다.
그러나 이런 선구자들이 없었다면 현대와 같은 과학문명이 성립되지 못했을 것이다.
현대의 노벨상 수상자들은 바로 이들 선구자들의 유업을 이어받아 연구한 후학들인 것이다.

- 본문 중 -

노벨상을 받지 못한 과학의 선구자

아프리카의 원주민 중에서 숫자 개념이 없는 종족이 많이 있는데, 이 중에서도 한 종족은 손가락으로 수를 세면서 "하나, 둘 ,셋, 아휴 많아"라고 한다. 그들에게 넷 이상은 너무나 큰 숫자이므로 셀 수가 없다는 뜻이다.

대부분의 동물들에게 수의 개념이 없다는 것은 잘 알려져 있다. 인간과 가장 가까운 침팬지나 고릴라의 경우도 특별한 경우를 제외하고 숫자를 세지 못한다. 이것은 수를 셀 수 있는 자체가 인간의 특성이며 과학 기술 시대로 들어가는 실마리라는 것을 뜻한다

인류의 역사가 시작된 후 언제부터 수를 세고 계산을 할 수 있게 되었는지는 확실하지 않다. 고고학자들은 오늘날의 콩고민주공화국에 있는 에드워드 호(湖) 주변에서 8천 년 전의 것으로 보이는 뼈 조각을 발견했다. 그 뼈 조각에는 한쪽 끝에 홈이 파여 있고 그 홈에 작은 광물이 붙어 있다. 이 도구를 만든 사람이 누구인지는 알 수 없지만 뼈의 옆면에 세 줄로 금을 새겨 놓았다. 이 도구를 '이샹고 뼈(Ishango bone)' 라고 부르며 과학자들은 지금까지 발견된 것 중에서는 가장 오래된 숫자 기록용 도구로 추

정한다.

수로 연산을 한다는 것은 인간의 지혜가 어느 정도 발달한 후에 생겼다. 이는 계산을 위해서는 어느 정도 추상 능력이 요구되기 때문이다. 윌리엄스는 많은 부족들의 경우, 예를 들면 두 사냥꾼이 두 마리의 사슴을 향해서 두 발의 화살을 쏘고 마을로 사슴을 운반하는 동안 둘째 사슴의 내장이 빠져 나왔다면 이때 각각의 '둘'을 가리키는 말이 매번 다를 수 있다는 것을 구분하지 못한다고 지적했다. 이런 부족들은 실제로 사과와 오렌지를 덧셈할 수 없다. 이들이 모두 동일한 개념, 즉 추상적인 수 2이라는 것을 깨닫기까지는 인류는 수천 년의 세월이 지나야 했던 것으로 추정한다.

세계 7대 불가사의 피라미드

학자들에 따라 다르지만, 인간의 머리에서 추상적인 수를 향한 첫걸음은 기원전 6천 년경 나일강 주위의 사람들이 유목생활을 버리고 나일 강변을 경작하는 데에 주력하면서 이루어졌다고 믿는다. 나일강은 매년 6월 중순에 강물이 솟아 올라오기 시작하여 4개월간 범람이 지속된다. 10월이면 강물이 줄고 폭이 좁아지기 시작하여 땅이 건조해지며 비옥한 검은 흙으로 채워진다. '이집트'라는 이름도 콥트어로 '검은 흙'을 뜻한다.

8개월의 건기는 경작기인 페리트(perit)와 추수기인 셰무(shemu)로 나누어진다. 기원전 3,500년경에 이집트인들은 선박을 제조하고 금속세공 같은 간단한 공업기술을 터득해 그들만의 독특한 문자인 상형문자를 발명했다.

이집트의 모든 토지와 소유물은 원칙적으로 파라오의 소유였지만, 실제로는 신전과 개인도 사유재산을 소유하고 있었다. 이집트 정부는 그 해의 범람 높이와 소유한 토지의 면적을 기준으로 해서 세금을 부과했다.

| 피라미드 |
7대 불가사의 피라미드

세금은 매우 중요한 일이었으므로 이집트인들은 정사각형·직사각형·사다리꼴 등의 면적을 계산하는 방법을 개발했고, 원의 면적도 계산했다. 엄밀한 의미로 그들이 계산한 원의 면적은 정확하지 않았지만 오차는 0.6%에 불과했다.

이집트인들은 이렇게 해서 축적된 수학 지식으로 현대인들도 놀라는 일을 이룩했다.

우선 데카르트와 라이프니츠 시대까지도 유럽인들은 수학에서 100만이란 개념을 갖고 있지 않았다. 그런데 이집트인들은 100만을 표시하는 상형문자(놀라 두 손을 들고 있는 사람 모양)를 갖고 있었고, 천문학적인 숫자를 사용했다(고대 힌두인과 바빌로니아인도 100만이란 숫자를 알고 있었으며, 인도는 세계에서 가장 중요한 '0'이란 숫자를 알고 있었다).

이집트인들이 현대인들을 놀라게 하는 것은, 그들의 수학 지식을 유감없이 발휘하여 세계 7대 불가사의 중 하나인 피라미드와 같은 거대한 건축물을 만들었다는 점이다.

기원전 2500년경에 건축가는 높이가 146m에 달하며 개당 평균 2.5t의 돌 2백 30만 개를 쌓는 대 역사에 도전한다. 건축가에게는 현재와 같은 레이저 조준기는 물론 세련된 관측 장비도 없었고, 무거운 돌을 들어 올리는 크레인도 없었다. 말도 사용할 줄 몰랐고 철기도 생산되지 않았다. 그럼에도 불구하고 이집트인들은 세계 7대 불가사의 중 하나인 쿠프의 대 피라미드를 건설했다.

피라미드와 같은 대 건축물을 건설할 수 있다는 그 자체만 갖고도 많은 학자들은 현대 기하학의 요람은 이집트라고 말한다. 대부분의 고대 지식인들, 헤로도투스, 플라톤, 세르비우스, 클레망 알렉산드르, 헤론 드 지오미트르, 디오도르 드 시실리, 포르피우 등은 고대 이집트가 동시대의 다른 문명에서는 상상할 수 없는 고도의 과학적 지식을 갖고 있다고 입을 모았다.

세르비우스는 다음과 같이 적었다.

> 나일강이 범람할 때마다 과거에 구획된 토지의 경계를 알아낼 수 없게 되는 난처한 문제에 봉착했다. 이러한 경계를 정확히 찾기 위하여 이집트인들은 모든 경작지를 선으로 구분하는 지혜를 발휘했다. 그런 과정에서 기하학이 생겼는데, 그들은 땅을 재는 것뿐만 아니라 바다, 하늘까지 영역을 넓혔다.

천문학적으로 볼 때 의심할 수 없는 사실은, 고대 이집트인들이 임의적으로 방위를 알아낼 수 있었다는 것이다. 쿠프의 대 피라미드는 방위의 평균 오차가 3분 6초이다. 케프렌의 경우는 5분, 미케리노스의 경우는 14분이 차이가 나는데, 이러한 오차는 매우 미소한 것이다.

피라미드를 건설할 당시에 북쪽을 의미하는 용자리 알파별을 이집트인들이 알고 있었다는 사실은 대지와 건물의 방위로 보아 거의 의심할 여지가 없다. 현대의 기준으로 볼 때 단순한 추와 조준할 때 사용하는 막대기 베이가 측량 장비로 사용된 전부라는 것을 감안하면 매우 놀라운 일이다.

더욱이 이집트인들은 피라미드가 건설되기 몇 천 년 전부터 태양, 달, 별, 행성들의 운동을 세밀하게 관측하는 등 천문학에 고도의 지식을 갖고 있었다.

우선 그들은 태양력을 사용했다. 이집트에서 달력의 사용을 보통 기원전 4241년으로 공인하고 있으므로, 쿠프의 대 피라미드를 건설할 당시를 기원전 2500년으로 볼 때 태양력이 사용된 지는 이미 1700년이나 되었음을 알 수 있다.

그들은 매년 정기적으로 발생하는 나일강의 홍수가 일어나는 날과 큰개별자리 시리우스별이 1년에 1회 동트기 직전에 나타나는 것을 정확히 탐지하여 1년이 365.25일이 되는 것도 알았고, 이 순간을 1년의 시발점으로 정했다. 한 달을 30일로 한 12개월에 여분으로 5일을 더해 1년으로 하였다.

피라미드를 건설하는 데 가장 필요한 것은 체적과 표면적을 계산하고 수직을 세우는 것인데, 이집트인들이 그 방법도 숙지하고 있었다는 것은 틀림없다.

그것은 황금비율 ϕ와 원주율 π에 관한 것으로, 잘 알려진 바와 같이 $\phi = 1.618$이고 $\pi = 3.1416$이다.

우선 황금비율 $\phi = x/b$, 즉 변심거리 x와 1/2밑변거리는 $x/b = 1 + \sqrt{5}/2 = 1.618 = \phi$이다. 실제 x/b를 쿠프의 대 피라미드에 적용할 경우 $h/b = 27,984/22 = 13,992/11$로 거의 14/11 비율에서 겨우 8/1,000 오차가 난다. 원주율 π의 경우는 대 피라미드의 밑변 둘레 절반과 높이의 비가 π와 같다는 점도 놀랍다. 즉 $4b/h = 4 \times 11/14 = 22/7 = 3.1428$이 된다.

경사각 51도 49분 42초는 황금비율과 관련되며, 밑변둘레의 반과 변심거리의 비인 14/11인 경사각 51도 50분 35초는 $\pi = 22/7 = 3.1428$을 준다. 밑면 부분 대각선의 피라미드 단면의 삼각형인 9/10는 경사각 51도 50분 39초를 갖는다. 정확한 $\pi = 3.1416$의 경사각은 51도 51분 14초이다. 그 당시에 정확한 $\pi = 3.1416$은 알려지지 않았을 것으로 생각되지만, 모두 근소한 차이에 지나지 않는다.

또한 피라미드 내의 현실을 건설할 때 의식적으로 기하학 지식을 적용한 것을 발견할 수 있다. 쿠프의 현실은 바닥 면적이 20×10쿠데(약 50㎝)이며 높이는 11.172쿠데이다. 이를 계산해 보면 서쪽과 동쪽 긴 단면의 대각선은 15쿠데가 된다. 이럴 경우 직각삼각형의 밑변이 10쿠데이고 높이는 $\sqrt{5}$가 된다. 이 15쿠데의 대각선은 보이는 것과 같이 긴 밑변과 긴 변 대각선이 3:4:5인 '직각삼각형'이 된다.

현실의 위치가 밑변의 절반이 되는 곳에 있다는 것도 이집트인들의 높은 기하학 수준을 보여 준다. 어느 정도 측량 기술을 갖고 있는 사람들은 주어진 정사각형의 대각선이 면적이 2배인 정사각형의 변의 길이와 같다는 것을 쉽게 알 수 있으므로 현실의 위치를 정확하게 정할 수 있었을 것으로 보인다.

이집트인에게 분수는 언제나 장애가 되었다. 그것은 분자가 1이 되는 분수, 즉 단위분수(單位分數)밖에 사용하지 못하였기 때문이다. 오늘날 같으면 간단하게 13/16으로 표현할 수 있는 것을 그들은 1/2+1/4+1/10이라는 식으로 표현했다.

수를 무한히 배로 해나간다는 것은 사실상 곱하기를 하고 있는 셈이며, 또 단위분수를 사용하는 것은 전체에 대한 부분이라는 개념을 다루고 있는 셈이다. 그러나 이집트인들은 그러한 과정 속에 숨어 있는 기본 원리나 간단한 계산 방법을 끝내 알아내지 못했다.

이집트인들의 수학이 초보 단계에서 더 이상 진전하지 못한 것은 추상적인 이론에 대하여 관심을 기울이지 않고 실용적인 면만 관심을 가졌기 때문이다.

이집트인들이 나일 강가에 정착할 즈음에 페르시아만과 팔레스타인 사이의 지역에 또 하나의 정착문명이 생겨난다. 티그리스강과 유프라테스강 사이의 메소포타미아 문명은 기원전 4천 년에서 3천 년 사이에 시작되었다. 기원전 2천 년에서 1,700년 사이에 바빌로니아에 통일 왕국이 세워졌고, 이들은 이집트인들보다 훨씬 정교한 수학 체계를 남겨 놓았다.

그러나 이집트인들과 바빌로니아인들의 지혜에도 불구하고 그들이 후대의 그리스인들에게 준 기여는 여러 가지 수학적 사실들과 실용적 기술들을 전해 준 것에 국한된다. 그들도 피타고라스 정리, 즉 직각삼각형의 경우 두 변의 길이를 a, b, 빗변의 길이를 c로 했을 때 그들 사이에 $a^2+b^2=c^2$ 의 관계가 성립한다는 것을 알았다.

그러나 왜 이런 관계가 성립하는지, 또는 어떻게 이 관계를 응용해서 더 많은 정보를 얻을 수 있는지는 생각하지 않았다. 특히 이 관계가 정확한가, 아니면 근사적으로 성립하는가에 대해서는 전혀 관심이 없었다.

이 질문은 과학의 발달에 있어 매우 중요하다. 순전히 실용적인 면만 고려한다면 이 문제는 그다지 중요한 사항이 아니다. 이집트의 경우, 홍수에 의해 경계가 사라진 사방 100m의 밭을 홍수가 지나간 후 99.5m의 밭으로 찾아주었을 때 밭 주인은 큰 불평을 하지 않았을 것이다.

그러나 수학이라는 개념을 도입할 경우 0.5m의 차이는 대단히 큰 것이다. 고대 그리스인들이 등장하기까지는 누구도 이런 엄밀한 문제를 고민하지 않았다. 그리스인들의 중요성은 바로 이런 질문에 대해 도전하고 정답을 찾기 위해 노력했다는 점에 있다.

| 탈레스 |

최초의 과학자 탈레스 등장

기원전 6세기에 그리스의 철학자 탈레스(Thales)는 자연현상을 자연의 법칙으로서 이

| 아리스토텔레스 | ▶
| 아르키메데스 | ▶▶

해하려고 노력했고 만물의 근원은 물이라고 말했다. 그는 대지는 원반처럼 생겼으며 물 위에 떠 있고, 그 위와 아래에 항상 물이 있으며 비는 대지 위에 있는 물이 떨어지는 것이라고 생각했다.

데모크리토스(Dmokritos)는 모든 물질에는 그 이상 작게 나눌 수 없는 최소의 입자가 있다고 생각했고, 이를 원자라고 불렀다. 원자(atom)는 '더 이상 분할할 수 없는'이라는 뜻의 그리스어 'atomos'에서 유래한 것이다.

아리스토텔레스(Aristoteles)는 고대 역학 체계를 성립시키고 과학의 방법론을 정립하였으며, 우주는 흙·물·공기·불의 4원소로 구성되어 있다고 말했다. 그는 무거운 원소가 수직으로 낙하하는 것은 그가 본래 있어야 할 고유한 장소로 복귀하는 자연운동이며, 이에 반하여 곡선을 그리며 운동하는 방사체의 운동은 강제운동이라고 했다.

유클리드(Euclid)는 수학의 지식을 재정리해서 단순화했고 정리와 증명의 논리적 순서를 확립했으며, 에라토스테네스(Eratosthenes)는 지구의 둘레를 44,500km로 계산했는데 이는 지구의 실제 크기인 약 40,000km와 비교할 때 10% 정도의 차이를 보이고 있다.

아르키메데스(Archimedes)는 부력의 법칙을 발견했고 중심(重心), 비중의 문제를 과학적으로 연구하였으며, 지렛대를 이용한 많은 기계들을 고안했다. 그는 커다란 렌즈를 사용하여 로마 함대를 불태웠고, 커다란 기중기로 로마의 함선을 전복시켰다고 전해진다.

별자리를 관측하고 있는 프톨레마이오스
프톨레마이오스가 주장한 천동설은 코페르니쿠스가 지동설을 주장할 때까지 서양의 우주관을 지배했다.

프톨레마이오스(Klaudios Ptolemaios)는 지구 중심의 천동설을 주장했고, 아랍의 칼리프 알 마문(Al-Ma'mun)은 바그다드에 천문관측소를 세웠으며 세계 지도를 만들기 위해 이집트에 있는 쿠프의 대 피라미드를 파헤쳤다.

아랍인들은 방대한 과학서적을 집필했고, 화학적인 요소를 갖고 있는 연금술을 연구했다. 그들은 금속은 수은과 황의 상호작용으로 형성되었다고 보았다. 그럼에도 불구하고 그들은, 자연은 궁극적으로 신의 지배하에 있으며 신은 언제나 자연법칙을 뛰어넘을 수 있다고 생각했기 때문에 과학적인 방법에 의해 얻을 수 있는 진리는 한계를 가질 수밖에 없었다.

동·서 로마제국이 분리된 후 11세기까지의 500년간은 대체로 암흑시대였다. 오랜 세월 동안 특별한 접촉이 없었던 서유럽과 아랍세계는 12세기에 십자군전쟁을 계기로 본격적으로 접촉한다. 이 시기에 동양에서 발명된 제지법, 인쇄술, 나침반과 같은 중요한 기술이 아랍을 통해 유럽에 전해졌다.

특히 나침반의 전래는 원양 항해에 대한 욕구를 드높였고, 부수되는 과학적 연구를 자극하는 원동력이 되었다. 먼 바다로의 항해에는 근해 항해와는 달리 천체 관측과 해도(海圖)가 필요하므로 정밀한 천문학적 지식과 지리학, 배 위에서 편리하게 사용할 수 있는 기구의 개발이 필수적이기 때문이다.

한편 중국으로부터 화약이 도입되면서 활과 칼을 이용하여 전투를 하던 유럽의 기사계급이 몰락한다. 왕권을 장악한 절대군주가 첨단 무기를 독점했기 때문이다.

화약과 대포는 중세 사회를 근본적으로 뒤흔들어 놓았을 뿐만 아니라 사상 체계를 변혁시키는 계기가 되었다. 대포는 탄환의 폭발 현상, 탄환의 비행 문제 등을 계산하는 새로운 과학 분야를 열어 놓았다. 화약의 폭발을 설명하기 위해서 화학과 물리학이, 폭발력의 연구에서 증기 기관의 아이디어가 태어났고, 포신 제작을 위해서 제철 산업이 발전하기 시작했다. 특히 탄환의 운동 연구를 통하여 새로운 동력학이 등장했고, 이것은 수학이 발달하는 계기가 되었다.

절대왕권의 탄생은 중세를 지배하던 기독교 중심의 종교관을 기초부터 흔들었고, 결국 새로운 사상을 탄생하게 하는 계기가 되었다. 왕들은 교회와 맞서 대학 등 연구기관을 세워 학문 연구와 교육을 장려했고, 이것이 과학혁명의 기틀을 마련했다.

이를 촉발시킨 것이 르네상스와 종교개혁이다. 르네상스의 지식 부활 과정에서 새로운 과학이 태동할 수 있는 싹이 생겨나기 시작했으며, 학교에서는 학생들에게 자연에 관해 교육하기 시작했다. 종교개혁은 종교의

| 코페르니쿠스와 뉴턴 |
코페르니쿠스는 지동설을 주장하여 당시 서양 사회를 지배하고 있던 세계관을 근본적으로 변혁하였으며, 뉴턴은 힘과 운동의 관계를 설명하는 역학 체계를 토대로 새로운 과학적 사고의 시대를 열었다.

논리와 종교 단체가 갖고 있는 구조적인 내부의 부패 문제를 주로 다루었지만 과학적 문제에도 직접 영향을 미쳤다. 종교개혁가들은 그들의 새로운 사상을 전파시키는 데 과학적 사고를 갖는 것이 유리하다고 판단하고 과학적인 지식을 개발하도록 적극적으로 권장했다.

코페르니쿠스(Nicolaus Copernicus)는 지동설을 주장해서 천문학에서의 혁명을 일으켰고, 케플러(Johannes Kepler)는 태양계의 행성들이 태양을 초점으로 하는 타원운동을 한다고 발표했다. 갈릴레오(Galileo Galilei)는 스스로 제작한 망원경을 사용하여 목성의 위성을 발견하고 코페르니쿠스의 지동설이 옳다는 것을 증명했다.

이때 과학사를 새로운 차원으로 끌어올리는 천재가 태어났다. 그가 바로 힘과 운동에 대한 정확한 관계를 밝혀낸, 역학 체계를 토대로 새로운 과학적 사고의 시대를 연 뉴턴(Sir Isaac Newton)이다. 뉴턴은 뉴턴식 반사 망원경을 고안했고, '뉴턴의 고리'라는 빛의 간섭 줄무늬를 발견했으며, 운동상태를 유지하는 데 힘이 필요없는 관성운동은 등속도 직선운동이라는 고전 역학법칙을 세웠다. 또한 그때까지 알려진 행성과 혜성의 운동을 그가 발표한 만유인력의 법칙으로 말끔하게 해석했다. 뉴턴의 운동

법칙과 미적분을 이용하면 물체의 운동을 수학적으로 나타낼 수 있으며, 역학에 관계되는 여러 가지 현상을 간단한 물리학 법칙으로 설명할 수 있었다. 그러므로 뉴턴의 역학법칙이 나온 후 과학자들은 새로운 현상이 발견될 때마다 새로운 물리량을 정의하고, 그렇게 정의된 물리량 사이의 관계식을 뉴턴의 역학법칙으로부터 유도하는 것이 고작이었다.

프랑스의 수학자인 라그랑주(Joseph Louis de Lagrange)는 "인류에게는 뉴턴과 같은 과학자는 한 사람이면 족하다. 자연의 기본 원리는 이제 모두 밝혀졌으며 이제 수학자가 할 일은 없다"고 말했다. 유명한 수학자 라플라스(Pierre Simon, Marquis de Laplace)조차 "우주의 초기 조건을 나에게 달라. 그러면 나는 우주의 미래를 모두 예측할 수 있다"고 호언했다.

이것이 18세기와 19세기 동안 과학자들이 갖고 있던 과학에 대한 생각이었다. 과학자들은 새로이 발견되는 자연 현상이 있다면 뉴턴 역학이 제시하는 수학적 기법을 통해 적용하는 해석의 방법만이 남아 있다고 생각한 것이다. 과학자들이 이렇게 생각한 것은, 뉴턴 역학을 사용하여 우리 주위에서 일어나는 자연 현상에 대한 거의 모든 역학적인 문제를 해결할 수 있기 때문이다.

우리들은 아인슈타인의 상대성이론을 통해 속도가 빠른 물체의 운동을 기술하기 위해서는 뉴턴 역학을 보정해야 한다는 것을 알게 되었다. 양자론에 의해서 물리량은 연속된 양이 아니라 불연속임도 알고 있으며, 뉴턴의 이론은 극미 세계에서는 적용되지 않는다는 것도 알고 있다. 그러나 우리의 일상적인 생활에서는 양자론이나 상대론이 제기하는, 그렇게 빠른 속도나 그렇게 작은 물리량이 큰 문제가 되지 않으므로 뉴턴 역학으로 지금까지의 공학의 기본 현상을 푼다고 해서 전혀 문제가 되지 않는다. 지구 차원의 일반 자연 현상은 특이한 경우가 아닌 한 뉴턴 역학이나 아인슈타인의 상대성이론의 결론이 같기 때문이다. 물론 이러한 결론도 뉴턴이 탄생한 지 200년이나 지나서야 알려진 것이다.

| 히포크라테스 동상 |

의학은 인간이 태어난 순간부터 시작되었다고 해도 과언이 아니지만 일반적으로 종교와 함께 성장했다고 간주한다. 그리스 신화와 전설이 건강이나 질병 치료와 관계 깊은 신과 영웅들로 충만해 있는 것으로도 알 수 있다. 이 가운데에서도 가장 중요한 인물은 태양의 신이자 의학의 신인 아폴론과 아스클레피오스이다.

그리스 의학은 당시 선진 문명권인 서아시아와 이집트 의술의 영향을 많이 받았다. 그 후 그리스 의학은 로마 세계에 커다란 발자취를 남겨 장차 서양의 중세와 근대 초기까지 이어진다. 그 중에서도 그리스 의학은 그 실상이 비교적 잘 알려져 있는데 기원전 6세기부터 4세기까지의 모습은 「히포크라테스(Hippocrates of Cos, 기원전 460~377년)의 선서」를 포함하여 100권에 달하는 『히포크라테스 전집』, 그 이후의 의학은 기원후 2세기의 의학자로 22권으로 된 고대 의학의 황제로 불리는 갈레노스(Galenos, 130~200년)의 저서 『전집』에 잘 나와 있다.

히포크라테스는 종교적이 아닌 자연적인 해석에 기반하여 의학을 풀어냈다. 즉 질병은 신(神)의 개입에 의한 것이 아니라 자연적 원인에 기인한다고 생각하여 질병의 발생 원인과 치료 방법에 대해 체계적인 설명 방법을 제공했다. 그러므로 그는 환자의 회복을 위해 '자연치유력'을 강화해야 한다고 주장했다. 그는 환자에게 헌신적이고 의학 지식과 기술에 뛰어나 의학상의 모든 미덕을 갖춘 이상적인 의사 즉 '의학의 성인' 또는 '의학의 아버지'가 되었으며, 심지어는 근대적인 개념인 '과학적 의학(scientific medicine)'으로 칭송 받는다.

히포크라테스보다 약 600년 후인 기원후 130년에 갈레노스는 소아시아의 페르가몬 근교(현 터키)에서 태어났는데, '갈레노스'는 그리스어로 '고요한 또는 평화스러운' 등의 뜻을 가진 말이다. 갈레노스는 대지주의 아들로 태어나 의학을 전공했고, 특히 해부학(인체 해부가 아님)에 발군의 실력을 보였다.

갈레노스는 여러 나라를 방문한 후 고향인 페르가몬으로 돌아가자 검투사를 진료하는 의사로 임명되었다. 검투사 주치의 임기는 7개월이었지만 네 차례에 걸쳐 재임명을 받을 정도로 그의 실력은 탁월했다. 그러나 페르가몬에서 전쟁이 일어나자 제국의 수도인 로마로 갔고, 그곳에서도 몇 차례의 우여곡절은 있었지만 유명한 아우렐리우스 황제와 자신이 직접 검투에 참여한 콤모두스 황제의 주치의가 되며, 콤모두스가 살해되자 고향으로 돌아가 세상을 떠났다.

갈레노스의 저작은 방대하고 언급한 분야도 매우 다양하여 해부학 및 생리학, 맥박 이론, 위생, 식이법, 병리학, 치료학, 약물학, 히포크라테스에 대한 주석, 의학 논증법, 의철학, 논리학 및 철학, 문헌학 등이다. 한마디로 갈레노스의 뇌 속에 담겨져 있던 사고의 세계를 그대로 적은 것으로, 베살리우스가 나타나기 전까지는 의학에 관한 바이블이었다.

일반적으로 의학의 혁명은 1543년 이탈리아 파도바 대학 의학부 교수인 안드레아스 베살리우스(Andreas Vesalius, 1514~1564)가 출간한 『인체의 구조에 관하여, De humani corporis fabrica』로부터 시작되었다고 인식한다. 베살리우스가 이 책으로 1,500년이 넘도록 지속된 서양 의학 분야를 잠에서 깨어나게 했기 때문이다(엄밀한 의미에서 근대적인 의미의 해부학 책은 볼

로냐 대학의 몬디노 데 루치(Mondino de Luzzi, 1275~1326)에 의해 1316년에 출간되었는데, 그의 책도 실제로 인체를 해부한 결과에서 얻었다).

베살리우스는 매우 간단하면서도 명료하게 '인체의 해부학 연구는 인체의 실제 해부를 바탕으로 해야 한다'고 생각했다. 오늘날 이러한 원칙은 너무나 자명하고 당연한 것이지만 당시까지는 거의 1,500년이나 갈레노스가 쓴 책에 의존하고 있었다. 문제는 갈레노스가 정립한 해부학 체계는 인간을 상대로 해부하여 얻은 지식이 아니라 북아프리카 산 '꼬리 없는 긴 팔 원숭이'를 해부하여 면밀히 관찰한 것에 지나지 않았다는 점이다. 여하튼 베살리우스가 실제로 인체를 해부한 것은 단 두 번에 지나지 않지만 그가 정리한 인간의 신체에 대한 견해는 상당히 충격적이었고, 결국 그동안 고대 의학의 집대성이라는 갈레노스 의학의 근본을 뒤흔드는 파급효과를 갖고 왔다.

고대 그리스-로마 시대와 르네상스 시대 사이의 오랜 기간 동안, 즉 중세 시대까지는 자연세계를 정확히 묘사하려고 시도하지 않았다. 이는 중세 미술에 커다란 영향을 끼친 기독교 세계관 영향 때문으로도 볼 수 있다. 그러나 르네상스 시대에 고대 그리스 조각상의 실상이 서양에 알려지자 고대 그리스 미술의 솜씨를 빌어 기독교 신앙을 표현하기 시작했다. 이것은 큰 틀에서 인체를 비롯하여 세상 만물을 정확히 묘사하자는 것으로도 이해할 수 있다. 바로 이러한 시대적 변화에 가장 큰 혜택을 받은 사람이 바로 베살리우스라고도 볼 수 있다.

여하튼 그의 『인체의 구조에 관하여』는 관찰에 기반을 둔 근대과학의 첫번째 대작으로 알려지며 근대의학의 기원으로도 인식되어 새로운 과학과 새로운 의학의 발전을 촉발시켰다. 특히 베살리우스의 중요성은, 그때까지 과학은 철학의 한 분야로 여겨졌는데 그로부터 서서히 이들 분야가 분리되기 시작했다는 점에 있다.

「역사 속의 의인들」, 황상익, 서울대학교출판부, 2004

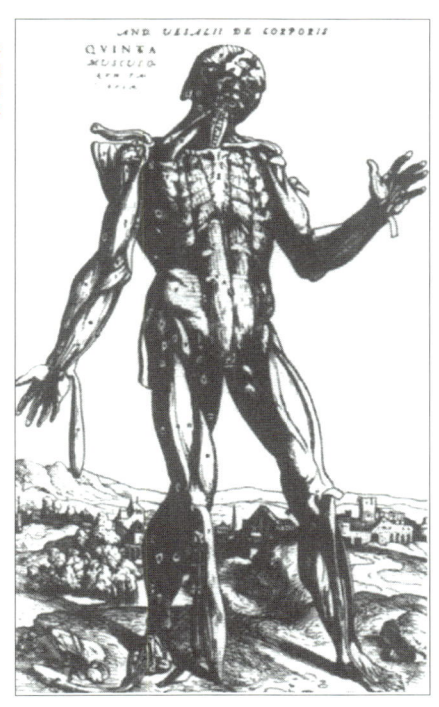

| 인체 구조에 관한 해부도 |
베살리우스는 최초로 인체 해부의 결과를 바탕으로 쓰여진 해부학 교과서인 『인체의 구조에 관하여』(1543)를 발간하여 해부학의 기초를 세웠다.

한편 현미경이 발견되자 생물학은 한 차원 높은 단계로 발전한다. 현미경의 발달은 생물체를 이루는 세포분자와 같은 작은 단위를 연구하여 생물체 전체로서의 생명 현상을 이해하려는 노력으로 이어졌다.

로버트 훅(Robert Hooke)은 직접 현미경을 만들어 원생동물과 박테리아를 발견했다. 또한 그는 코르크를 관찰해서 세포막을 발견했고, 세포(cell)라는 이름을 붙였다. 슈반(Theodor Schwann)은 모든 세포가 핵을 갖고 있으며 한 개의 세포가 두 개로, 두 개가 네 개로 수를 늘려 가는 세포설을 발표했다. '세포'라는 개념은 과거의 지식에 안주하던 과학자들에게 충격을 주었다.

곧바로 학자들은 식물 세포와 동물 세포에 대한 연구를 강화했다. 어느 정도 지식이 축적되자 당연히 세포의 하부구조는 어떻게 생겼으며, 이러한 기관들이 물질 대사와 유전과 같은 생명 현상에 어떻게 관여하고 있는가가 학자들의 관심사가 되었다. 그러나 세포에 대한 이해는 생물학에 대한 활력을 주었지만, 전체적으로 생명체의 문제를 이해하는 데 부족할 수밖에 없었다. 세포라는 단위 세계를 밝히는 것이 간단한 일은 아니기 때문이다.

이때 진화론이라는 폭탄이 터진다. 진화론을 처음 제기한 사람은 라마

 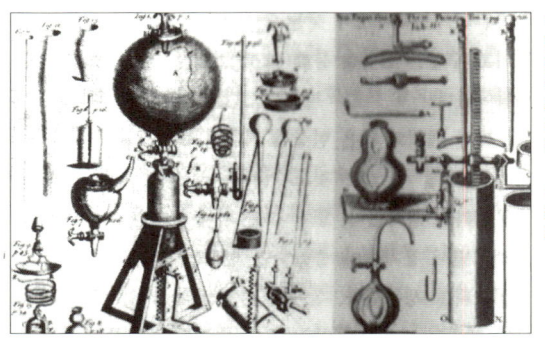

◀ | 보일의 공기펌프 |
재력가인 보일은 직접 커다란 연구실을 차려 수많은 연구를 했는데, 그중에서도 공기펌프는 보일의 법칙 등 수많은 과학적 사실들을 발견하는 데 큰 기여를 했다.

◀◀ | 보일 |
근대 화학의 아버지로 불리는 보일

르크(Jean Baptiste Pierre Antoine de Monet Lamarck)이다. 그는 원시동물은 자연발생으로 생겼으며, 이로부터 구조적으로 더 복잡한 동물이 생겨 포유동물에 이르게 되었다고 주장했다. 다윈(Charles Darwin)은 어떤 생태학적, 생리학적 형질을 가진 개체가 생존경쟁에서 유리하면 그 형질을 소유한 개체는 살아남을 수 있게 되며, 이 형질이 후대로 계속 유전된다고 주장했다. 이것이 적자생존에 의한 자연도태이론이다. 다윈의 생각은 종교계를 대표하는 반대론자들로부터 강력하게 비판을 받았지만, 물리학에서의 뉴턴과 마찬가지로 인간의 사고체계와 자연관·종교관에 큰 영향을 미쳤다.

진화론이 옳으냐 틀리냐로 논쟁이 벌어지고 있는 동안에도 생명체에 대한 실체를 새로운 각도에서 찾는 작업이 이루어진다. 그것은 유전자 단위에서 제반 생명의 속성을 찾으려고 하는 것이다.

이렇듯 물리와 생물 분야에서 새로운 학문이 점진적으로 자리를 잡아가고 있을 때에도 화학 분야는 뚜렷한 변화를 이루지 못하고 있었다. 그것은 고대로부터 널리 행해져 온 연금술이 워낙 뿌리 깊게 중세인들의 머리에 박혀 있어 새로운 학문으로의 접근이 불가능했기 때문이다.

이런 가운데서도 보일(Robert Boyle)은 일정한 온도하에서 기체의 부피와 압력은 서로 반비례한다고 발표했으며, 모든 물질은 주요 입자가 모여

◀ 캐번디시의 수소 발생장치와 논문

▶▶ 캐번디시의 만유인력 상수 측정장치

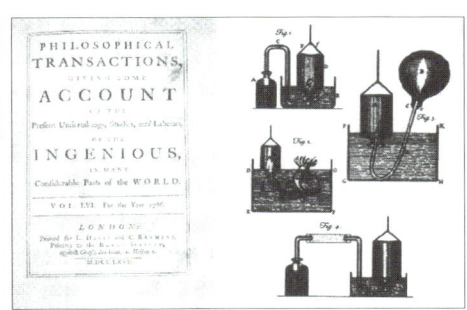
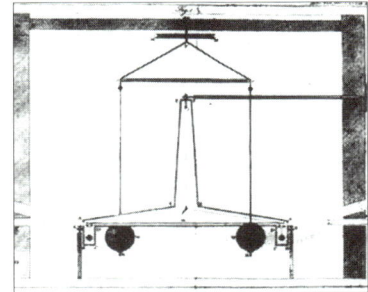

소구체를 형성한다는 현대 화학자들의 개념을 예시했다. 그럼에도 불구하고 그는 비금속들로부터 어떤 방법으로든 황금을 만들 수 있다고 믿었다.

　참고적으로 연금술에 대한 매력은 뉴턴도 예외가 아니었다. 그는 오랫동안 연금술에 심취하여 많은 논문을 발표했다. 대 학자인 뉴턴이 작성한 연금술에 대한 논문은, 그의 명성과 과학사에서 차지하는 비중 때문에 수많은 학자들로 하여금 뉴턴을 어떻게 평가해야 하는지 고민에 빠지게 한 요인이 되기도 했다.

　보일 이후 더 이상 분해되지 않는 물질에 대한 확실한 지식을 얻기 위한 노력이 학자들 사이에 일어나기 시작했으며, 이때부터 실제적인 화학 연구가 시작되었다. 그러나 그때까지도 고대로부터 내려온 물·공기·흙·불의 4원소설을 대체할 만한 뚜렷한 이론이 나오지 않았다.

　이때 샤를(Jacques Charles)이 기체의 부피는 온도가 1℃ 상승함에 따라 0℃ 때 부피의 273분의 1씩 증가한다는 것을 밝혀냈다. 캐번디시(Henry Cavendish)는 수소와 산소가 결합하여 물을 만들기 때문에 물은 원소가 아니라는 것을 밝혔다. 셸레(Karl Wilhelm Scheele)는 공기는 원소가 아니라 산소와 질소로 되어 있으며, 두 기체의 비율은 1:3이라는 것을 발견했다.

　화학을 거론하려면 반드시 등장하는 캐번디시는 당시의 과학자 중에 가장 부자로, 만유인력 상수를 측정하는 등 과학 분야에서 많은 업적을 남졌지만 매우 내성적이어서 논문을 많이 발표하지 않았다. 특히 다른 사람들과 만나는 것조차 싫어하여 그의 업적에 비해서는 생전에는 그다지 유명하지 않았지만, 노벨상 분야에서는 매우 중요한 사람으로 간주된다.

그것은 그가 사망한 후 그의 가문인 데본셔가에서 1871년에 케임브리지 대학에 가장 뛰어난 과학자였던 캐번디시를 추모하는 뜻에서 〈캐번디시연구소〉를 설립토록 많은 재산을 기증했기 때문이다. 〈캐번디시연구소〉는 맥스웰, J. J. 톰슨, 브래그 등과 같은 유명한 과학자들을 배출하여 '노벨상의 산실'이라는 이름을 얻고 있다.

여기에서 화학을 한 단계 높인 사람이 바로 라부아지에(Antoine Laurent de Lavoisier)이다. 라부아지에는 연소가 물질과 산소의 결합이라는 것을 밝혔고, 화학 반응의 전후에 반응에 참여한 물질의 총 질량에는 변화가 없다는 질량 불변의 법칙을 발표하여 근대화학의 기초를 닦았다.

이제까지 연금술사들에 의해 연구되던 비과학적인 탐구가 화학에 대한 기초 이론으로 성립되기 시작하자 화학적인 변화를 모두 설명할 수 있는 새로운 물질관이 필요하게 되었다. 이러한 시대적 요구를 만족시킨 것이 돌턴(John Dalton, 1766~1844)에 의해 주창된 원자론이다.

▲ | 라부아지에의 원소표 |
근대 화학의 기초를 닦은 라부아지에는 화학반응 전후에 반응에 참여한 물질의 총 질량이 변화하지 않는다는 질량 불변의 법칙을 발표했다.

▼ | 돌턴 |
돌턴은 원자의 존재를 증명하여 근대 원자론의 기초를 닦았고 자신이 적록색맹임을 발견하고 색맹의 원인을 연구했다.

돌턴은 만물은 더 이상 쪼개지지 않는 원자라는 알갱이로 이루어져 있다고 주장했다. 돌턴은 원자에는 여러 가지가 있는데, 원소간에 결합하여 화합물을 만들 경우 각각 원소 사이에 반응하는 양으로 상대적인 중량을 결정할 수 있다고 생각하였다. 돌턴을 더욱 유명하게 만든 것은 그가 빨간색을 청록색으로 착각하는 '적록색맹(Daltonism)'이기 때문이다. 그는 색맹의 원인을 연구하여 그 결과를 발표했다. 물론 돌턴의 연구 결과는 현대에 와서 틀린 것으로 판정되었지만 당시의 과학 여건으로 보아 불가피한 결론이라고 알려진다.✝

20세기로 들어서기 직전에 어느 누구도 예상하지 못한 과학사의 획기적인 사건이 동시에 일어났다. X선과 방사능이 발견된 것이다. 마침 노벨이 1896년 자신의 막대한 유산을 노벨상을 통해서 새로운 세기에 알맞은 과학적인 연구자에게 수여하라는 유언을 작성하고 사망한다. 노벨의 막대한 유언은 우여곡절을 겪은 후 그의 뜻대로 20세기가 열리는 첫 해에 시상된다.

물론 지금까지 거론된 과학 분야의 선구자들은 어느 누구도 노벨상을 받지 못했다. 이들이 모두 노벨상을 받지 못한 것은 당연한 일이다. 그들이 생존해 있는 동안 노벨상이라는 제도가 없었기 때문이다.

그러나 이런 선구자들이 없었다면 현대와 같은 과학문명이 성립되지 못했을 것이다. 현대의 노벨상 수상자들은 바로 이들 선구자들의 유업을 이어받아 연구한 후학들인 것이다. 과학은 하루 아침에 이루어지지 않는다는 것을 명심할 필요가 있다.

✝ 『청소년을 위한 과학자 이야기』, 송성수, 신원문화사, 2002

쓰레기봉투
Garbage Bag

정확한 의미에서는 비닐을 비롯한 플라스틱이 썩지 않기 때문에
환경을 파괴하는 것은 아니다.
대지를 구성하는 돌이나 흙도 썩지 않지만 아무도 돌멩이를 환경 오염 물질로 생각하지는 않는다.
플라스틱이 공해의 요인이라는 것은 썩지 않기 때문이 아니라
인간이 무분별하게 자연에 방치하여 그것이 부작용을 낳기 때문이다.

- 본문 중 -

쓰레기봉투

인류에 가장 도움을 준 발견이 무엇이냐고 질문하면 학자들은 자신이 연구하는 분야에서 개발된 것을 추천할 것이다. 유전학자들은 인간의 근본을 캐고 있는 유전 분야, 의학자들은 인간의 질병을 퇴치할 수 있는 분야를 제일 먼저 꼽을 것이고, 물리학자들은 양자론을 포함한 소립자 분야 등을 제일 중요한 연구 분야라고 추천할 것이다. 반면에 화학 분야에서는 유기합성처럼 중요한 것은 없다는 데 거의 모든 화학자들이 고개를 끄떡일 것이다.

유기합성이란 단 하나의 발견이나 발명이 아니라 현대인들이 살아가는 데 필요한 거의 모든 물질을 포함하고 있으므로 그 영향력은 상상할 수 없다. 현대인은 자연에서 나오는 천연 물질도 많이 사용하지만 그와 똑같이 인공적으로 만들거나 혹은 천연에는 전혀 없는 물질을 만들어 사용하고 있는데, 그것은 유기합성법에 의한 것이다.

화학 분야 중에서 가장 빛나는 성과는 생명력 없이도 유기물을 인공적으로 합성할 수 있게 된 것이다. 고대의 화학자들은 무기물은 생명력 없이도 생성될 수 있지만 유기물은 반드시 생물체로부터 생성된다고 굳게

믿고 있었다. 그러나 현대 화학은 유기물과 무기물을 구분했던 하나의 기준인 생명력의 개념을 화학계로부터 추방했다. 이는 목적론의 후퇴를 의미하며 기계론 사상의 승리를 의미하기도 한다.

베르텔로는 다음과 같이 말했다.

> 우리의 목적은 생명력의 개념을 추방하는 데 있다. 유기화학은 자연계에 존재하지 않는 물질도 합성할 수 있다. 따라서 합성 화학의 창조력은 자연에서 실현되는 창조력의 영역보다 훨씬 높다.

조물주가 빼먹은 물질

화학 분야에서 생명력의 추방은 그후 합성 화학을 발전시키는 돌파구를 만들었다.

여기에서 '조물주가 세상을 만들 때 유일하게 빼먹은 물질'이라는 평가를 받는 플라스틱이 등장한다. 많은 학자들은 플라스틱이 발견되지 않았다면 지구상의 산림과 철의 매장량이 반으로 줄어들었거나 인구가 반으로 줄었을 것으로 추정하고 있다.

이것은 우리들 주변의 여러 가지 물건들이 대부분 플라스틱 제품으로 대체되어 있다는 점에서도 알 수 있다. 플라스틱은 고무, 목재, 금속 등 여러 가지 물질의 대용품으로 가전제품, 생활용품, 가구, 건축자재, 전기용품 등은 물론 비닐, 합성섬유에 이르기까지 다양하다. 현대인은 플라스틱의 더미에 묻혀 살고 있는 셈이다. 불과 100년 동안에 인류의 삶을 플라스틱만큼 바꾼 재료는 거의 없다. 바로 유기합성의 개가인 것이다.

독자들은 이미 이런 중요한 분야에서 수많은 노벨상 수상자가 배출되었을 것으로 생각할 것이다. 그 예상은 틀리지 않다. 1902년에 제2회 노벨 화학상 수상자에 〈당류 및 퓨린족 화합물의 연구〉로 에밀 피셔(Emil Hermann Fischer)가 선정된 이래, 무려 40명 이상이 이 분야의 연구로 노벨상을 받았다.

| 에밀피셔 |

여기에서는 우리 생활에 가장 밀접한 플라스틱류를 중점적으로 살펴보도록 하겠다. 또한 비록 플라스틱을 개발한 사람 개인은 노벨상을 수상하지 못했다 하더라도 그들의 개발에 따른 기초 이론이나 방법은 이미 노벨상을 받은 유기합성법에 의한 것이므로 같은 범주에 넣었다.

플라스틱은 어느 정도 견고하면서도 가볍고 색상이 다양하며 여간해서는 썩지 않아 장기간 보관이 가능하다. 그러나 플라스틱의 가장 핵심적인 장점은 가공성이 뛰어나다는 점이다. 플라스틱은 열만 있으면 부드럽게 만들 수 있는데다가 어떤 모양이든지 원하는 형태를 만들어낼 수 있다. 또 간단한 생산 설비로 인쇄한 듯 똑같은 제품을 단시간 내에 엄청나게 찍어낼 수 있다. 플라스틱에 종사하지 않는 사람들도 플라스틱 사출기나 플라스틱 용기를 찍어내는 데 사용된다는 '금형'이라는 말은 들어보았을 것이다.

1830년에 베르셀리우스는 화합물의 일반적인 용어로 기본 단위를 '단량체'라고 불렀고, 큰 분자를 '중합체'라 불렀다. 100개 이상의 단위로 구성된 중합체를 '고중합체'라고 부르는데 셀룰로오스, 녹말, 고무 등이 고중합체이다.

이 중에서 셀룰로오스는 고대부터 인간과 밀접한 관계가 있다. 그것은

| 베르셀리우스 |

연료나 구조 재료로서는 없어서 안 될 나무의 중요한 성분이기 때문이다. 또 종이를 만드는 데 사용되며, 면과 아마포의 순수한 섬유 형태는 인간이 가장 필요로 하는 직물을 공급한다.

셀룰로오스를 질산과 황산의 혼합물과 반응시키면 니트로글리세린이라는 폭약이 되는데, 이것은 독일 화학자 쉔바인(Christian Friedrich Schonbein)이 부엌에서 부주의하게 혼합물을 흘렸을 때 우연하게 발견되었다. 그가 떨어트린 혼합물은 염산과 질산이 3 대 1의 비율로 섞인 용액인 왕수였는데, 그것을 닦아낸 면을 몇 시간 후에 별다른 생각 없이 불 근처로 가져 갔더니 면이 갑자기 폭발한 것이다.

쉔바인은 이것이 전쟁에서 폭탄으로 사용할 수 있다는 것을 곧바로 알아차렸다. 더구나 이 화합물을 만드는 방법은 간단하므로 각국에서 폭약으로 사용하는 경쟁에 불을 당겼다. 그러나 니트로글리세린은 결정적인 단점이 있었다. 흔들면 폭발하는 일이 많아 운반이 쉽지 않다는 점이다. 그러나 폭발력이 워낙 좋아 광산이나 대형 공사장에서 위험을 무릅쓰고 많이 사용하였다.

이 정도 이야기하면 독자들은 다음에 등장할 사람이 누구인지 알아차렸을 것이다. 다음 등장인물은 바로 노벨상을 제정한 알프레드 노벨이다.

노벨이 니트로글리세린의 안전한 사용 방법을 연구할 당시에는, 니트로글리세린을 담은 통을 나무 상자 속에 빈틈없이 꽉 차게 놓아 움직이지 않게 한 후 그것도 불안하여 그 틈 사이에 톱밥을 채운 후 운반토록 했다. 그런데 노벨의 공장 옆에는 마침 커다란 규조토 광산이 있었으므로 노벨의 종업원들은 상자에 톱밥 대신에 규조토를 채웠다. 규조토란 주로 규조라는 한 개의 세포로 된 유기물질의 작은 조직이 바다에서 축적된 후 지각 변동에 의해 육지가 된 곳에서 채취되는 것이다. 그런데 금속성 용기에 구멍이 뚫려 니트로글리세린이 새어나와 규조토와 밀가루 반죽처럼 혼합되어 있는 것을 노벨이 우연히 보았다.

그가 실험 삼아 조사해 본 결과, 이것을 압축하면 니트로글리세린의 폭발력을 유지한 작은 덩어리로 만들 수 있다는 것을 발견했다. 심지어 떨어뜨리거나 태워도 폭발하지 않았으며, 대신에 뇌관을 사용하여 기폭(起爆)시킬 때에 한하여 맹렬히 폭발했다. 이것이 바로 다이너마이트이다.

이와 같이 노벨이 우연히 다이너마이트를 발견했다는 전설은 거의 모든 노벨의 전기에 등장하는 이야기다. 그러나 노벨 자신은 이런 전설을 부인했다. 그는 니트로글리세린을 흡수할 만한 물질을 발견하려고 부단히 노력하였다. 톱밥, 숯, 벽돌, 도기는 물론 그 밖의 다공성 물질 등 수많은 물질을 실험하였으나 성공하지 못하였다. 그 중에서는 목탄 가루를 섞었을 때에 폭발력과 안정성이 가장 뛰어났다.

그후 규조토를 시험해 본 노벨은 규조토의 액체 흡수 능력에 놀랐다. 규조토는 자신보다 3배가 되는 양의 니트로글리세린을 흡수하여 점토 세공에 쓰이는 점토와 같이 딱딱한 덩어리가 되었다. 드디어 안전한 폭탄인 다이너마이트를 발견한 것이다.

그러나 노벨의 발명은 여기에서 끝나지 않았다. 다이너마이트는 안전한 폭약이지만 군사용 무기로 쓰기에는 매우 부적절했다. 다이너마이트는 연기가 많이 났고, 폭발력도 액체 니트로글리세린에 비해 크게 떨어졌기 때문이다. 1875년에 노벨은 니트로글리세린을 실험하던 도중, 실수로 손가락을 베어서 일종의 액체 반창고인 콜로디온 용액을 바르고 실험을 계속한 적이 있었다. 그때 우연히 니트로글리세린이 콜로디온에 묻었고, 콜로디온은 니트로글리세린을 흡수하면서 모양이 변했다. 여기서 힌트를 얻은 노벨은 니트로글리세린과 콜로디온을 섞은 후 가열해서 투명한 젤리 상태의 물질을 얻었다. 이것이 바로 다이너마이트보다 훨씬 위력이 큰 '젤라틴 폭탄'이다.

여하튼 다이너마이트류는 기찻길, 탄광, 고속도로, 댐 등의 건설을 촉진시켰다. 특히 스위스의 알프스 산맥을 관통하는 터널 등은 그가 발견한 젤라틴 폭탄의 강력한 폭발력 없이는 도저히 완성되지 못했을 것이다.

그는 계속하여 '발리스타이트'로 불리는 연기가 나지 않는 무연화약(無煙火藥)을 개발하여 소총, 대포, 기뢰, 폭탄 등에 널리 쓰일 수 있도록 했다. 이 새로운 군사용 폭약도 각국에 수출되어 노벨은 백만장자가 되었다. 그후 1896년에 노벨이 사망하자 그의 유언에 따라 노벨상이 제정되었다는 것은 더 이상 설명하지 않겠다. 비록 노벨이 노벨상을 직접 받은 수상자는 아니지만 그에 의해 노벨상이 제정되었으므로 그를 노벨상 수상자와 동등한 대열에 올려놓는 것에 이론은 없을 것이다.

한편 노벨이 간단한 화합물로 엄청난 재산을 모으자 수많은 학자들이 자신들도 그런 기회를 잡으려고 노력했다. 화학의 전성시대가 열린 것이다.

세계를 석권한 셀룰로오드

독일의 화학자 오스트발트(Friedrich Wilhelm Ostwald)도 셀룰로오스를 연구하였다. 그는 폭약보다는 화학 이론에 더 큰 관심을 갖고 주로 화학 반응이 일어나는 속도에 대해 연구했다. 그는 수학의 원리를 물리학에 결합시킨 후 이를 화학에 적용시켜 물리화학 분야를 기초한 사람 중의 한 명이다. 그 중에서도 그가 핵심적으로 연구한 것은, 순간적으로 화학적 변화를 갖고 오는 촉매 작용이다.

높은 산을 오르려면 숨이 턱에 닿도록 헐떡거리며 고갯길을 넘는 것이 보통이다. 그러나 산을 관통하면 힘들이지 않고 산을 통과할 수 있다. 터널은 또한 산을 넘는 데 드는 시간을 단축시켜 주기도 한다. 화학 반응에서 이와 같은 역할을 해주는 것이 촉매이다. 촉매를 사용하지 않으면 힘들게 고갯길을 넘어야 하고, 촉매를 사용하면 터널을 통과해서 산을 넘는 효과를 얻는다. 화학자들이 촉매를 발견하기 위해 부단히 노력하는 이유이다.

| 셀룰로이드 칼라 광고 |
하이아트가 셀룰로이드를 발명한 당시 최고의 멋쟁이는 셀룰로이드 칼라, 커프스 단추, 셔츠 앞짓을 착용한 채 셀룰로이드 당구공으로 당구를 치는 사람이었다.

오스트발트도 암모니아를 산화시켜 질산을 만드는 데 가열된 철사를 촉매로 사용했는데, 그것은 상업적으로도 대단한 성공을 거두었다. 또한 오스트발트는 '촉매는 반응을 가속시킬 수는 있지만 반응의 방향은 변화시킬 수 없다'는 명쾌한 이론을 전개하여 1909년에 노벨 화학상을 받았다.

여기에서 잠시 이야기를 뒤로 돌려 쉔바인으로 돌아가자.

쉔바인의 발견이 중요한 것은 폭탄으로서의 가능성보다도 플라스틱의 성질을 처음 발견했기 때문이다. 그는 바닥을 닦은 면의 왕수가 닿았던 부분이 조금 녹으면서 투명하고 끈적끈적한 물체가 생겨난 것을 발견했다. 그가 면을 집어드니 이 물체는 마치 바닥에 붙은 껌을 떼어내듯 실처럼 길게 늘어졌고, 얼마 뒤에는 그 형태대로 굳어졌다.

이러한 장면은 오늘날 껌이나 본드에서 얼마든지 볼 수 있는 흔한 장면이지만, 쉔바인의 생존 당시로서는 어떤 물질이 길게 늘어진다는 것은 매

1890년대에 당구공의 재료인 상아의 품귀 현상이 나타나자 당구공 제조업자들은 새로운 당구공 재료에 1만 달러의 상금을 걸었다. (과학동아 1999년 2월) ▶

하이야트는 콜로디온으로 당구공을 만들었지만 만족할 만한 것은 아니었다. 오른쪽의 사진은 베이클랜드가 만든 최초의 플라스틱 당구공이다. ▶▶

우 놀라운 장면이었다. 쇤바인은 연구 끝에 '면에 있던 셀룰로오스 성분이 질산과 결합해서 질산셀룰로오스라는 새로운 물질로 변했기 때문'이라는 사실을 알아냈다.

셀룰로오스에 질산기를 첨가시키면 쇤바인이 발견한 것처럼 특이한 성질을 보인다. 부분적으로 질산화된 셀룰로오스는 전혀 폭발성이 없는데, 이것을 '피록실린'이라고 한다. 그러나 피록실린은 쉽게 부서지는 단점이 있었다.

영국의 화학자 파크스(Alexander Parkes)가 피록실린을 알코올과 에테르에 녹이고 장뇌 같은 물질과 함께 섞으면 용매가 증발한 다음 딱딱한 고체가 남는데, 이것을 가열하면 부드러워져 약간 두들기기만 해도 펼 수 있다는 것을 발견했다. 즉 만들고 싶은 모양으로 성형한 다음 이를 냉각시키면 딱딱하게 굳어져 그 모습이 유지된다는 것이다.

한편 당시 당구장에서 사용되던 당구공은 상아를 사용하여 만들어졌는데 공급이 딸리는 형편이었다. 때문에 당구공으로 적합한 경도, 열 저항력, 습도에 견디면서도 매끄러움 등의 성질을 두루 갖춘 물질을 만든 사람에게 1만 달러라는 거금의 상금을 제공하겠다는 공모가 있었다.

미국의 하이야트(John Wesley Hyatt)는 파크스의 특허를 사서 그의 연구 결과를 토대로, 값비싼 알코올과 에테르를 적게 사용하는 대신 열과 압력만으로도 유사한 물질을 제조하는 개량된 방법을 발견했다. 그는 동생과 함께 상아 대용 당구공을 만드는 일에 매달렸다. 나무 가루와 셸락을 혼합한 후 그것을 콜로디온으로 접착하는 방식이었다. 그는 이 방법으로 현상금의 수상자로 결정되었으나, 콜로디온이 마른 후에는 수축하는 등 신축성을 보이자 현상금 전부를 받지 못하고 일부만 받았다.

그것은 원료인 니트로셀룰로오스가 면화약으로 쓰일 정도로 폭발성과 발화성이 크기 때문이다. 과거의 영화를 보면 환등기가 내뿜는 열에 인화되어 종종 불이 나기도 했는데, 그 이유도 필름을 니트로셀룰로오스로 만들었기 때문이다.

그러므로 하이야트가 니트로셀룰로오스로 인조 상아를 만들었지만 당구공끼리 너무 세게 부딪치면 폭발음을 내며 연소했다. 그래서 때로는 게임하던 사람들이 서로 총격을 가해 오는 것으로 오해하여 당구장에서 총격전이 자주 일어났다는 일화가 있을 정도이다.✦

그후 하이야트는 당시 신경통, 타박상 등에 바르는 약으로 쓰이던 캠퍼 정기(장뇌를 알코올에 녹인 것)가 이런 단점을 해결하기 위한 적당한 물질이라는 사실이 발견했다. 그는 니트로셀룰로오스와 장뇌를 알코올에 혼합하여 가열한 결과 당초 예상한 물질을 얻었는데, 이것이 인류 최초의 플라스틱(그리스어로 '성형할 수 있다'는 뜻)이다. 하이야트는 자신이 만든 새로운 물질의 이름을 '셀룰로이드'라고 불렀고 회사를 차렸다.

셀룰로이드는 물이 끓는 100℃에 쉽게 유연해지므로 원하는 대로 성형할 수 있는데다가 식은 후에도 계속 강도를 유지했다. 또한 금형을 만들면 똑같은 제품을 원하는 대로 만들 수 있는 장점이 있었고, 자르고 구멍을 뚫을 수도 있었으며 톱질이 가능했다. 게다가 셀룰로이드는 강하고 딱딱하지만 얇고 굽힘성이 있는 필름 형태로 만들 수 있으므로 아기의 장난

✦ 『진정일의 교실 밖 화학 이야기』, 진정일, 양문, 2006

감, 책받침, 틀니, 나이프의 자루, 만년필, 단추, 상자는 물론 학용품에 이르기까지 수많은 종류의 물품을 만들 수 있었다.

당시 최고의 멋쟁이라면 '깨끗하게 닦을 수 있는' 셀룰로이드 칼라, 커프스 단추, 셔츠 앞깃을 착용한 채 셀룰로이드 당구공으로 당구를 치는 사람이었다. 여자들은 셀룰로이드 빗, 손거울, 그리고 보석을 자랑스럽게 과시했다. 아이들은 세계 최초의 셀룰로이드로 만든 장난감을 갖고 놀기 시작했다. 한마디로 셀룰로이드가 세계를 석권하기 시작한 것이다.

셀룰로이드는 행운도 따랐다. 굽힘성이 매우 많은 필름의 형태는 실용적인 사진 필름으로도 적합했다. 이를 간파한 이스트먼(George Eastman)이 1889년에 자신의 코닥 카메라에 셀룰로이드 필름을 채택하였고, 에디슨(Thomas Alva Edison)이 영화 필름으로 셀룰로이드를 사용하자 폭발적으로 보급되기 시작한 것이다.

그러나 셀룰로이드의 단점은 니트로셀룰로오스를 원료로 하기 때문에 매우 빠른 속도로 탄다는 것이었다. 셀룰로이드가 수많은 화재의 원인이 되자 아세트산셀룰로오스라는 수정된 다른 종류의 셀룰로오스가 발명되었고, 1차 세계대전 이후부터는 사진 필름 등 많은 물건의 제조에 아세트산셀룰로오스가 사용되었다.

그러나 학자들은 이 정도에서 끝내려고 하지 않았다. 플라스틱의 기본인 셀룰로오스를 사용하지 않고도 동일한 효과를 얻는 물질을 개발할 수 있다는 신념을 버리지 않은 것이다.

결국 학자들의 연구는 헛되지 않아 페놀수지, 요소수지, 멜라민수지, 염화비닐수지, 질산비닐수지, 염화비닐텐수지, 폴리에스터수지, 폴리스티롤수지, 메타크릴수지, 폴리에틸렌수지 등 매우 다양한 물질을 만들어낼 수 있었다. 이 수지들은 모두 고분자화합물로서 그 대부분이 석유나 석탄으로부터 만들어진다.

베이클랜드 등장

이때 천부적인 사업적 재능을 지닌 벨기에 태생의 미국인 화학자 베이클랜드(Leo Hendrik Baekeland)가 등장한다. 그는 미국이 기회의 땅임을 입증한 사람 중의 하나로, 햇빛을 쬐어야 하는 종래의 사진 감광지 대신 인공 빛만 쬐어도 인화가 되는 벨록스를 발명해 큰돈을 벌어 이민자의 우상이 되었다.

| 재현된 베이클랜드의 실험실 |
베이클랜드는 포름알데히드와 페놀을 사용하여 베이클라이트를 발명하였다. 베이클라이트는 많은 사람들로부터 최초의 플라스틱이라고 인정받고 있다.

그는 독일의 위대한 화학자로 1905년에 노벨 화학상을 수상한 폰 바이어(Adolf von Baeyer)가 1872년에 페놀과 알데히드를 반응시키면 수지와 같은 것이 생긴다고 발표한 논문을 찾아냈다. 그는 30년 동안 아무도 관심을 갖지 않은 이 논문에 주목했다.

그의 판단은 옳았다. 그는 포름알데히드와 페놀을 가지고 실험하던 중 어떤 반응 조건 아래에서 수지가 생기는 것을 발견했다.

그것에 압력을 주면서 계속 가열했더니 처음에는 부드러운 고체로 되었다가 나중에는 딱딱한 불용성의 물질이 생겼다. 이 수지도 부드러울 때 성형한 후 식히면 딱딱하게 굳어 아무리 어렵고 복잡한 형태일지라도 빨리 만들 수 있었다.

베이클랜드는 이를 자신의 이름을 따서 '베이클라이트'라고 불렀다. 이것은 최초의 열경화성 플라스틱으로, 사실상 오늘날 플라스틱 산업의 선두 주자이기도 하다. 이 물질은 완전한 부도체이므로 전기 절연체나 플러그 제작에 안성맞춤이었다. 또한 접착제, 박판제 등에 지금까지도 널리 쓰이며 토스터, 주전자 손잡이, 자동차 배전 캡, 라디오 솔레노이드, 캐비

닛, 거울테, 머리빗 등 안 쓰이는 곳이 없을 정도로 효용도가 높다.

오늘날 플라스틱이라고 하면 일반적으로 합성수지를 뜻하므로 베이클라이트를 최초의 플라스틱으로 보는 사람도 있다. 베이클랜드의 성공은 또다시 수많은 화학자들의 주목을 받았고, 많은 사람이 플라스틱으로 사용할 수 있는 또 다른 합성 고중합체를 만드는 일에 전념하였다.

1932년에 스웰로우는 화학 반응에 미치는 초고압 효과를 연구하였는데 흥미 있는 생성물은 아무것도 얻지 못했다. 그러던 중 에틸렌과 벤즈알데히드의 반응을 시험하였는데, 실험이 끝나자 용기의 벽에 매우 긴 사슬을 갖고 있는 백색 왁스와 같은 고체가 발견되었다. 스웰로우는 그 이유를 찾던 끝에 압축기의 균열을 통해 들어온 산소가 촉매로 작용하여 에틸렌을 중합시켜 폴리에틸렌을 만든다는 사실을 발견했다. 이 고체가 에틸렌의 폴리머인 폴리에틸렌(오늘날의 저밀도 폴리에틸렌)으로, 폴리에스테르와 폴리아미드(polyamide, 아미드 결합(-CONH-)을 포함한 화합물)의 성질을 갖고 있었다. 폴리에틸렌(폴리텐)은 전기 절연성이 있고 방수성이 있으며 물에 뜰 정도로 매우 가벼워 마침 발발한 제2차 세계대전에서 군사용으로 매우 중요한 역할을 한다. 전쟁 초기에 지상 및 기상 탑재 레이더 장치용으로 사용될 수 있는 고주파용 절연 케이블에 폴리에틸렌이 사용된 것이다. 특히 폴리에틸렌은 그때까지 불가능했던 안테나의 다양한 디자인을 가능하게 했고 간단하게 보수 공사를 할 수 있었다. 일부 학자들은 폴리에틸렌이 때마침 개발되지 않았다면 영국은 독일군의 폭격에 견뎌낼 수 없었을 것이라고 평가했다.✝

폴리에틸렌은 전쟁이 끝날 때까지 일반에게 거의 알려지지 않았다. 그러나 그후 폴리에틸렌 제법이 공개되자마자 폭발적인 수요처가 생기기 시작했다. 특히 필름 생산이 급속하게 증가하여 거의 모든 분야에서 폴리에틸렌이 셀로판을 대신하게 되었다. 또한 폴리에틸렌은 농작물과 냉동

✝ 『진정일의 교실 밖 화학 이야기』, 진정일, 양문, 2006

식품이나 부패되기 쉬운 식품, 섬유 제품, 그리고 기타 모든 종류의 상품 포장에 이용되었다. 농업에서 비닐하우스, 웅덩이나 수로의 바닥 깔개에 이용되는 것은 물론 건축용으로 습기 차단, 만능

현재 우리가 일상생활에서 사용하는 플라스틱 제품의 상당 부분은 칼 지글러(오른쪽)가 발명한 고밀도 폴리에틸렌으로 만들어지고 있다.

시트, 도장용 피복으로도 사용되며, 가정에서 나오는 쓰레기를 처리하는 데 필수적으로 필요한 쓰레기봉투 등에도 이용된다. 물론 아직도 전선의 절연체로서 폴리에틸렌이 사용된다.

한편 학자들은 또 다른 중합체를 발견하는 데 주력하면서도 이들 중합체 자체에 대한 원리를 캐고자 했다. 이에 성공한 사람이 바로 스타우딩거(Hermann Staudinger)이다. 그는 플라스틱과 같은 물질은 '수만 개의 분자 단위가 결합된 엄청난 크기의 분자'라고 '고분자론'을 내세웠지만 "그렇게 큰 분자가 어디 있느냐"고 비웃음을 받았다.

그러나 그는 주위의 비난에도 아랑곳하지 않았다. 그는 자신의 주장이 옳다고 생각하고 합성고무에 관심이 깊은 칼 엥그러 밑에서 천연고무의 단일체인 이소프렌을 연구하기 시작했다. 그는 이소프렌의 중합 반응 연구를 계속했고, 폴리옥시미틸렌과 천연고무 그리고 폴리스틸렌의 고분자 합성 연구를 시작했다. 스타우딩거는, 천연고무는 긴 고리 분자로 존재하고 콜로이드 모양의 고분자가 공유 결합되기 위한 조건을 발표했다. 그는 계속하여 동족의 짧은 고리 분자에서 고중합체까지 화학적이고 물리적인 성질을 연구하여 후학들의 다음 연구에 결정적인 기여를 했다. 그는 〈중합체에 관한 고분자 화학 연구〉로 1953년에 노벨 화학상을 받음으로써

자신의 고분자론이 옳음을 증명했다.

1953년에 독일의 칼 지글러(Karl Ziegler)는 니켈이나 다른 여러 가지 금속 또는 금속화합물이 에틸렌의 반응에 어떤 영향을 미치는가를 체계적으로 연구하였다. 그 결과 니켈과 마찬가지로 에틸렌의 중합을 저해하는 금속도 몇 가지 있다는 것을 발견했다. 더욱 놀라운 것은, 어떤 종류의 금속염화물과 유기 알루미늄화합물을 조합하면 매우 유효한 종합 촉매가 되어 거대한 고분자량과 고용융점 그리고 직선형 분자 구조의 폴리에틸렌이 생성된다는 점이다. 그 결과 전보다 단단하고 강하며 물이 끓는 온도에서도 견디는 고밀도 폴리에틸렌을 만들 수 있었다.

이 고밀도 폴리에틸렌의 용도 역시 대단히 광범위했다. 자동 접시닦이 기계에 의해서도 변형되지 않는 컵이나 기타 식기용 재료는 고밀도 폴리에틸렌으로 만든 것이다. 현재 우리의 일상생활에 사용되는 플라스틱 제품 중에는 고밀도 폴리에틸렌이 상당수 차지하고 있다.

그의 성공에 자극 받은 이탈리아의 화학자 나타(Giulio Natta)가 이 기술을 프로필렌에 적용했다. 에틸렌에는 작은 탄소 원자 1개의 메틸기가 붙어 있는데, 그는 지글러의 촉매를 사용하여 동일한 방향으로 배열된 중합체를 만들었다. 즉 그때까지 만들어졌던 어느 폴리프로필렌보다도 유용한 고밀도, 고용융점, 직선형의 폴리프로필렌을 만든 것이다. 폴리프로필렌은 세계의 주요 플라스틱이 되어 자동차 부품, 냉장고, 기타 기구류 등 많은 성형품을 만드는 데 사용된다. 또한 융단, 케이블 등에 사용되어 폴리프로필렌 산업은 현재 세계에서 가장 큰 규모의 산업이다.

현재 우리가 사용하는 대부분의 플라스틱은 지글러-나타 촉매 작용에 의해 생산되고 있다. 고밀도의 폴리에틸렌, 이소티탄폴리플로필렌, 4-폴리이소프로펜과 같은 여러 가지 탄소중합체, 트랜스-폴리아세틸렌과 같은 물질들은 모두 지글러-나타 촉매 반응을 이용한 것들이다. 지글러와 나타의 연구는 화학자들에게 매우 중요한 사실을 알려 주었다. 바로 인간이 원하는 대로 중합체를 합성할 수 있다는 것이다. 지글러와 나타는 1963년에 노벨 화학상을 받았다.

여기에서 폴리염화비닐(PVC)을 빼놓을 수는 없다. PVC는 폴리에틸렌과 밀접한 관계가 있는 재료로, 염화비닐에 햇빛을 쬐면 용매나 산에 영향을 받지 않는 하얀 분말이 생긴다. 이것이 바로 PVC로 대단히 용도가 광범위하여 공업적으로 매우 중요하다. 파이프와 파이프 부속품, 컴퓨터 디스크, 원예용 호수, 건축용 벽판, 전선용 케이블 절연체, 식품 포장 재료, 자동차 시트 커버, 샤워 커튼 등 수많은 제품에 PVC가 사용된다.

공격 받는 플라스틱

1980년대 들어 환경 문제가 강력히 대두되자 플라스틱에 대한 공격도 거세지기 시작한다.

플라스틱은 가공이 쉽고 가벼우며 값이 싸서 인류에게 상상할 수 없는 혜택을 주었지만, 잘 분해되지 않아 공해의 원인이 되기 때문이다. 버려진 플라스틱, 특히 농업용으로 많이 사용되는 폴리에틸렌 필름은 식물의 성장을 방해하여 환경 파괴의 주범으로 꼽힐 지경이다.

그러나 정확한 의미에서는 비닐을 비롯한 플라스틱이 썩지 않기 때문에 환경을 파괴하는 것은 아니다. 대지를 구성하는 돌이나 흙도 썩지 않지만 아무도 돌멩이를 환경 오염 물질로 생각하지는 않는다. 반면에 목장에서 배출되는 축산 폐수는 잘 썩는데도 불구하고 한꺼번에 너무 많은 양이 배출되기 때문에 환경 오염 물질이 된다. 플라스틱이 공해의 요인이라는 것은 썩지 않기 때문이 아니라 인간이 무분별하게 자연에 방치하여 그것이 부작용을 낳기 때문이다.

  때문에 일부 환경단체에서는 플라스틱의 분자가 일정 조건이 부여되면 분해되는 썩는 플라스틱을 강력하게 주장한다. 플라스틱을 발명한 인간이 그 문제점 해결에 앞장서는 것은 당연한 일이지만, 이 역시 궁극적인 대안이 되지 못한다는 문제점이 있다.

  그것은 분해되는 플라스틱을 사용할 수 있는 범위가 제한적이기 때문이다. 강성현 박사는 일례로 어느 날 갑자기 플라스틱으로 만든 자동차의 범퍼가 엿가락처럼 녹아내리거나 바지의 플라스틱 단추가 녹거나 창고에 재고로 쌓아둔 콜라병에 구멍이 생긴다면 그야말로 일상생활이 엉망진창이 되지 않겠느냐고 말한다.

  이뿐이 아니다. 분해되는 플라스틱은 햇빛에 오래 노출되거나 오랫동안 습기가 있는 곳에 둘 경우에만 분해되어야 하는데, 현재와 같은 쓰레기 매립 방식에서는 분해가 잘 되지 않는다는 점이다. 현대의 위생 매립 방법에는 침출수나 가스 등 쓰레기가 분해되면서 발생할 수 있는 건강 피해나 위험을 최소화하고 있다. 오히려 위생 매립장은 쓰레기가 빨리 분해되지 않게 공기와 습기를 차단하도록 고안된다. 이는 분해되는 플라스틱이라 할지라도 분해 여건이 맞지 않는다면 효용이 없다는 것을 의미한다.

  플라스틱 쓰레기는 전체 쓰레기 부피의 약 20%를 차지한다. 그러나 플라스틱은 재활용이 가능한 특성을 갖고 있으므로 체계적으로 수거하면 재활용도를 높일 수 있다. 플라스틱의 문제는 눈앞의 이익만 추구하는 사업가들이 재활용의 필요성을 중요시 하지 않은데다 사회가 플라스틱을 재활용하는 데 게을리 하기 때문이라는 지적이다. 물론 일부 분야에서 친환경적인 플라스틱이 성공을 거두고 있기도 하다. 수술용 실 등에는 생분해성 지방족 폴리에스테르가 사용되고 있다. 현재 각광을 받고 있는 것은 소위 박테리아 중합체로 불리는 PHB 또는 PHBV이다. 이들은 알칼리게네스 유트로푸스 또는 슈도모나스 뮬티보란스 등 박테리아들이 에너지 저장물질로 합성하는 생분해성 고분자들로, 비타민 등 일부 약병에 사용되고 있다. 박테리아를 이용하여 친환경적인 화학제품을 생산할 수 있다는 것은 미래 화학공업에 큰 시장이 열려 있다는 것을 의미한다.†

플라스틱에 대한 비판이 대두되자 한때는 세라믹 등 신소재의 개발이 속속 이루어져 플라스틱이 위기를 맞기도 했다. 그러나 최근에 엔지니어링 플라스틱, 기능성 고분자로 표현되는 각종 특수 플라스틱이 등장하면서 오히려 제2의 플라스틱 혁명이 일어나고 있다. 대표적인 것이 전도성 플라스틱으로, 절연성인 과거의 플라스틱과는 반대로 전류를 흐르게 하는 것이다. 이것은 이미 플라스틱 배터리와 플라스틱 콘덴서 등으로 응용되고 있다. 이 부분은 〈플라스틱 전기〉 장에서 설명한다.

분자 결합의 강도를 매우 높여 섭씨 수백 도의 열에 견디는 플라스틱도 속속 등장하고 있으며, 일본에서는 이를 이용해 경주용 자동차 엔진까지 만들고 있다. 미국의 케블러 섬유, 한국 KIST의 아라미드 섬유처럼 철사보다도 훨씬 인장 강도가 뛰어난 플라스틱 섬유도 개발되었다.

앞으로도 새로운 분야의 플라스틱 개발은 계속 이어질 것이다.

† 『진정일의 교실 밖 화학 이야기』, 진정일, 양문, 2006

『플라스틱 재활용시대』, 강성현, 과학동아, 1992. 12

달라붙지 않는 프라이팬
Non-stickg Frying Pan

테플론이 사용되는 분야는 프라이팬뿐이 아니다.
대동맥이나 맥박 보조기 등 인체 안에 장치되어야 할 물질은 인체가
거부 반응을 일으키지 않는 물질로 제조되어야 하는데,
테플론이 바로 그런 용도에 적합하다.
더구나 테플론은 의류 부분에서도 선풍을 일으켰다.

- 본문 중 -

달라붙지 않는 프라이팬

인류가 지구상에서 태어난 이래 가장 유용하면서도 아직까지 그 형태가 바뀌지 않은 발명품이 있는데, 그것은 바로 바퀴이다. 원형으로 된 바퀴는 마차를 비롯한 교통 수단이 생길 수 있게 했음은 물론 수많은 기계 부속품 등에 이용되고 있다. 사실 바퀴가 발명되지 않았다면 근대와 같은 과학 문명이 발달되었을지는 의문이다.

바퀴라면 거의 모든 사람이 곧바로 고대의 나무 바퀴, 현대는 고무 바퀴를 생각할 것이다. 사실상 현대 공업의 발전을 이루는 데 중요한 자원은 철·석유 등 여러 가지가 있겠지만, 목재·고무도 이에 못지않게 중요하다.

특히 고무는 자동차의 타이어에서부터 고무줄, 고무장갑, 고무 보트는 물론 전기의 절연체, 튜브, 벨트 등 각종 부품에 이르기까지 수많은 분야에서 사용되고 있으므로 고무가 지상에서 갑자기 사라진다면 어떠한 파급이 우리에게 미칠지는 설명할 필요도 없다.

나무의 눈물, 고무

천연재료는 놀라운 특성을 갖고 있는 것이 많지만, 그 중에서도 고무는 신비의 성질을 갖고 있다. 고무의 큰 특성은 탄성력이다.

천연고무는 이소프렌 단위 7천여 개가 길게 결합해 있는 고분자이다. 이런 고무가 어떻게 길게 늘어졌다가 다시 원형을 찾을 수 있을까.

그것은 긴 고분자 사슬이 실처럼 엉켜 있으나 이 사슬 간에는 서로 잡아당기는 인력이 별로 크지 않기 때문이다. 그러나 뒤에서 설명할 황을 넣고 함께 가열하면 이 긴 사슬들이 여기저기 서로 연결하여 3차원적인 그물 구조를 만든다. 이 연결 결합을 '황다리 결합'이라 부르는데, 사슬 사이를 연결하는 황다리 결합에는 황 원자가 1~4개 연결되어 있다. 이처럼 3차원 다리 결합을 이루고 있는 고무는 분자량이 무한대에 가까우며, 잡아당겼다 놓으면 원래 모양으로 돌아가는 탄성체 특성을 가지는 것이다.

고무가 갖고 있는 또 하나의 특성은 잘 튀어오른다는 점이다.

고무공은 땅바닥에 부딪히면 땅바닥에서 힘을 받는데, 이 힘은 고무공을 만들고 있는 분자 모양을 변화시킨다. 다시 말해 고무공이 에너지를 받으면 가장 안정된 모양을 하고 있던 고무 분자가 그 모양을 바꾸는 것이다. 그러나 고무공은 되도록 본래의 모습으로 되돌아가려고 한다. 에너지를 흡수하여 순간적으로 모양이 달라진 분자들은 원래 모양으로 돌아가는 대신 흡수했던 에너지를 밖으로 내보내는데, 이것이 튀어오르는 운동이 된다. 결국 분자 차원의 미시적 변화가 모여 우리가 관찰하는 거시적 특성을 나타내는 것이다.✢

고무가 실제로 인간에게 유용하게 사용되기 시작한 것은 근래의 일이다. 16세기에 콜럼버스를 비롯한 스페인 탐험가들은 남미의 인디언들이 어떤 나무에서 배어 나오는 라텍스라는 식물성 유액으로 공을 만들어 게임

✢ 『진정일의 교실 밖 화학 이야기』, 진정일, 양문, 2006

| 찰스 굿이어의 실험 장면 |

을 하고 있는 것을 보았다.

인디언들이 고무를 채취한 나무는 히비아 고무나무로, 원주민들은 나무의 눈물이라는 뜻의 '카우체'라고 불렀다. 스페인 사람들이 이 고무나무를 갖고 돌아왔는데 처음에는 별로 효용처를 발견하지 못했다. 그러다가 산소의 발견자인 프리스틀리(Josph Priestley)가 연필로 쓴 것을 이것으로 문지르면 지울 수 있다는 것을 발견했다. 현재 사용되는 고무(rubber)라는 말은 '문지르다(rub)'에서 유래한 것이다.

고무는 온도가 높아지면 냄새가 나고 부드러워지면서 끈적끈적해지지만 온도가 낮아지면 굳거나 잘 부서진다. 스코틀랜드의 찰스 매킨토시는 두 장의 천에 고무를 칠하고 맞붙이면 방수가 되는 것을 발견하고 레인코트를 만들었다. 아직도 영국에서는 레인코트를 '매킨토시'라고 부른다.

그러나 1840년대까지만 해도 고무의 활용도가 많지 않았는데, 이는 현재 고무가 주 재료인 대부분에 동물 가죽이 사용되었기 때문이다. 이때 굿이어(Charles Goodyear)가 나타난다. 그는 고무로 만든 우편가방을 납

| 찰스 굿이어 |
가황법을 이용하여 고무의 단점을 개량한 찰스 굿이어는 자신이 신으로부터 파견된 사람이라고 믿었다. 그는 상업적으로 성공하지 못했고, 1860년에 사망할 당시에는 무려 20만 달러의 빚더미 위에 있었다.

품한다고 계약했다가 공장에서 출고되기 전에 모두 녹는 통에 커다란 낭패를 보았기 때문에 고무를 안전하게 처리하는 방법을 찾는 데 열중했다. 굿이어는 고무와 유황을 텔레핀유에 섞어 실험을 하던 중 우연히 뜨거운 난로에 가까이 대 보았다. 그 고무는 녹지 않고 마치 가죽처럼 조금만 탔다.

그는 자신이 발견한 뜻밖의 상황을 곧바로 실험으로 연결시켜 고무를 안정화시키는 데 필요한 최적 온도와 가열 시간을 발견했다. 그는 이 방법을 특허 신청하였고, 로마신화에 나오는 '발칸(불의 신)'에 근원을 갖는 '발카니제이션(가황)'이라고 명명했다.

역사상 개인 발명가들 중에는 발명과 함께 사업화에 성공하여 부를 축적한 인물들이 많다. 웨스팅하우스는 철도용 브레이크를 발명해서 크게 돈을 벌어 원자력발전소 설계 등으로 이름을 떨치고 있는 웨스팅하우스사를 설립했고, 발명가 포드도 개량한 가솔린 자동차 시스템으로 포드 자동차를 설립했다. 에디슨도 후에 제너럴일렉트릭사로 개칭되는 회사를 설립했고, 노벨상을 만든 노벨도 다이너마이트로 거부가 되었다.

그러나 굿이어는 자신의 발명으로 아무런 경제적인 혜택을 받지 못했다. 그는 자신의 성공이 너무나 확실해 어떤 희생을 해도 괜찮을 것으로 생각했기 때문에 모든 재산을 쏟아부었다. 하지만 그는 상업적으로 성공하지는 못했다. 그는 빚 때문에 감옥에 갔고, 1860년 사망 당시에는 가족에게 20만 달러의 부채를 유산으로 남겨 주었다. 세계적인 발명품을 고안했다고 항상 성공적인 삶을 사는 것은 아닌 모양이다. 그렇지만 그도 약간의 명예는 건질 수 있었다. 현재 세계 최대의 타이어 제조업체인 굿이어 타이어 사에 자신의 이름이 올라 있기 때문이다.

고무는 부드럽고 비교적 약한 물질이지만 바퀴에 사용하면 금속보다 덜 마모된다. 이러한 내구성은 충격 흡수성, 공기 탄력성과 결부되어 승차감을 좋게 해준다. 굿이어가 살아 있을 때에는 효용처가 많지 않았던 고무는 마침 불어닥친 공업화와 또 폭발적으로 보급되기 시작한 자동차에 의해 수요가 천문학적으로 증가되었다. 19세기 말에 폭발적으로 증가한 자전거와 자동차 보급은 합성고무의 개발 의욕을 촉진시켰다. 1999년 통계에 의하면 전 세계에는 5억 대가 넘는 자동차가 있다. 60억 세계 인구 중 열두 명에 한 대 꼴임을 감안하면 고무의 중요성을 인식할 수 있다.

인조고무 등장

1953년에 노벨상을 수상한 스타우딩거가 고무, 셀룰로오스, 단백질 등의 중요한 천연물질과 비슷한 성질이 있는 고분자, 즉 폴리머에 대해 자신의 가설을 발표했다는 것을 전 장에서 설명했다. 고분자는 간단한 화합물의 화학 결합을 되풀이하는 거대 분자다. 예를 들면 고무 분자의 경우, 매우 많은 이소프렌의 단량체(monomer)가 고무나무 속에서 생합성으로 연결되어 있는 거대 분자이다.

이러한 천연고무의 구조식이 알려지자 나무에서 채취한 고무 분자와 똑같은 합성고무의 제조가 여러 곳에서 시도되었다. 처음에는 천연고무의 단위 구성체인 이소프렌에 대해 연구가 집중되었다.

그러나 이소프렌을 합성고무의 출발 물질로 쓰기 위해서는 두 가지 문

19세기 말부터 불어닥친 공업화와 폭발적으로 보급되기 시작한 자동차는 급속한 고무 산업 발전의 원동력이 되었다.

제점이 있었다. 첫째는 이소프렌의 주된 원료가 고무 그 자체라는 것이고, 둘째는 이소프렌은 중합할 때 제멋대로 작용하여 고무가 아닌 물질을 만들기 일쑤였다. 결국 고무의 유연성과 탄력이 부족하여 자동차 타이어로는 사용할 수 없었다. 그럼에도 불구하고 많은 학자들이 합성고무를 만드는 연구에 매달렸다. 이 물꼬를 터준 사람이 1963년에 노벨 화학상을 수상한 지글러이다. 지글러는 폴리에틸렌을 제조할 때 사용한 촉매를 사용, 이소프렌을 중합하여 천연고무와 거의 같은 물질을 생산하는 데 성공했다. 그의 발견으로 비로소 천연고무와 거의 분별이 안 되는 합성고무가 만들어진 것이다. 오늘날 타이어나 기타 제품에 천연고무를 사용하느냐 합성고무를 사용하느냐는 오로지 합성고무의 원료인 석유 가격에 따라 달라질 정도로 이 둘은 차이점이 없다.

한편 뒤퐁사의 캐러더스(Wallace Hume Carothers, 1896~1937)는 아세틸린에서 얻은 천연 그대로의 혼합물을 기존 방식대로 정제했더니 이상한 소량의 액체가 분리된다는 것을 발견했다. 그후 이 액체가 굳은 것을 정밀 조사한 결과, 이것은 고무 성질을 갖고 있는데다가 실험대 위에서 떨어트렸더니 튀어오르기도 했다. 이 부가생성물은 이소프렌과 유사성에서 클로로프렌이라고 명명되었으며, 추후에 '네오프렌'이라는 이름으로 불렸다.

이 새로운 합성고무는 천연고무와 달라서 기름이나 가솔린, 오존 등에 놀라울 정도로 내성이 강해 현재 공업용 호스나 벨트, 구두창, 창문의 개스킷, 전선 케이블의 커버로 사용되고 있다. 캐러더스에 대해서는 〈나일론 양말〉장에서 다시 설명한다.

약간 연도를 거슬러 올라간 1924년에 패트릭은 다량의 에틸렌과 산업 공정에서 생기는 부산물인 염소가스를 이용해서 고무와 비슷한 반고체 물질을 얻었다.

이 물질은 천연고무와 분자 구조는 전혀 달랐으나 탄성이 뛰어났고, 네오프렌처럼 내유성(耐油性)도 우수했다. 그러나 악취가 심한 것이 큰 결점이었는데, 그후 연구로 저온에서 내성이 강한 고무를 개발했다.

이 과정에서 오늘날 코카콜라, 야구와 함께 미국의 3대 상징인 '껌'이 태어났다. 미국의 뉴잉글랜드 지방에 살던 유럽 이주민들은 인디언들이 가문비나무의 진액을 씹는 것을 발견하고 껌으로 만들어 판매했다. 그러나 고무나무의 일종인 '사포딜라'에서 나오는 진액(치클)을 고무로 만들기 위해 이 나무가 중남미에서 수입되기 시작하자 이것이 껌의 용도로 적합하다는 것이 밝혀졌다. 이것이 바로 '치클 껌'이다. 껌을 손에 놓고 비비거나 뜨거운 곳에 놓아두면 금방 녹아 버리는데, 이것은 바로 껌이 황을 가하기 전의 순수한 천연고무 상태이기 때문이며, 만약 가황(加黃) 과정을 거치면 껌 또한 고무와 비슷한 성질을 갖게 된다.

제2차 세계대전의 3대 공신

이야기의 방향을 약간 돌려 제2차 세계대전을 승리로 이끈 세 가지 화학적 발명품 중의 하나인 테플론에 대해서 살펴보자. 이 세 가지 발명품은 세계대전 직전에 발명되어 원자폭탄 제조에 유용하게 사용된 테플론(폴리테트라플루오르에틸렌), 전 장에서 설명한 폴리에틸렌, 마지막으로 고

옥탄가 항공기 연료이다.

테플론은 뒤퐁사의 등록상표로 현재 주부들의 폭발적인 찬사 아래 시판되고 있는 타지 않는 프라이팬에 사용되는 제품이다. 테플론을 발명한 플랑켓트는 테트라플루오르에틸렌에서 독성이 없는 냉매(프레온류)를 만들 목적으로 봄베 안에 불화탄소 기체를 가득 넣고 기계 장치의 밸브를 열었지만 아무 가스도 나오지 않았다. 봄베 안의 기체가 사라질 리가 없다고 생각한 그는 이 이상한 현상을 조사했다. 봄베를 톱으로 자르자 매끈한 하얀 분말이 나왔다.

그는 이것이 무엇인지 곧바로 알아차렸다. 테트라플루오르에틸렌의 기체 분자가 서로 중합되어 고체의 물질이 된 것이다. 이 왁스와 같은 백색 분말은 놀라운 성질을 갖고 있었는데, 강한 산과 염기는 물론 고온에서도 끄떡 없었고 어떠한 용매에도 녹지 않았다. 그러나 이것은 제조하는 데 비용이 많이 들었기 때문에 실용성이 없다는 이유로 폐기되었다.

그때 극적인 전환이 일어났다. 제2차 세계대전 중에 미국에서 원자폭탄을 만들기 위해 투입된 과학자들은, 원폭용 우라늄235를 제조하는 데 사용되는 물질의 하나로서 6불화우라늄(Hex)이라는 위험한 부식성 가스에도 끄떡 없는 개스킷용 재료가 필요하게 되었다. Hex는 유기물질을 맹렬히 공격하기 때문이다. 원폭에 사용될 우라늄 235를 추출하기 위해 '기체 분사식'이 채택되었는데, 이 방식을 이용하려면 길이가 수마일이나 되는 파이프나 펌프 그리고 장벽에 한 점의 기름도 용납되지 않는 엄밀성이 요구되었다.

더욱이 이음새를 막는 물질에 가스가 새지 않도록 기름기가 포함되어서는 안 되었다. 이 당시까지는 이런 물질을 개발할 필요조차 없었던, 그야말로 어느 누구도 생각 못한 상황이었다.

이런 물질을 찾는 데 고민하던 원자폭탄 계획 담당의 책임자인 그로브즈 장군이 우연히 플랑켓트가 이상한 물질을 개발했는데 생산비가 비싸 생산을 포기했다는 소문을 들었다. 그로브즈는 플랑켓트에게 가격은 고려하지 않아도 된다며 그가 발견한 미끈미끈한 물질을 생산하여 실험에 사용해 달라고 요청했다. 이 물질은 그들의 예상대로 우라늄 화합물에도 아무런 반응을 하지 않았고, 원폭 개발팀은 원하던 우라늄 235를 추출할 수 있었다. 당시 뒤퐁사는 이 재료를 극비로 취급했으므로 어느 누구도 이 물질에 대해 알지 못했다.

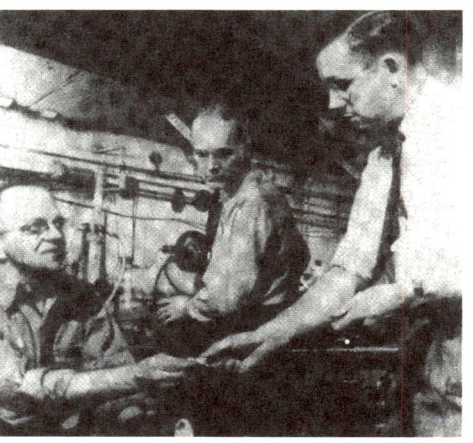

| 테플론의 발견 |
테트라플루오르에틸렌에서 독성이 없는 냉매를 만들려는 플랑켓트(오른쪽)의 실험은 실패하고 말았다. 그러나 이 실험이 실패했기 때문에 그는 테플론을 발명할 수 있었다.

테플론은 폴리에틸렌과 거의 유사하다. 그러나 탄소-플루오르 결합은 탄소-수소 결합보다 강하며 환경의 영향을 훨씬 적게 받는다. 테플론은 거의 모든 물질에 녹지 않으며, 젖지 않고, 열 저항이 강하다. 테플론이 사용되는 가장 유명한 예는 타지 않는 프라이팬의 코팅 재료이다. 이것은 음식물이 플루오르화탄소 중합체에 들러붙지 않으므로 기름 없이도 음식을 구울 수 있게 해준다.

실제로 테플론이 시판되기 시작한 것은 군사 기밀이 해제된 후인 1948년부터이지만, 주부들로부터 주목을 받는 프라이팬과 냄비가 시판되기 시작한 것은 1960년부터이다. 그러나 처음부터 테플론으로 만든 타지 않는 프라이팬이 주부들로부터 인기를 끈 것은 아니다. 대부분의 주부들이 습관대로 프라이팬을 수세미로 박박 문지르다 보면 테플론이 벗겨졌기 때문이었다. 물론 뒤퐁사는 연구에 박차를 가하여 현재는 내구력과 접착력이 강한 제4세대 테플론을 개발하여 이런 문제점을 개선하였고, 그후

| 달라붙지 않는 프라이팬 |

폭발적인 수요가 창출되었다.

테플론이 사용되는 분야는 프라이팬뿐이 아니다. 대동맥이나 맥박 보조기 등 인체 안에 장치되어야 할 물질은 인체가 거부 반응을 일으키지 않는 물질로 제조되어야 하는데, 테플론이 바로 그런 용도에 적합하다.

테플론은 인공 각막이나 턱, 코, 두개골, 허리나 무릎 관절 등의 인공 뼈, 귀 부분, 인공 기관, 심장 판막 또는 힘줄이나 봉합용 실, 의치 등에 사용되고 있다.

더구나 테플론은 의류 부분에서도 선풍을 일으켰다. 테플론을 이용한 가볍고 따뜻하며 숨쉬는 섬유 조직이 발명되었기 때문이다. 이 의류 제품은 스키복과 방한 캠핑복으로 인기를 끌고 있다. 이들 의류 제품의 이름이 바로 고어-텍스(Gore-Tex)이다.

또한 테플론은 우주복의 외피로도 사용된다. 테플론은 우주의 특수한 환경에서 태양의 강력한 복사열에도 견딜 수 있기 때문이다. 미국 최초로 궤도 비행에 성공한 존 글렌(John Herschel Glenn Jr.)의 우주복도 테플론 코팅이 된 것이었다. 우주선의 머리 부분이나 기타의 내열 보호막 또는 연료 탱크에도 테플론이 사용되고 있다.

테플론이 가장 폭넓게 쓰이는 곳은 전자산업 분야이다. 사무실에 있는 수많은 전화와 컴퓨터를 연결하는 전선은 테플론 코팅으로 절연되어 있고, TV에도 테플론 부품이 들어 있다.

날씨가 덥고 추울 때 교량이 어떻게 팽창하고 수축하는지 궁금할 것이다. 여기에서도 테플론은 중요한 역할을 하는데, 교량이 수축 팽창하면서 미끄러지는 폴러를 테플론으로 만들기 때문이다. 미국의 자유 여신상이 앞으로 얼마나 오래 서 있을 수 있는가는 전적으로 테플론에 달려 있다는 말이 있다. 테플론 코팅과 간극제가 내부의 스테인리스 강철 구조와 외부의 구리 표면을 분리시키면서 자유의 여신상이 부식되는 것을 막고 있기 때문이다.

끝을 모르는 플라스틱 개발

일반적으로 플라스틱은 열에 약하다는 개념을 갖고 있다. 그것은 수많은 플라스틱 제품이 열만 만나면 변형되기 때문이다.

그러나 근래 물이 펄펄 끓는 온도에서도 견딜 수 있는 특수고분자인 엔지니어링 플라스틱 덕분에 많은 제품들이 등장한다. 끓는 물에도 마음대로 사용할 수 있는 젓가락 등이 그것이다.

고분자는 크게 범용고분자와 특수고분자로 나뉜다. 범용고분자는 사용할 수 있는 온도가 100℃ 미만인 고분자를 말하며, 흔히 '비닐'이라고 부르는 부류이다. 반면에 특수고분자는 100℃ 이상의 열에도 견딜 수 있는데, 강도가 강철에 버금갈 정도로 강한 고기능성고분자 수지를 칭한다. 슈퍼엔지니어링 플라스틱은 150℃ 이상의 높은 온도에서도 사용이 가능하므로 내열성 고분자라고도 불린다. 이렇듯 재료가 같은 플라스틱인데도 높은 온도에서 잘 견디는 이유에 대해 최길영 박사는, 전체 화학 구조에 6각형의 안정된 구조를 갖는 열에 매우 강한 벤젠 고리가 들어 있기 때문이라고 설명한다.

이런 재료가 가장 많이 사용되는 분야가 자동차이다. 생활 수준이 향상되어 소비자들의 요구 수준이 높아지자 자동차 업계에서는 내외장 재료의 고급화, 각종 부품의 고성능화, 다양한 디자인 등을 통한 경쟁력 강화에 전력을 기울이고 있는데, 이런 역할을 담당하는 것이 자동차용 고분자 소재다.

이들 재료를 사용한 자동차는 기존의 대표적인 재료 철에 비해 무게가 1/8에 지나지 않고 알루미늄에 비해서도 1/3이나 가볍다. 고분자의 성능을 더욱 높이기 위해 다른 소재와의 결합에도 사용된다. 이를 고분자 복합재료라고 한다.

고분자 복합재료는 고분자에 유리섬유나 탄소섬유와 같이 더 강한 섬유를 보강해 넣어 줌으로써 강도를 높인 것이다. 이는 콘크리트에 철근을 넣어 강도를 보강하는 것과 같은 원리이다.

이들 재료는 무게에 비해 기계적인 성질이 매우 우수하여 우주·항공 분야, 자동차 분야, 스포츠·레저 분야에 이르기까지 아주 넓은 범위에서 사용되고 있다. 낚싯대, 테니스 라켓, 골프채 등은 이들 재료가 아니면 구할 수 없을 정도로 보편화되었다.

특히 가벼우면서도 강하고 높은 온도에서 견딜 수 있는 재료가 요구되는 인공위성, 우주왕복선 등에도 고분자 복합재료가 이용된다. 우주왕복선 외곽을 감싸는 실리콘 타일 안쪽에는 371℃까지 견딜 수 있는 복합재료가 들어가고, 접착제로 사용되는 복합재료는 500℃까지 견딜 수 있다. 1990년대부터는 대형 건축구조물에도 사용되는데, 이는 가벼우면서도 강하고 녹이 슬지 않기 때문이다. 고분자의 행진은 앞으로도 계속될 것으로 보인다.

「강철만큼 강하고 500℃ 견딘다」, 최길영, 과학동아, 2001. 8

나일론 양말
Nylon Stockings

나일론은 1939년 뉴욕 만국 박람회에서 가장 주목을 받은 출품작 중의 하나였다. 뒤퐁사는 '석탄과 공기와 물만으로 만든 섬유', '강철만큼 강하면서도 거미줄만큼 섬세한 섬유'라며 나일론을 대대적으로 광고하였고, 모델이 유리관 속에서 나일론으로 만든 스타킹을 보여 주었다. 1940년 5월 15일 뉴욕 시에서 나일론이 처음 발매되었을 때는 불과 몇 시간 동안에 400만 켤레의 스타킹이 팔렸다.

- 본문 중 -

나일론 양말

　　　　　　　　　　　　　　　　영화「슈퍼맨」의 슈퍼맨은 지구보다 정신적·육체적 능력이 뛰어난 행성 크립톤에서 태어난 외계인이기 때문에 초능력을 발휘할 수 있다고 설정되어 있다. 그의 능력이 얼마나 대단한지 지구를 돌려 과거로 돌아가서 애인을 구할 수도 있으며, 보호복을 입지 않고 우주를 활보할 수도 있다. 반사 능력도 빨라 몇 미터 앞에서 권총을 쏘았는데 총알을 잡기도 한다.

　그러나「슈퍼맨」에서의 압권은 아무래도 무에서 유를 창조할 수 있는 능력이다. 슈퍼맨은 자신이 필요하다고 생각할 때 몇 번 몸을 돌리기만 하면 순식간에 슈퍼맨의 로고가 찍힌 옷을 입는다.

　슈퍼맨은 옷을 어떻게 만들까?

　원리적으로 슈퍼맨이 옷을 만들 수 있는 '원소이용장치'를 갖고 있다면 불가능한 일은 아니다. 영화에서는 그런 기자재가 보이지 않지만 슈퍼맨이 몸 어디엔가에 갖고 있다고 생각하거나 그런 능력을 보유하고 있다고 하면 실제 만드는 것은 그리 어려운 일이 아니다. 슈퍼맨이 20세기 최대의 발명품이라 불리는 플라스틱류의 폴리에스터라는 화학섬유로 옷을 만들었다면 '질량보존의 법칙', '에너지보존의 법칙'에도 저촉되지 않는다. 폴리에스터는 탄소·산소·수소만을 원료로 해서 만들어지는데, 이 원소들은 공기 중에서 얼마든지 뽑아 쓸 수 있기 때문이다.

그러므로 슈퍼맨이 회전하면서 옷을 만들려면 이들 원소를 공급할 공기의 양이 충분하기만 하면 된다. 그러나 실제로 영화처럼 슈퍼맨이 옷을 만들어 입는다는 것은 간단한 일이 아니다.

슈퍼맨이 입는 망토를 비롯한 최첨단 옷이 1kg 정도의 무게를 갖고 있다고 생각하자. 산소와 수소는 공기 중에 무한대로 있으므로 간단하게 해결할 수 있다. 문제는 탄소이다. 1kg의 옷을 만들려면 탄소가 700g 정도 필요한데, 탄소를 포함한 이산화탄소는 공기 중에 0.03%밖에 들어 있지 않다. 그러므로 슈퍼맨이 순식간에 자신이 입는 옷을 만들려면 무려 4,400m³의 공기를 확보해야 한다. 이 양은 길이 50m, 폭 25m의 국제경기 수영장의 규모에다 3.5m 높이의 체적에 꽉 찬 양이다. 슈퍼맨이 0.5m³도 되지 않는 회전문 안에서 이 정도 양의 공기를 1초 안에 확보하여 자신이 입을 옷을 만들려면 1초에 무려 8,800m³의 공기를 빨아들여야 한다.

2003년 9월 12일 태풍 '매미'가 제주도 북제주군 한경면 고산 수월봉을 지날 때 초속 60m였고, 2000년 8월 31일 태풍 '프라피룬'이 흑산도를 지났을 때 최대 풍속이 초속 58.3m였으며, 2002년 8월 31일 태풍 '루사'가 제주 고산 지역을 통과할 때는 풍속이 초속 56.7m였다.

기상청에 의하면 초속 17~20m의 바람에 작은 나뭇가지가 꺾이고, 초속 21~24m면 굴뚝이 넘어지고 기와가 벗겨지며, 그 속도가 25~28m에 이르면 나무가 뿌리째 뽑힐 수 있으며, 60m 바람은 철탑을 휘어 버리는 그야말로 초특급 강풍이다. 초속 60m의 태풍 '매미'에 의해 건물은 물론 나무, 전신주, 기차가 탈선되고 침수·정전(150만 가구에 이르렀음)은 물론 교각(부산 구포대교)이 무너지는 것을 감안하면, 이보다 100배 이상 빠른 속도로 슈퍼맨이 옷을 만들어 입으면 그때마다 회전문과 건물이 왕창 파괴되는 것은 물론, 주위에 있던 사람들도 모두 사망할 것으로 보인다.

정의의 사자인 슈퍼맨이 옷을 만들어 입는 것 때문에 사람들이 사망하거나 건물이 파괴된다면 말이 안 된다. 그러므로 슈퍼맨은 특별한 경우가 아닌 한 옷을 만들어 입지 않는데, 여하튼 이러한 영화 소재가 가능할 수 있다는 것은, 노벨상 역사상 가장 불운한 과학자 중의 한 명으로 꼽히는 〈달라붙지 않는 프라이팬〉 장에서 언급된 캐러더스(Wallace Hume Carothers, 1896~1937)가 있었기 때문이다.

| 캐러더스 |
자신이 만든 네오프렌의 특징을 보여 주고 있는 캐러더스.

| 캐러더스 논문 |
캐러더스가 1927년 합성 고분자 물질을 만들어내는 방법을 정리한 노트.(자료 송성수)

뒤퐁사는 셀룰로오스, 실크, 고무 등의 천연 고분자 구조를 해명하고 그것들과 유사한 합성물질을 만들어낼 목적으로 파격적인 조건에 캐러더스를 하버드 대학에서 영입하였다. 그는 뒤퐁사에 입사하자마자 실크와 비슷한 구조의 폴리아미드라는 새로운 물질을 만들었다. 이미 개발된 폴리에스테르가 섬유 제품으로 사용하기에는 용융점이 너무나 낮았기 때문에 폴리아미드를 연구의 대상으로 삼은 것이다. 그는 폴리아미드가 냉연신(冷延伸)하면 장력(張力)이 향상되어 우수한 직물이 된다는 것을 발견했다. 합성섬유의 대명사라고 볼 수 있는 나일론이 탄생한 것이다.

그러나 폴리아미드는 녹는점이 너무 높아 섬유로 길게 뽑아낼 수 없다고 생각한 캐러더스는, 폴리아미드가 나일론의 재료가 될 줄은 꿈에도 생

| 줄리언 힐 |
나일론의 공신 힐 박사, 캐러더스의 동료인 힐은 우연한 실험으로 나일론을 만드는 결정적인 계기를 제공했다.

각하지 못하고 잠시 주의를 다른 쪽으로 옮겼다.

장난이 발견한 나일론

대 발견에는 항상 전설이 따라다니듯이 나일론의 발견에도 전설이 있다. 1932년 한 연구원이 폴리에스테르의 실험 재료들이 어느 만큼이나 늘어나는지를 알아보기 위해 장난으로 작은 덩어리를 유리 막대기 끝에 붙여 넓은 방 안을 돌아다녔더니 이것이 실과 같이 기다랗게 뽑아져 나왔다고 한다.

이때 장난을 친 연구원의 이름이 공동 연구자인 줄리언 힐이라고 발표된 것을 보면, 이 전설은 대체로 사실인 것으로 보인다. 게다가 상당히 많은 연구원들도 그 광경을 목격했다고 진술하고 있다.

그러나 이러한 행동이 중요한 발견으로 이어진 것은, 연구원들이 장난 삼아 폴리에스테르를 잡아당겨서 생긴 실의 모양을 보고 그것의 과학적 중요성에 눈을 돌릴 줄 아는 통찰력이 캐러더스에게 있었기 때문이다. 캐러더스는 폴리에스테르를 잡아 늘이면 분자들이 한 방향으로 늘어나서 강도가 증가한다는 것을 발견하고, 폴리에스테르에 이런 성질이 있다면 그동안 실용화 연구를 중단했던 폴리아미드에도 같은 성질이 있지 않을까 생각했다. 그의 예상대로 폴리아미드는 긴 실을 내뿜었고 그것이 실크와 흡사하다는 것도 발견되었다.

이 점은 과학에서 매우 중요한 점을 시사해 준다. 캐러더스가 이와 같이

| 나일론 구매 인파 |

생각했던 것은, 그가 폴리아미드란 섬유를 이미 만들어 갖고 있었고 또 그 분야에 계속 종사하고 있었기 때문에 가능한 일이었다. 이는 대부분의 획기적인 발명은 준비된 여건을 통해 일어나는 것이며, 공상만으로는 이런 대 발견이 이루어질 수는 없다는 뜻이다.

나일론은 1939년 뉴욕 만국 박람회에서 가장 주목을 받은 출품작 중의 하나였다. 뒤퐁사는 '석탄과 공기와 물만으로 만든 섬유', '강철만큼 강하면서도 거미줄만큼 섬세한 섬유'라며 나일론을 대대적으로 광고하였고, 모델이 유리관 속에서 나일론으로 만든 스타킹을 보여 주었다. 1940년 5월 15일 뉴욕 시에서 나일론이 처음 발매되었을 때는 불과 몇 시간 동안에 4백만 켤레의 스타킹이 팔렸다. 당시 나일론 스타킹의 값은 1.15~1.35달러로 실크 제품보다 2배나 비쌌지만 불티나게 팔려 그해에 9백만 달러, 이듬해에 2천5백만 달러의 매출을 올렸다. 미국 여성이라면 적어도 한 켤레 이상의 나일론 스타킹을 산 셈이다.

제2차 세계대전이 일어나자 나일론은 그 질긴 성질 때문에 낙하산 재료 등의 군수품으로 많이 사용되어 민수용은 제한을 받았다. 그러나 전쟁이 끝나자마자 나일론의 보급은 상상을 초월할 정도였다. 면화, 비단, 모피

제2차 대전이 일어나자 나일론은 낙하산 재료 등의 군수품으로 많이 사용되었기 때문에 민수용은 제한을 받았다. 영화배우 배터 그레이블의 나일론 스타킹은 전시 채권 재집회의 경매에서 4만 달러에 팔렸다.

등의 자연물이 아니더라도 의복의 재료를 대량 생산되는 인공 합성물로부터 값싸게 얻을 수 있는 길이 열렸기 때문이다. 나일론은 양말이나 속옷뿐만 아니라 시트, 낚싯줄, 수술용 실로도 사용할 수 있었다.

나일론의 또 다른 사용 분야는 칫솔이었다. 나일론은 질기고 단단하며 탄력성이 좋아 쉽게 변형되지 않을 뿐만 아니라 습기를 머금지 않아 잘 말랐으며, 세균의 번식도 막아 주므로 칫솔 업계에서 대 환영을 받았다. 뒤퐁사에서는 엑스톤이라는 칫솔을 '기적의 칫솔'이라고 부르면서 다음과 같이 광고했다.

엑스톤을 만드는 데 사용되는 재료는 '나일론'이라고 불리는데, 최근에 나온 단어이기 때문에 사전에도 없을 겁니다.

뒤퐁사에서는 기존에 사용하던 돼지털은 칫솔에서 빠져 이 사이에 끼지만 나일론 솔은 칫솔대에 단단히 박혀 있다는 사실을 강조했다. 나일론 칫솔은 구강 위생을 향상시키기만 한 것이 아니라 전 세계 돼지들의 고통을 감소시키는 데도 크게 기여했다. 실제로 나일론 칫솔이 시판되기 직전인 1937년에는 미국에서만도 150만 파운드의 돼지털이 칫솔을 만드는 용도로 수입되었다.

더구나 뒤퐁사는 폴리에스테르를 평면으로 잡아당기면 강한 필름이 된다는 것을 발견하고, 1950년부터 마이크로 필름이나 오디오용 자기테이프에 사용하여 그 이용도를 높였다. 또한 울과 섞어서 데이크론이라는 이름의 신사용 양복감으로도 판매하였다. 현재 우리가 입고 있는 의복의 대부분에는 폴리에스테르가 들어 있다.

나일론의 역사

나일론이 탄생하기까지의 역사를 살펴보자.

합성섬유가 태어나게 된 시초는 앞에서 설명한 쉔바인의 발견이다. 이때 영국의 스완(Sir Joseph Wilson Swan)은 에디슨과 전등 개발 경쟁을 벌이고 있었다. 그는 전등의 필라멘트 개량에 열중했는데, 쉔바인이 발견한 물질이 필라멘트에 유용한 성분이 될 것으로 판단했다. 오랜 연구 끝에 그는 에디슨의 전구보다는 못하지만 그런 대로 빛을 발생시킬 수 있는 필라멘트를 만들어냈다. 이 필라멘트는 질산셀룰로오스에서 뽑아낸 섬유를 여러 겹으로 꼰 것으로, 이것으로 오늘날 사용되는 화학 섬유 제조법의 토대를 거의 마련한 셈이다.

이보다 조금 앞서 프랑스의 샤르도네(Louis Marie Hilaire Bernigaud, Comte de Chardonnet)가 쉔바인의 연구를 계승하여 면화를 알코올과 황으로 완전히 녹인 뒤 여기에서 '레이온'이라는 섬유를 뽑아내는 방법을 찾아냈다. 이것과 1890년에 스완이 필라멘트를 연구하던 과정에서 찾아낸 실의 제조법이 결합하면서 암모니움레이온, 비스코스레이온, 아세테이트레이온 등 레이온 섬유가 탄생한다.✢

레이온은 1889년 파리에서 열린 세계박람회에 출품되자 선풍적인 인기를 끌었다. 당시까지 누에로만 만들 수 있었던 비단을 인공으로 만들었다고 알려졌으며 이름도 '샤르도네 비단'이라 불렸다.

✢『청소년을 위한 과학자 이야기』, 송성수, 신원문화사, 2002

그러나 샤르도네 비단은 처음의 폭발적인 반응과는 달리 별로 성공하지 못했다. 그 이유는 원료인 질산셀룰로오스 때문이다. 질산셀룰로오스는 폭발성이 강해 '면화약'이라고 불리는데, 질산과 반응을 적게 시키면 폭발성은 줄어들지만 인화성은 계속 남는다. 그러므로 샤르도네 비단 옷을 입고 난롯가에 가까이 다가간 사람들에게 어떤 일어 벌어졌을지는 쉽사리 짐작할 수 있을 것이다.

물론 현재도 이와 같은 일이 일어나는 것은 아니다. 여하튼 레이온 섬유는 이후 나무의 펄프를 녹여서도 뽑아낼 수 있는 방법이 개발되었다. 오늘날 양복의 안감이나 한복 등에 사용하고 있는 매끄러운 섬유가 바로 레이온이다. 그러나 아직도 레이온은 문제점을 노출시키고 있는 재료이다. 펄프를 녹이는 과정에서 유독 가스가 발생하기 때문이다. 우리나라에서 있었던 '원진 레이온 직업병 사태'는 바로 이 유독 가스 때문에 발생한 것이다.††

캐러더스로 돌아가 보자. 캐러더스는 1896년에 미국 아이오와 주에서 4형제 중 장남으로 태어났다. 몸이 허약한 데다가 가정 형편도 어려워 공부를 계속할 처지가 아니어서 아버지가 근무하고 있던 캐피탈 대학의 상과대학에 입학하여 속성 부기 등을 배웠다. 그러던 중 아버지가 그 대학의 부학장으로 승진하면서 집안 형편이 나아지자 1915년에 대학을 졸업한 후 타키오 대학에서 조교 자리를 얻었다. 그곳에서 그는 화학과에 등록한 뒤 학생들의 실험 조교로 일하면서 본격적으로 공부를 시작하여 1924년 분자결합론으로 박사 학위를 받았다.†††

1926년에 하버드 대학에서 유기화학을 강의하면서 당시 첨단 분야였던 중합체(polymer) 연구에 중점을 두고 있었는데, 뒤퐁사에서 뒤퐁연구소 유기화학부장이라는 직함과 강사 봉급의 2배를 지급하겠다고 강력한 로비를 하여 1928년에 뒤퐁사로 자리를 옮겼다. 가르치는 일에 열의를 느끼

††
『진정일의 교실 밖 화학 이야기』, 진정일, 양문, 2006

†††
『청소년을 위한 과학자 이야기』, 송성수, 신원문화사, 2002

지 못하고 연구만 원하던 캐러더스는, 무제한의 자유와 자신의 발견물을 발표할 권한을 보장한다는 뒤퐁사의 약속에 마음이 끌렸기 때문이다.

뒤퐁사의 실험실에서 실험에 열중하고 있는 캐러더스

1929년에 세계적으로 대공황이 닥쳤을 때, 뒤퐁사에서는 오히려 불황을 극복하기 위해 공격적인 경영 방법을 택했다. 신제품 개발만이 대공황을 이길 수 있는 방법이라고 믿었기 때문이다. 우수한 젊은 과학자들을 뽑아 예산을 최대한 지원하고 무제한의 실험을 할 수 있는 환경을 만들어 주면 훌륭한 결실을 맺을 수 있을 것이라고 믿었다.

뒤퐁사는 약속대로 다른 곳의 투자는 모두 축소하였지만 캐러더스의 연구에는 지원을 아끼지 않았다. 이와 같은 회사의 전폭적인 지원에 힘입어 캐러더스는 나일론과 같은 인조 섬유를 개발하기 위해 그야말로 엄청난 인원과 물량을 투입하였다. 캐러더스 휘하의 연구원만 230명이었고, 예산은 1930년대에 이미 2천만 달러를 넘어섰다.

그는 회사의 기대대로 비닐아세틸렌에 염화수소를 첨가하는 방법을 고안하여 이소프렌과 유사하나 중합되는 네오프렌을 조수인 아널드 콜린스(Arnold Collins)와 함께 합성했다. 그들은 DVA라는 특이한 화합물을 중합하다가 고체물질을 포함한 것으로 보이는 새로운 희색 액체가 생긴 것을 발견했다. 콜린스는 이 물질을 스펀지처럼 눌러서 짜보았는데, 그 물질은 흰색의 고무 같은 물체가 되었으며 테이블 위에서 공처럼 튀어다녔다. 게다가 이 물질은 형태를 변형시켜도 원래의 모습으로 돌아갔다. 이렇게 발견된 최초의 합성고무인 네오프렌은 천연고무보다 더 단단한 것으로 밝혀졌고, 제2차 세계대전 당시 매우 중요한 군수품이 된다.

앞에서 설명한 계기에 의해 발명된 나일론은 발명부터 판매까지 그야말로 현대 기업이 누릴 수 있는 모든 방법을 동원하여 판촉에 들어갔다. 캐러더스가 발견한 세계 최초의 합성 섬유를 '폴리머 6-6'이라고 명명한 후 섬유, 코팅 재료, 필름, 플라스틱 등으로 가공해 본 후 세상을 깜짝 놀라게 할 수 있다고 생각하자 발표까지 철저하게 비밀을 유지했다. 그들은 실험 재료에서 떨어져 나간 부스러기 한 조각도 남김없이 회수하여 무게를 달아, 한 조각의 나일론도 회사 밖으로 유출되는 일이 없도록 철저히 감시했다. 그러면서 수킬로미터에 이르는 스타킹을 생산하는 편물 기계들을 설치했다

1938년 10월 27일, 뒤퐁사는 나일론 스타킹을 연금술에 비유하여 발표했고 대중들은 충격과 환호에 휩싸였다. 대중의 열광은 1년 후에 열린 세계 박람회까지 계속되었고, 한 소비자는 다음과 같이 열광했다.

"제 다리의 느낌이 달라졌어요. 마치 하늘을 나는 것 같아요."

나일론의 발명은 관련 산업의 성장을 촉진시켰다. 그 전에 여성들이 신는 스타킹은 얇지도 않았고 속이 비치지도 않는 실크, 무명, 레이스사(꼰무명실), 레이온 등으로 만들었기 때문에 여성들은 다리의 털을 면도할 필요가 없었다. 결국 나일론 스타킹 덕분에 면도기 산업이 호황을 맞을 정도였다.

나일론은 제2차 세계대전 때 수많은 인명을 구하기도 했다. 명주보다 단단한 나일론은 낙하산에 적격이었기 때문이다. 나일론이 전략물자로

선포되자 나일론 스타킹의 생산이 금지되었다. 나일론은 항공기 타이어, 방탄복, 텐트, 화약포, 다양한 종류의 밧줄 등을 만드는 데 사용되었고, 미국 전역에서 수백만 명의 여성들이 자신들의 스타킹을 기부하여 낙하산을 만들도록 주문했다.✝

블라우스와 낙하산의 재료로 출발한 나일론은 양말, 스타킹, 속옷, 혼방, 어망, 로프 등으로 그 영역을 점차 확대했다. 1960년대 이후에는 나일론 페이퍼와 나일론 플라스틱으로 응용되어 포장지·필터·절연체 등과 같은 종이 제품과 베어링·밸브·패킹과 같은 기계 부품을 제작하는 데 필수적인 재료로 사용된다. 또한 동맥 수술을 할 때 없어서는 안 될 인공 혈관으로도 사용되고 있다. 참고적으로 나일론의 이름에는 매우 재미있는 해프닝이 있다고 진정일 박사는 말한다. 나일론(nylon)이란 이름의 제품이 시판되자 일본이 발끈한 것이다. 당시 비단은 일본의 농림성이 주도하고 있었는데, 미국 측이 농림성의 코를 납작하게 해놓았다는 뜻에서 농림의 영어발음을 거꾸로 하여 나일론(nylon)으로 명명했다고 주장했다.

이 사건은 도쿄의 한 일간지가 Nylon이란 상품명이 'Now, you lousy old Nipponese(자 보아라, 바보 같은 늙은 일본놈들아)'라는 영어 표현의 첫 머리글자를 따서 지은 이름이라고 생떼를 쓰자 더욱더 미일 간의 분쟁 요소가 되었다. 물론 뒤퐁사는 그런 주장은 전혀 근거 없는 트집이며, 나일론은 사내 전체 공모를 통해 결정된 이름이라고 해명하여 가까스로 진정되었다.✝✝

우울증으로 자살

뒤퐁사의 전폭적인 지원과 홍보로 나일론은 세상을 바꾸는 물질로 변했

✝ 『사이언스 오딧세이』, 찰스 플라워스, 가람기획, 1998

✝✝ 『진정일의 교실 밖 화학 이야기』, 진정일, 양문, 2006

지만, 캐러더스는 자신이 발견한 제품이 전후 최대의 상품이 되리라 생각하지 못하고 1937년에 시안화물을 마시고 자살했다.

이유는 그의 상관인 볼튼이 그의 발명품을 인정하지 않고 다른 제품을 생산하겠다고 통보했기 때문이라는 것이 정설이다. 캐러더스의 상관이었던 스타인은 캐러더스를 비롯한 연구원들의 신제품 개발이 잇달아 성공하자 부회장으로 승진했다. 그의 후임으로 온 사람이 볼튼인데, 그는 기초 연구에 특권을 주었던 스타인과는 전혀 다른 스타일의 소유자였다. 그는 오직 상업적으로 활용할 수 있는 구체적인 성과만 중요시하여 캐러더스 연구팀에게 자유로운 기초 연구보다는 상업성이 있는 연구에 몰두할 것을 요구했다. 특히 캐러더스 팀이 발견한 나일론이 당시에는 매우 불안정하다는 것을 지적하고, 상업적으로 가치가 있는 좀더 안정된 섬유를 개발하라고 요청했다.

캐러더스가 처음에 개발했던 나일론은 질기지 않아서 상업적 가치를 가지지 못했던 것은 사실이다. 송성수 박사의 글에서 인용한다.

나일론이 생성되는 과정에서 물방울이 부산물로 나오는데, 그 물방울이 반응 용액으로 다시 들어가 중합 작용을 억제했기 때문이다. 1934년 캐러더스는 레이온 섬유를 가공하는 방법에 착안하여 폴리아미드를 압축시킴으로써 나일론 실을 생산하는 데 성공했다.

그런데 문제는 볼튼이 다른 제품을 선호했다는 점이다. 캐러더스는 1935년 봄에 5-10폴리아미드를 최적의 나일론 후보로 추천했다. 그러나 볼튼은 5-10폴리아미드를 만드는 데 필요한 물질의 값이 비쌀 것으로 판단하고, 벤젠화합물로부터 나일론을 값싸게 제조할 수 있는 6-6 폴리아미드를 선호했다(5-10과 6-6이라는 것은 구성 분자의 탄소 수가 각각 5-10인 화합물과 6-6인 화합물이라는 뜻). 실제로 연구 개발을 담당하는 사람과 연구 개발을 관리하는 사람 사이에 갈등이 생긴 것이다.

캐러더스는 자신이 개발한 나일론이 성공을 거두기 전에 자살하여 노벨상을 받지 못한 가장 불행한 과학자로 꼽힌다.

볼튼이 6-6폴리아미드를 중점적으로 개발하라고 요구하였음에도 캐러더스는 자신의 연구 스타일을 계속 고집했다. 원래부터 약간의 우울증이 있었던 캐러더스는 1936년에 결혼한 뒤 더욱 심해져 신경쇠약으로 발전했다. 결국 캐러더스는 1937년 4월 29일 필라델피아의 한 호텔에서 청산가리를 먹고 자살했다. 6-6나일론에 대한 특허를 신청한 지 3주일이 지났을 때였다. 그의 발명품이 사상 최고의 상품으로 성공한 것을 보면 상관과의 알력에 의해 자살을 했다는 것이 이해가 안 될지도 모른다. 그러나 우울증 치료에 사용되는 약은 1950년대에서야 비로소 개발되었다. 캐러더스가 살던 당시에는 아무리 명예와 부를 갖고 있는 사람도 자살의 충동을 막을 수 없었다.†

학자들은 네오프렌과 나일론의 두 제품이 현대 인류에 미친 영향을 감안할 때 여러 사람이 각각 개발했다고 하더라도 그들 모두 노벨상의 수상자가 될 수 있었을 것이라고 생각한다. 1953년 슈타우딩거가 중합체에 관한 연구로 노벨 화학상을 받았다는 점을 볼 때 더욱 그렇다. 노벨상도 우울증에는 도리가 없었던 것이다.

† 『청소년을 위한 과학자 이야기』, 송성수, 신원문화사, 2002

나일론이 공전의 성공을 거둔 신화의 배경에는 이와 더불어 두 가지 획기적인 상업적 전략이 채택되었기 때문이다.

첫째는 나일론 섬유를 뽑아내는 방법으로 새로운 용융방사법을 선택했는 점이다. 레이온 섬유를 뽑아내는 건식방사법이나 아세테이트 섬유를 뽑을 때 사용하는 습식방사법이 아니었다.

둘째는 나일론을 처음 상품화하면서 여성용 블라우스에 사용되던 값비싼 비단을 대체하려는 전략을 구사한 것이다. 1940년부터 나일론이 시판되기 시작했는데, 때마침 태평양전쟁으로 일본으로부터 비단 수입이 단절되는 바람에 듀퐁사는 나일론으로 여성용 고급 의류시장을 잠식할 수 있었다.

결국 원 발명자는 우울증으로 자살했지만, 나일론은 탁월한 기술로 발명된 제품을 적절한 상품화 전략으로 성공한 예이다. 이들은 제품을 개발하면서 파이로트 플랜트(Pilot plant), 벤치 플랜트(Bench Plant), 상업적 생산 단계로 진행하는 단계별 연구 개발전략을 채택하여 단계별로 규모에 맞는 실험과 생산 공정을 차질 없이 추진했으며, 이 방식은 현재 대형 프로젝트를 추진할 때에도 거의 똑같이 진행된다. 참고적으로 상업적인 차원으로만 생각한다면 듀퐁사의 볼튼이 5-10 폴리아미드가 아니라 6-6 폴리아미드를 선택한 것은 현명한 판단이었다고 임경순 박사는 말한다.[††]

방탄복의 재질도 섬유

나일론의 발명 이후 합성 섬유의 개발은 그야말로 눈부시다. 1975년에 시애틀의 한 경찰이 어느 상점을 점검하다가 강도가 1m 거리에서 쏜 총에 피격되었다. 그러나 그는 쓰러지지도 않았고 피도 흘리지 않았다. 그

[††] 『과학사신론』, 김영식 외, 다산출판사, 1999

가 부상 당하지 않은 것은 '로보캅'이었기 때문이 아니라 바로 제복 속에 입고 있었던 방탄조끼 때문이었다. 그는 당시 최첨단 소재인 케블라(Kevlar)로 만든 방탄조끼를 입고 있었던 것이다.

영화에 나오는 특공대들도 하나같이 방탄복을 입고 나온다. 섬유로 만든 방탄조끼가 어떻게 총알을 막을 수 있을까? 이 원리는 그물의 원리를 이해하면 알 수 있다. 이 단원은 《과학향기》에서 많은 부분을 참조했다.✝

보통 실을 잡아당기면 어느 정도 힘에 의해 끊어져 버리기 마련이지만 방탄섬유를 잡아당겨 끊으려면 보통 실보다 더욱 많은 힘이 필요하다. 다시 말해 인장 강도가 큰 섬유며, 또한 잡아당겼을 때 어느 정도 늘어났다가 다시 원상복귀되려는 성질, 즉 탄성이 큰 섬유다. 이렇게 만든 그물(천)에 총알이 명중하면 그물을 이룬 실은 총알에 의해 눌려지며 잡아당겨지게 되는데, 이때 실이 견디는 힘이 크다면 총알은 그물에 걸린 물고기처럼 정지되어 관통하지 못하는 것이다.

방탄복의 탄생은 1935년 '아라미드(aramid)'라는 섬유의 개발과 더불어 시작됐다. '아라미드'란 폴리아미드 합성 섬유 중에서 아미드기가 2개의 벤젠환과 직접 결합된 것을 의미한다. '아라미드'는 세계 최초의 인조 섬유인 '나일론'보다 높은 강도의 섬유 개발을 목표로 하던 듀퐁사에서 개발한 것이다.

하지만 이 연구가 처음부터 순탄한 것은 아니다. '철조망'이라고 불렸던 나일론의 분자 배열에 대한 한계에 부딪혔기 때문이다. 그후 얽힘이 적은 강직한 고분자 사슬을 만들어낸 후에서야 비로소 가능성이 엿보였다. 하지만 이번에는 분자 사슬이 서로 얽혀 실처럼 만들어지지 않는 문제가 발생했다.

이를 해결한 사람이 스테파니 크오렉 박사이다. 그녀는 강직한 고분자 사슬을 녹이는 용제를 구하고 있었으므로 기술자들에게 점성이 그다지

✝ 「과학사신론」, 김영식외, 다산출판사, 1999

높지 않은 용액을 주고 실을 만들어달라고 부탁했다.

이때 기술자들이 제시한 것이 나일론 보다 훨씬 강하고, 늘어짐도 적고, 가위로도 잘 끊어지지 않는 강한 섬유로 이것이 바로 아라미드 섬유의 원조라 불리는 '케블라' 섬유다. 케블라 섬유의 효용도는 매우 높아 현재 테니스라켓, 소총손잡이, 낚싯대 등 복합재료 보강재료로 널리 사용 되고 있으며 자동차 브레이크 라이닝에도 사용되고 있다.

또한 케블라의 동생쯤 되는 노멕스(Nomex)는 케블라보다 조금 더 유연하여 우주복, 소방복, 화부의 장갑 등에 사용되고 있다.[††]

'케블라'란 말은 아라미드 섬유의 듀퐁사 상품명이다. '케블라' 이후 세계 각국의 저마다 방탄복 연구에 매달려 비약적인 발전을 거듭하게 된다. 현대의 방탄복은 크게 하드(hard body)와 소프트(soft body armor)로 구분된다. 소프트 바디 아머는 방탄 섬유를 사용해 만든 것으로 가볍고 부드러워 착용감도 나쁘지는 않지만, 상대적으로 저속이나 산탄·파편 등을 막는데 적합하다. 그러므로 보다 강력한 화력에는 뚫리기 쉽다는 약점을 갖고 있다. 또한 원래의 소재가 섬유이기 때문에 칼 등 예리한 무기에는 약하다는 단점도 있다.

반면, 하드 바디 아머는 소프트와 같이 방탄 섬유로 된 방탄판을 사용하지만 부가하여 세라믹, 특수한 금속판이나 사슬 등을 추가하므로 더욱 튼튼하다. 칼이나 화살도 방어할 수 있다는 이점도 있지만, 그만큼 두껍고 무거워진다는 단점도 있다.[†††]

[††] 「진정일의 교실밖의 화학이야기」, 진정일, 2006

[†††] 「총알받이 섬유-방탄조끼」, 과학향기 원, 2003. 10. 10

계속 개발되는 인조섬유

케블라 섬유는 방탄모 및 기타 복합재료로도 널리 사용되고 있으며, 이

보다 강도는 다소 떨어지지만 더 부드러운 노맥스는 우주복·소방복 및 보호 장갑 등을 만드는 데 사용된다.

방수 스키복이나 방수 재킷도 있다. 이 제품은 땀은 잘 빠져 나가지만 빗물은 스며들지 않는다. 이 섬유에는 매우 작은 동공들이 수없이 많이 있어서 마치 여러 겹을 겹쳐 놓은 거미줄처럼 보인다. 이 동공들의 크기가 대략 0.02~15마이크론 정도이다.

이것은 수증기 분자의 약 7천 배이고 물방울 크기의 2만 분의 1 정도이

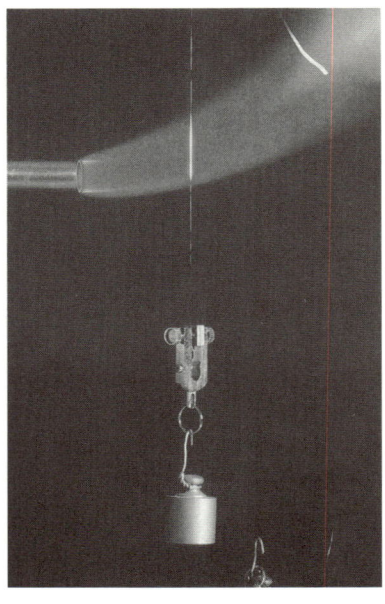

최근에는 방수는 물론 방탄 기능을 가지고 있는 합성 섬유가 개발되었다. 뿐만 아니라 탄화규소섬유는 비록 실처럼 가늘지만 1,250℃의 열에도 견딜 수 있다. (과학동아 1990년 6월호에서 인용)

다. 따라서 물방울은 통과시키지 않지만 수증기 분자는 자유롭게 통과시키는 것이다. 인조 스웨이드, 일명 세무 가죽이라고 불리는 제품도 신비한 신소재 섬유제품이다. 이것은 폴리에스테르나 나일론 섬유를 보통의 섬유보다 훨씬 가늘게 뽑은 후 포 구조를 만들고, 가죽처럼 탄성을 갖도록 내부층에 단열재로 사용되는 폴리우레탄 수지를 침투시켜 제조한다. 천연 스웨이드 표면에는 가느다란 콜라겐 섬유가 밀집하여 정돈되어 있는데, 합성 스웨이드 역시 이것을 모방한 것이다.

섬유 가닥 속에 구멍이 있어 보온력을 크게 증가시키면서 동시에 가볍게 만든 섬유가 있는가 하면, 물에 빨아 입을 수 있는 물실크라고 불리는 폴리에스테르도 개발되었다. 정전기를 막아 주도록 변형시킨 섬유가 있는가 하면, 잘 타지 않고 고무줄처럼 탄력이 큰 섬유도 생산된다.

한편 제너럴일렉트릭사와 바이어사에서도 폴리에스테르를 이용한 폴리카보네이트(Polycarbonate)를 개발하였다. 폴리카보네이트도 우연히 발견

된 제품이다.

1951년 제너럴일렉트릭사의 연구소에서는 열이나 습기로 분해되지 않는 전선 절연용 재료인 폴리에스테르를 연구하고 있었는데, 한 동료가 "가수분해에 잘 견디는 폴리에스테르를 찾으면 되는데"라며 매우 아쉬워했다. 이 당시 연구원이었던 다니엘 폭스 박사는 과거에 실험했던 콰이어콜이라는 페놀류의 카보네이트(탄산에스테르) 에스테르가 가수분해에 잘 견뎠던 것을 기억해냈다. 그는 급히 시약 저장창고로 뛰어가 콰이어콜 분자가 두 개 결합한 비스콰이어콜을 찾았으나 찾지 못했고, 이와 유사한 관련된 화합물인 비스페놀A로 시험했다.

그러나 실험은 그의 예상대로 풀리지 않았다. 그는 탄산알킬과 비스페놀A를 가열하여 새로운 폴리에스테르를 합성하려고 했으나 실패의 연속이었다. 탄산디페닐도 시험해 보았지만 마찬가지였다. 탄산디페닐과 비스페놀A를 섞고 저어 주면서 가열하자 페놀이 증류되어 나오기 시작했고, 반응 용기의 혼합물 점성도가 크게 증가하여 교반이 힘들어졌다. 점차 온도를 올리고 압력을 낮추어 페놀의 제거를 시도했지만, 결국 교반기가 돌지 않을 정도로 용기 내 반응물의 점성도가 커졌다.

용기로부터 반응물을 꺼낼 수 없게 되자 폭스 박사는 무슨 이유 때문인지를 알기 위해 용기를 깨뜨렸다. 그는 교반기 끝에 커다란 덩어리가 붙어 있고, 반응 용기의 유리조각이 그 덩어리 속에 일부 박혀 있는 것을 발견했다. 이것이 폴리카보네이트가 발견된 과정이다.

폴리카보네이트는 콘크리트 바닥에 던졌는데도 끄떡도 하지 않았고, 나무에 못을 박는 망치 대신으로도 쓸 만했다. 이 재료의 장점은 투명성과 강도였는데, 이후 다른 플라스틱은 '폴리카보네이트와 거의 같을 정도로 강하다' 또는 '폴리카보네이트와 같은 강도' 등의 광고를 내게 되었다. 회사를 더욱 감격케 한 것은 비스페놀A는 쉽게 구할 수 있는 저렴한 화합

물이란 사실이었다. 당시 막 시판이 시작된 에폭시수지의 제조 원료이기도 했다.✤

물론 폴리카보네이트의 발견은 단순히 우연한 상황이 겹쳤기 때문만은 아니다. 우선 폭스 박사는 탄산에스테르(카보네이트)의 안정성에 관한 지식을 갖고 있었다. 또한 그는 처음으로 실험했던 지방족 카르본산 에스테르와 비스페놀의 반응이 원만하지 못하자 그냥 단념하지 않고 방향족 카르본산 에스테르인 카르본산 디페닐로 교체하여 실험을 계속했다.

이는 파스퇴르의 말처럼 '준비된 사람에게 행운이 찾아온다'는 사실을 다시금 되새기게 해준다. 적어도 전문 분야에 대한 확실한 지식을 갖고 이에 대처할 수 있는 능력을 갖추어야 한다는 뜻으로, 노벨상을 수상한 사람들 대부분이 이 범주에 속하는 것은 물론이다.

폴리카보네이트의 용도는 무척 다양하다. 투명한 방탄 구조물을 만들 수 있으므로 자동차의 방탄용 창문 재료나 비행기 창문 재료, 교도소의 철창이 없는 창문, 은행 출납부의 창구 등에 사용된다. 또 사용 온도 범위가 넓으므로 초음속 제트기의 캐너피, 아이스하키 경기장의 관객 보호용 받침대, 스쿠버 다이빙용 마스크 등에도 사용된다. 한국 사람들이 데모가 있을 때마다 자주 보는 기동대원들의 방패도 폴리카보네이트로 만들어졌으며, 독일 올림픽 주 경기장의 지붕 재료로도 사용되었다.

이뿐만이 아니다. 폴리카보네이트는 강도와 투명성이라는 성질에다 증기 멸균도 가능하므로 우유병 용기는 물론 의료용 기구에도 사용된다. 요즈음은 항공기 객실의 선반, 자동차의 미등은 물론 여러 가지 플라스틱 재료와 혼합하여 충돌에 대비한 범퍼로도 많이 사용되고 있다.

참고적으로 오늘날에는 페놀이 석유 화학에서 만들어지고 있다. 따라서 이제 나일론은 '석탄, 공기, 물로 만들어진 실'이 아니라 '석유, 공기, 물로 만들어진 실'이라고 표현하는 것이 옳다.

✤ 『진정일의 교실 밖 화학 이야기』, 진정일, 양문, 2006

플라스틱 전기

Plastic Electricity

전기전도성 플라스틱의 효용도가 높아질 부분은 전자파 공해에 대비한 장치이다.
현재 각종 전자제품이 다른 전자제품의 기능을 방해하는 전자파를 무차별로 발생시키고 있는데,
이의 대안은 전자장차폐를 도입하는 것이다.
당연히 전기전도도가 높고 가벼운 것을 선호하는데,
현재 일반 플라스틱과 잘 혼합되는 전기전도성 플라스틱은 전자제품의 외각 소재로 사용될 수 있다.

– 본문 중 –

플라스틱 전기

폴리에틸렌은 실온에서 기체인 에틸렌 단량체가 연결되어 분자량이 커지면서 고체로 변한 것이다. 에틸렌과 같은 단량체를 섞은 뒤 화학 결합, 즉 중합을 시키면 두 단량체는 고리처럼 서로 연결되면서 자란다. 이와 같이 기체나 액체(분자량이 작은 물질) 등 단량체를 모으면 고분자 물질이 만들어진다. 이들은 대체로 좋은 절연체로 사용된다.

반면에 전도체, 즉 전기를 통하는 재료로는 철을 포함해 몇 가지 금속이 대표적이다.

학자들은 대부분의 금속이 소성을 갖지 않아 여러 가지 제한이 있으므로, 금속이 전기를 통하는 원리를 고분자에 적용하면 전기전도성 플라스틱을 합성할 수 있다고 생각했다. 고분자인데도 불구하고 전기가 통한다면, 가볍고 가공하기 쉽다는 고분자의 특성을 그대로 갖는 동시에 전기를 흐르게 하므로 금속에 비해 그 용도가 클 것은 자명한 일이다.

흑연은 전기를 흐르게 할 수 있다. 특히 탄소가 결합하면서 이루는 평면 층 사이에 요오드(I) 같은 물질을 끼워넣으면 전기전도도가 크게 향상된

| 폴리에틸렌의 합성모습 | ▶

| 고분자 전위차계 |
플라스틱이 전기를 통하는 성질을 이용, 전위의 차를 잰다. ▶▶

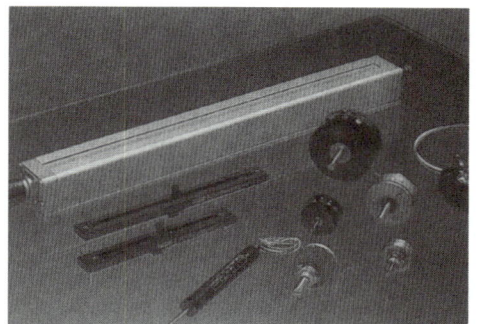

다. 이와 같은 성질을 이용하여 합성한 전기전도성 물질은 (SN)n이 유명하다. 이 물질은 금속 영역에 속하는 전기전도성을 가지며, 절대 영도 근처에서 전기 저항이 없는 초전도 성질을 나타낸다.

유기고분자로서 전기전도성이 높은 고분자는 (CH)n인 폴리아세틸렌이다. 그러나 폴리아세틸렌의 전기전도성은 반도체 수준이다. 폴리아세틸렌을 요오드로 처리하면 전기전도도가 급격히 향상, 금속 수준에 달하는 것이다.

우연히 발견된 전기전도성

고분자물질은 공유결합에 의해 원자들이 연결되어 있다. 일반적으로 고분자의 전자는 각각의 핵에 국한되어 쉽게 그 궤도를 벗어날 수 없다. 바로 이 같은 성질이 유기고분자가 전기를 통하지 못하게 만드는 것으로, 즉 절연체가 되는 것이다.

2000년 노벨화학상을 수상한 앨런 히거(Alan J. Heeger)와 앨런 맥더미드(Alan G. MacDiarmid), 히데키 시라카와(Hideki Shirakawa)교수는 1977년 특별한 조건에서 합성된 고분자는 절연체 성질만이 아니라 금속 못지 않은 전기전도성을 갖고 있다는 것을 발견했다. 이 단원은 김종엽, 이진규, 정태형 박사의 글에서 많이 참조했다.

과거부터 과학자들 사이에 폴리아세틸렌은 전도성을 가질 가능성이 있는 구조로 인식되었다. 전기전도성 플라스틱의 전자는 궤도가 서로 중첩되어 있어서 전자가 한 개의 핵에 국한돼 있지 않고 자유롭게 옮겨 다닌다.

삼중결합을 갖는 아세틸렌을 지글러-나타 촉매로 중합시키면 단공유결합과 이중공유결합이 반복되는 형태의 고분자가 얻어진다. 이때 이중결합은 강한 시그마결합과 약한 파이결합으로 이뤄져 있다.

만약 공액이중결합을 가진 고분자가 산화하여 전자를 한 개 잃게 되면, 그 고분자는 전기를 더욱 잘 전하게 된다. 전자의 이동을 도와주는 '바이폴라론(bipolaron)'이란 구조를 형성하기 때문이다. 즉 보통 폴리아세틸렌은 반도체 수준, 산화가 된 폴리아세틸렌은 금속 수준의 전기전도도를 갖는다. 현재 최고의 전기전도도를 자랑하는 폴리아세틸렌은 10^5s/cm(이때 단위는 센티미터 당 리멘이라 읽고, 리멘의 값은 전기 저항의 역수)인데, 구리의 경우 5×10^5s/cm이므로 다른 금속에 비해도 손색이 없다.

이와 같은 현상은 1970년대 초 일본의 시라카와 교수의 연구실에서 우연히 발견되었다. 그는 지글러-나타 촉매가 들어 있는 용액의 농도를 수천 배 진하게 하여 아세틸렌을 중합시켰더니 용액의 표면에서 은색 광택을 내는 고분자 박막이 만들어지는 것을 발견했다. 분석 결과 이 고분자 박막은 모두 트란스 구조(trans, 이중결합에 붙어 있는 단일결합의 위치가 반대쪽에 있는 구조)를 갖는 폴리아세틸렌인 것으로 밝혀졌다. 그러나 그는 전도도가 높아지는 현상을 발견하지 못했다.

한편 미국의 펜실베니아 대학의 맥더미드와 히거 교수는 시라카와와 비슷하게 금속 광택을 내는 무기고분자 질화황$(SN)x$ 에 관한 연구를 진행하고 있었는데, 학회에서 시라카와 교수의 연구 결과를 듣고 함께 공동연구

| 벗겨진 폴리아세틸렌 |
종이처럼 유연하고 자유로운데
도핑이 되면 전도성이 높아진다.

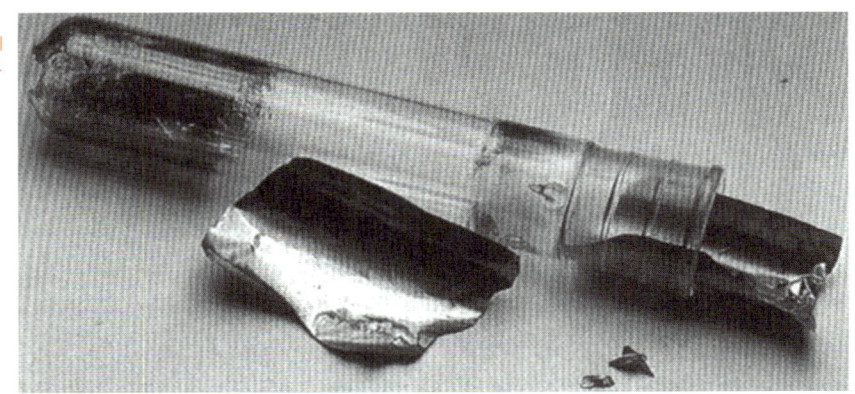

를 제안했다.

이들은 곧바로 트랜스 형태의 폴리아세틸렌을 요오드로 처리하면 전도도가 무려 1백만 배나 증가되는 것을 발견했고, 이것이 그들을 2000년 노벨 화학상을 받게 만든 주역이다.†

전기전도성 플라스틱을 만드는 방법은 그다지 어려운 일이 아니다.

폴리아세틸렌은 아세틸렌을 지글러-나타 촉매로 중합시켜 얻은 얇은 판(sheet) 상의 물체를 산화제나 환원제로 처리해 만든다. 이와 같은 처리를 도핑(doping, 반도체 안에 소량의 불순물을 첨가, 필요한 전기적 특성을 얻는 것)이라고 하며, 이때 사용되는 산화제 또는 환원제를 '도판트'라고 부른다.

현재 가장 많이 쓰이는 전기전도성 플라스틱 제법은 전해질 중에서 단량체를 전기화학적 방법으로 중합하는 방법이다. 또 다른 방법은 축합·중합 방법이다. 즉 두 개의 화합물이 반응 적은 물질을 부산물로 생성하면서 고분자를 형성하는 것이다. 이 축합·중합에 의해 얻어진 폴리파라페닐렌은 벤젠핵이 연결된 고분자로, 엔지니어링 플라스틱으로도 사용된다.

특히 반도체 성질을 갖는 플라스틱에도 두 에너지 상태 사이에 적절한 밴드갭(에너지 간격)이 존재하는데, 외부에서 원하는 대로 이를 적절히 조

† 「플라스틱도 전기 통할 수 있다」, 이진규, 과학동아, 2000. 11

작하면 전자가 이동하는 양을 조절할 수 있다. 이 때문에 전도성 고분자의 응용 분야는 일반 반도체와 마찬가지로 폭이 넓어진다.†

문제는 전도성 고분자가 전기를 통하기는 하지만 전형적인 금속과는 사뭇 다른 물리적 특성을 보인다는 점이다. 대표적인 예로, 일반적인 금속은 적외선의 낮은 에너지 영역에서 '드루드 모델'의 예측대로 에너지를 낮출수록 광학적 전도율은 계속 증가하는 모습을 보이는데, 전도성 고분자는 특정 에너지보다 낮은 에너지에서 오히려 광학적 전도율이 감소한 현상을 보여 준다.

또한 온도에 따른 저항 측정에서도 일반 금속의 경우에는 온도가 낮아지면 낮아질수록 전기 저항은 감소하나, 전도성 고분자에서는 처음에 낮아지던 전기 저항이 특정 온도를 기점으로 다시 증가하는 현상을 보여 준다. 이러한 현상은 무질서계 금속(Disordered Metal)의 대표적인 모습이며, 이러한 물질 내에 존재하는 무질서도는 전도성 고분자의 전도도를 급격히 하락시켜 실용화에 큰 걸림돌이 되었다고 이광희 박사는 말한다.

그런데 근래 개발된 폴리아닐린계의 전도성 고분자는 기존의 전도성 고분자와는 달리 순수한 금속의 전기적 물질 특성을 보여 준다. 이는 '자체 분산 중합법'을 이용한 제조 과정에서 분자들 사이의 어긋난 결합을 배제하여, 분자적 규모에서 기존의 물질보다 더욱 높은 순도의 물질을 얻을 수 있게 되었기 때문이다.††

무한한 가능성을 가진 전도성 플라스틱

전기전도성 플라스틱의 효용도는 엄청나다.

우선 전기전도성 플라스틱은 고분자 배터리로 사용될 수 있다. 전기화

† 「2010년 돌돌 말린 디스플레이 등장」, 정태형, 과학동아, 2001. 8

†† 「순수한 금속 성질 갖는 플라스틱 상용화 눈앞에」, 이광희, 과학과기술, 2006. 6

학적 중합으로 만들어진 전기전도성 플라스틱은 음이온으로 도핑된 상태이므로, 이 재료를 배터리의 양극으로 사용하면 충·방전이 가능한 배터리를 얻을 수 있다. 이것은 일반 건전지가 전압을 1.5V밖에 낼 수 없는데 비해 3V의 전압을 낸다. 또한 가볍기 때문에 단위 무게당 낼 수 있는 전기량이 일반 건전지보다 높은 것은 물론, 충전시 효율이 90% 이상이며 충·방전 회수가 1천 번을 넘는다. 더욱이 이 배터리는 정전이 되었을 때 컴퓨터의 기억장치를 보호하는 데 적격이다.

고분자를 이용하는 전기발광 디스플레이를 PLED(Polymer Light Emitting Diode) 또는 PELD(Polymer ElectroLuminescence Display)라고 한다. 이때 사용되는 전도성 고분자를 '발광 고분자'라고 부른다. 현재 많이 쓰는 노트북 화면은 액정 화면인데, 액정 고분자는 자체적으로 발광하는 고분자가 아니다. 액정 고분자는 화면 안쪽의 형광램프에서 나오는 빛을 통과시키거나 차단시키는 역할을 한다.

액정 화면은 100% 빛 중에서 7~8%밖에 통과시키지 못하고, 빛을 자체적으로 내는 것이 아니기 때문에 밝은 데서 식별이 어렵다. 더구나 편광판과 같은 여러 판을 많이 사용하기 때문에 일정 각도를 벗어난 경우 잘 보이지 않는 단점이 있다. 이 단점을 발광 고분자가 해결할 수 있어서 노트북 컴퓨터나 핸드폰 등의 휴대용 전자기기 같은 가볍고 충전 용량이 큰 제품을 필요로 하는 곳에 효율적이다.

전기전도성 플라스틱의 효용도가 높아질 부분은 전자파 공해에 대비한 장치이다.

현재 각종 전자제품이 다른 전자제품의 기능을 방해하는 전자파를 무차별로 발생시키고 있는데, 이의 대안은 전자장차폐를 도입하는 것이다. 당연히 전기전도도가 높고 가벼운 것을 선호하는데, 현재 일반 플라스틱과 잘 혼합되는 전기전도성 플라스틱은 전자제품의 외각 소재로 사용될 수 있다.

인체의 뇌작용이나 신경작용은 분자 단위에서 일어나고 있다. 따라서 인공지능을 가진 로봇을 제작하기 위해서는 현재보다 뛰어난 기억 소자를 가져야 한다. 결국 분자 단위를 취급하는 분자전자학을 도입해야 하는데, 전기전도성 플라스틱은 분자전자학이 기본 소재이다.✝

전기전도성 플라스틱이 많이 보급될 분야는 센서 분야이다. 암모니아나 황산가스는 산화 또는 환원성이 높은 기체이다. 따라서 도핑이 되지 않는 전기전도성 플라스틱과 접촉하면 착색이 되거나 전기전도도가 커진다. 이와 같은 현상을 이용하면 가스센서를 만들 수 있다.

한편 일산화탄소는 강한 환원제이므로 음이온으로 도핑된 전기전도성 플라스틱을 환원시킬 수 있다. 따라서 산화된 상태의 전기전도성 플라스틱을 일산화탄소가 있는 공기 중에 노출시키면, 이 플라스틱이 환원되면서 전기전도도가 떨어진다. 이 원리를 활용하면 일산화탄소의 유무를 밝혀 주는 가스센서도 만들 수 있다.

빛 또는 전류에 의해 화학 반응이 일어나면 물질의 색깔도 따라서 변한다. 이 성질을 이용해 만든 기구를 광 또는 전기변색 소자라 하는데, 이것도 전기전도성 플라스틱으로 만들 수 있다.

전기화학적 방법으로 중합된 대부분의 전기전도성 플라스틱은 광전변색을 한다. 이 소자의 구조는 태양전지의 구조와 거의 같다. 즉 전기전도성 플라스틱 필름의 한쪽 면에는 투명전도판을 붙이고 반대면에는 반사전극을 붙인다. 전해질 속에서 전기전도성 고분자는 두 전극 사이에 걸린 전압에 따라 색깔이 변한다.

예컨대 폴리피롤을 사용하면 검은 푸른색에서 연한 황색이 되었다가 다시 황록색으로 바뀐다. 게다가 색깔이 변하는 속도가 0.02초에 불과하므로 빠른 정보 전달이 가능하다. 또한 주어진 전압에 따라 고유한 색깔을 나타내므로 정보기억 소자로의 응용도 가능하다.

✝「플라스틱이 전기를 통한다」, 김정엽, 과학동아, 1990. 2

학자들이 특히 관심을 보이는 것은 차세대 디스플레이 소자로 간주하기 때문이다. 이는 종이처럼 돌돌 말아서 지니고 다니는 TV 개발도 가능하게 만든다. 이것은 흔히 페트병에 쓰이는 재료와 유사한 플라스틱을 유리판 대신 사용해 발광 디스플레이를 만드는 것이다. 이 개념을 사용하면 종이같이 얇은 페이퍼 배터리, 페이퍼 디스플레이도 공상만은 아니다.

고분자의 일종인 플라스틱에 전기가 흐르는 것은 특수한 분자 구조를 갖고 있기 때문이다. 금속이나 무기물은 유기물질에 비해 종류도 많지 않고 신물질을 창출할 가능성도 많지 않다. 그러나 유기물질 특히 유기고분자는 원소의 결합배열 입체구조 분자량에 따라 수없이 많은 종류의 개발이 예상된다.

태양전지

가장 유용한 분야는 태양전지판이다.

금속반도체는 햇빛을 전기로 바꿀 수 있는 능력을 보유하므로 이를 이용하는 제품은 이미 많은 분야에서 선보였다. 일반 건전지를 쓰지 않고 태양전지를 사용해 만든 휴대용 계산기나 시계, 휴대용 전자게임 등이 모두 태양전지판을 부착한 것이다. 고속도로 좌우편에 설치된 전등과 비상전화기도 태양전지로 움직인다.

전기전도성 플라스틱으로 태양전지판을 만드는 방법은 전기전도성 플라스틱 필름의 양면에 금속이나 금속산화물을 입히면 된다. 햇빛을 받는 부분은 빛이 지나갈 수 있는 물질, 즉 알루미늄·인듐·크롬·산화아연을 얇게 입히고 반대면에는 금·은·산화주석을 얇게 입힌다. 그리고 양면의 금속도는 산화금속막에 도선을 연결하고 저항을 삽입하는 것이다.

| 태양전지 발전소 |

햇빛의 광자가 투명한 금속필름을 지나 전기전도성 플라스틱에 흡수되면 전자와 정공(正孔)을 쌍으로 가지고 있는 분자들의 에너지 준위를 높여준다. 에너지 준위가 일정 수준 이상으로 올라가면 전자와 정공이 분리된다. 이때 전자는 입사광 쪽의 투명금속필름으로, 정공은 반대편 전극으로 옮겨감으로써 회로 내에 전류가 흐르게 된다.

전기전도성 플라스틱 태양전지판의 한 가지 단점은, 태양 에너지의 1~3%만 전기로 변환시킨다는 것이다. 기존 실리콘이나 갈륨비소와 같은 무기물로 만든 태양전지판은 18~22%의 변환율을 보이는 데 말이다. 이 문제는 태양전지판의 효율을 얼마나 높이느냐에 달려 있는데, 유기염료를 이용한 태양전지판이 그 대안으로 등장했다. 이 역시 플라스틱과 같은 유기물질의 성질을 이용한 것이다.

태양 에너지는 자외선 6~8%, 가시광선 42%, 적외선 50%로 구성돼 있다. 태양전지는 이 중에서 주로 가시광선 영역을 이용한다. 유기염료는 바로 가시광선 중 특정한 파장의 빛을 잘 흡수하도록 한 것이다. 유기염료를 이용한 태양전지는 실리콘 태양전지보다 제조 단가를 1/5 수준으로 줄일 수 있다.

여기에도 나노 기술이 들어 있다. 유기염료의 효율을 극대화시키기 위해 필름을 만드는 대신 다른 유기물질을 흡착시키는 간접적인 방법을 사용한다. 즉 두꺼운 필름이 가능한 무기물의 표면에 유기물을 흡착시키는 것으로, 이를 '염료 감응 태양전지'라 한다. 이 태양전지는 10~20nm 크기의 산화물 나노입자 표면에 유기염료가 흡착돼서 만들어진다.

학자들이 주목하는 점은, 유기염료를 사용할 경우 투명한 태양전지판이 만들어질 수 있다는 것이다. 이는 투명성을 요구하는 건물 유리창이나 자동차 유리창에 부착하여 본래의 기능을 가지면서 부가적으로 전기를 만들어내는 기능까지 첨가할 수 있다.†

슈퍼플라스틱 금속

플라스틱에 전기를 통하게 하는 아이디어가 일반 상식을 뒤엎는 것처럼 금속이 플라스틱의 성질을 갖게 하는 슈퍼플라스틱도 있다.

유리나 플라스틱을 가열한 후 잡아당기면 끊어지지 않고 원래의 길이보다 수배 또는 수십 배까지 쉽게 늘어난다. 또 놓아도 원위치로 돌아가지 않고 늘어난 상태를 영원히 유지하는데 이를 '소성'이라고 한다. 금속 재료의 이런 현상은 아주 특이한 것으로, 보통의 금속 재료는 플라스틱이나 유리처럼 늘어나기 훨씬 이전에 끊어져 버리기 때문이다.

이런 금속 중에 플라스틱과 같은 성질을 가진 것을 슈퍼플라스틱이라고 하는데, 무려 50배나 늘어나는 것도 있다. 슈퍼플라스틱의 장점은 원래의 길이보다 수십 배까지 늘어날 수 있으므로 힘들이지 않고 복잡한 형상으로 만들 수 있다는 점이다. 더구나 일단 성형된 후에는 간단한 처리 과정을 거쳐 보통의 금속합금보다 강하고 단단해진다. 또한 유사한 금속합금과 고체 상태에서 잘 붙는 성질을 갖고 있다. 소위 접착제 역할도 가능한

† 「햇빛 받으면 전기 발생시키는 염료」, 박남규, 과학동아, 2003. 9

것이다. 이 단원은 금동화 박사의 글에서 많이 참조했다.

| 슈퍼플라스틱 성형 |
탄피 모양의 슈퍼플라스틱을 확장시켜 화분 모양으로 변형시켰다.

금속합금이 가열된 유리처럼 잘 늘어나는 현상이 처음 발견된 것은 1912년으로 거슬러 올라간다. 영국의 뱅고호 박사가 일부 특수 황동이 가열된 유리처럼 길게 늘어날 수 있다고 발표했다. 보통의 황동은 원래의 길이보다 1.3~1.5배까지 늘어나는 데 비해 2배까지 늘어난다는 것이다. 그러나 그는 이러한 현상이 왜 일어나는지, 또 기술적으로 어떠한 중요성이 있는지를 적시하지 않았다.

슈퍼플라스틱이 세인의 주목을 받은 것은 1934년 영국의 피어슨 교수가 납과 주석의 합금, 비스무스와 주석의 합금이 원래의 길이보다 10~20배까지 늘어날 수 있다는 사실을 발표한 때였다.

그러나 슈퍼플라스틱이 본격적으로 학자들에게 알려지기 시작한 것은, 1945년부터 러시아에서 비밀리에 개발한 내용을 1962년에 미국의 언더우드 교수가 발표한 후부터이다.

이후 슈퍼플라스틱에 대한 연구가 폭발적으로 일어나 일부 금속합금에서 슈퍼플라스틱 현상이 일어나는 이유와 원인, 필요 조건 등에 관한 연구가 진행되었다. 슈퍼플라스틱 현상이 왜 일어나는지 알기 위해서는, 금속 재료의 내부가 어떻게 생겼으며 어째서 망치로 때려도 깨지지 않고 우그러지는가를 이해해야 한다.

금속을 현미경으로 관찰하면, 여러 개의 비눗방울이 3차원적으로 서로 엉켜서 빈자리가 없이 뭉친 비누거품처럼 크고 작은 수많은 덩어리들(다면체)이 빽빽하게 엉켜져 있다. 따라서 이런 3차원적인 덩어리를 자른 2차원의 단면은 길바닥에 잘 정렬된 타일처럼 보인다. 이때 다각형(혹은 다면체)을 '결정입자' 라 하며, 결정입자들이 인접한 계면을 '결정입계' 라 한다. 또한 금속 내부의 결정입자의 크기·형상·배열 상태 등을 포괄적으로 '미세구조' 라 표현한다.

도자기는 충격을 가하면 깨지는데 금속을 망치질하면 왜 우그러지기만 하는가. 한 개의 결정입자는 원자들이 오와 열을 잘 맞춰서 정렬되어 있지만, 인접한 결정입자는 다른 방향으로 오와 열이 잘 맞아 있다.

재료의 내부 조직은 구획 정리가 되지 않은 농토와 같다고 상상할 수 있다. 즉 인접한 논에 남아 있는 벼포기는 서로 오와 열이 맞지 않으나 같은 논에서는 오와 열이 잘 정렬되어 있는 것과 같다. 재료의 외부에서 충격을 주면 그 힘에 의해 원자는 항상 오와 열을 따라서 밀린다. 밀리기 시작한 원자들은 반대쪽의 결정입계까지 밀려가서 쌓이거나 혹은 결정입계를 조금씩 밀어내게 된다.

만약 이때 원자들이 잘 밀려 나가고 인접한 다른 결정입자도 따라서 조금씩 밀려 나가면 처음 힘을 가한 곳은 쑥 들어가고 반대쪽은 불거져 나오게 된다. 이것이 유명한 금속 재료가 갖는 '소성변형' 의 성질이다.

그런데 한쪽에서 충격을 받은 원자가 오와 열을 따라서 밀려가지 못하고 반대편의 결정입계나 혹은 결정입자의 방해를 받게 되면 힘을 받은 곳이 우그러지지 않고 충격을 견디지 못해 깨져 버리는 것이다. 즉 금속 재료의 원자는 소위 '금속결합' 을 이루고 있는데 반해, 산화물과 같은 세라믹 재료는 원자 간에 '공유결합' 을 갖고 있기 때문이다.

슈퍼플라스틱이 일반 금속재료와 다른 점은, 미세구조의 평균 직경이 수마이크론 이하인 아주 작은 결정입자로 구성되어 있다는 것이다. 반면에 금속 재료는 일반적으로 수백 마이크론의 크기를 갖고 있다.

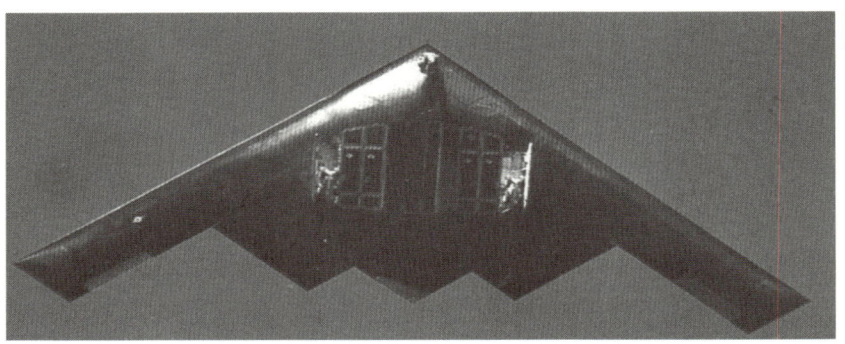

슈퍼플라스틱 기법이 도입된 스텔스기

예를 들어 결정입자의 크기가 1백 분의 1로 감소하면 입계가 차지하는 부피는 1백 배 증가한다. 결정입자가 작은 합금은 큰 것에 비하여 한 개의 오나 열에 정렬된 원자의 수가 적고 결정입계가 차지하고 있는 부피가 훨씬 크다. 따라서 외부에서 힘을 받았을 때 원자들이 밀려가기가 쉽고, 반대편의 결정입계가 견디기가 용이하며, 크게 부담을 느끼지 않고 밀려나는 것이다. 결정계면이 유연하면 원자의 오와 열을 따라서 움직이지 않고도 외부에서 가해 주는 힘을 수용해서 우그러질 수 있는 것이다.

슈퍼플라스틱 합금의 장점은 유리나 플라스틱처럼 자유롭게 성형가공이 가능하다는 점이다. 마치 풍선 불듯이 공기의 압력을 가해 공을 만들 수도 있다. 슈퍼플라스틱 합금을 적당한 온도로 가열하여 두 개를 밀착시키면 두 판재는 쉽게 한 개처럼 접착된다. 원자가 쉽고 빠르게 움직여서 서로 다른 조각에 접착되도록 만드는 방법을 '확산접합'이라 부른다.

이러한 접합 방법을 이용한 것이 항공기와 우주선 등이다. 슈퍼플라스틱 합금을 사용하면 비싼 기계 가공을 줄이고 부속의 개수를 줄이며, 단순공정으로 단번에 제작할 수 있으므로 가격이 저렴한 것은 물론, 부품의 무게를 획기적으로 줄일 수 있다. B-1B급 항공기에서 사용되는 알루미늄과 티타늄 합금의 사용량이 35kg 정도인데, 이 중에서 15%만 슈퍼플라스틱 합금으로 대체해도 항공기의 무게 감소는 약 15%에 달한다고 한다.

「슈퍼플라스틱 금속」, 금동화, 과학동아, 1989. 11.

합성 염료
Synthetic Dyestuff

콜타르와 합성 염료, 이 두 가지처럼 서로 어울리지 않는 물질도 없을 것이다.
끈적끈적하고 시꺼먼 콜타르는 옷에 묻으면 잘 지워지지도 않을 뿐 아니라,
냄새도 지독해서 옛날에는 악성 폐기물로 취급 받았다.
그런 시꺼먼 애물단지가 의복을 화려하게 염색해 주는 합성 염료의 원료임은 물론,
나프탈렌·벤젠·아닐린 등 여러 화학 공업의 원료가 되는 물질을 추출해 내는 귀중한 자원이 된 것이다.
시커먼 콜타르에서 아름다운 인공 염료를 만들어낸 것을 보면
주위에서 보이는 쓰레기와 같은 물질들을 외형만 보고서 판단할 일은 아닌 것 같다.

- 본문 중 -

합성 염료

전통미와 친환경성이 강조되고 있는 요즘 천연 염색에 관한 관심이 뜨겁다. 직장에서는 천연 염색 유니폼이, 가정에서는 황토옷이 유행이다. 옷이나 건물은 그 디자인과 더불어 색깔 때문에 더욱 빛나고, 신호등이나 표지판의 색깔은 유용한 정보를 전해 주는 동시에 위험도 막아 준다. 심지어 우리가 먹는 음식물도 그 색깔에 따라 맛이 다르게 느껴진다. '때깔이 고와야 맛도 있다'라는 말도 여기에서 비롯된다고 볼 수 있다.

뿐만 아니라 색깔은 그림이나 조각과 같은 예술품에서 없어서는 안 될 필수 요소이다. 그러므로 화가들은 남이 내지 못하는 색을 나름대로 개발하여 비장의 무기로 사용하는 데 주저하지 않는다. 색을 남보다 탁월하게 내는 비법이야말로 성공 요건 중의 하나라고 생각하는 것은, 독특한 색이 그만큼 남에게 어필하기 때문이다. 그 독특함에 환가성이 있음도 물론이다.

동물성 염료는 동물 피나 즙, 조개 분비물, 붉나무 기생벌레집인 오배자, 코치닐과 같은 식물의 기생충에서 얻는다. 광물 염료는 색소가 함유된 흙이나 돌가루로, 초창기에는 주로 황요·단·먹이 사용됐다.

| 실 짜는 법 |▶
| 판힐법 무늬찍기 |▶▶
| 납힐법 무늬찍기 |▶▶▶
| 가락바퀴 |▼

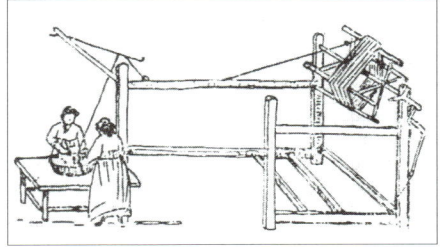

　구석기 후기에 들어가서 인간들이 몸치장에 신경을 썼다는 것은 여러 면에서 확인된다. 짐승 이빨과 조개껍질로 만든 장식품이 나왔으며, 개·고래·물고기·거북이들을 본뜬 장식품들도 발견된다. 프랑스의 쇼베 동굴에서는 기원전 3만 5천 년경에 이미 빨강, 노랑, 갈색, 흑색 등으로 그려진 벽화가 아직까지도 선명한 색깔을 자랑하고 있다.

　신석기 시대에 들어서 장식품들은 더욱 발전하는데, 재료는 흙·옥돌·뼈·조개껍질 등이고, 용도상으로 보면 머리장식·귀걸이·목걸이·팔찌 등이며 형태도 여러 종류이다.

　이와 같은 장식에 대한 고대인들의 관심은 당연히 식물이나 동물 피 등을 인간에게 직접 활용하는 데 사용하기 시작했다. 당연히 염색 기술이 등장한다.

우선 염색 재료를 담을 수 있는 질그릇이 생산되었고, 염색법도 바르기에서 담그기로 진행했다. 바르기는 식물의 즙, 여러 종류의 흙, 동물의 피 등을 혼합하여 원하는 곳에 그림 그리듯이 바르는 것이지만 얼마 되지 않아 색이 변하면서 퇴색된다.

그러나 담그기에서는 염색 재료에 천 등을 푹 담가둠으로써 색소 물질이 스며들기 때문에 장기적인 염색 효과를 나타낸다.

염색의 본질은 수용액 안에서 섬유와 물감 사이에 진행되는 화학적, 물리-화학적 과정이다. 이러한 과정을 촉진시키고 원하는 색을 제대로 얻기 위해서는 외부에서 열을 가해야 하기 때문에 금속 용기를 사용해야 하는데, 청동기 시대에 제작되는 청동 용기로도 염색을 하는 데 문제가 없었다.

천연 염료 생산

과거의 유물들에서 볼 수 있는 색깔들은 자연에서 쉽게 얻을 수 있는 천연 재료를 이용한 것이다. 그러던 것이 차츰 대량으로 합성된 물질을 사용하기 시작한다. 인디아 잉크 또는 중국 잉크라고 불리는 먹은 접착제에 뼈나 타르를 태운 검댕을 섞어서 만든 것으로 수천 년 전부터 사용하기 시작했고, 지금도 훌륭한 잉크로 사용된다. 탄산칼슘·황산칼슘·산화납·고령토는 흰색 안료로, 산화철은 갈색 또는 황갈색의 안료로, 그리고 카드뮴이나 바나듐의 화합물도 여러 가지 색깔의 안료로 사용된다. 이산화티탄은 오래 전부터 쓰이던 산화납과는 달리 인체에 독성이 없어서 흰색 그림 물감은 물론 화장품의 원료로도 많이 사용됐다.

옷감이나 종이 또는 가죽을 물들이기 위해 사용하는 염료는 섬유와 염료의 분자 사이의 강한 화학 결합을 이용하는데, 염료는 주로 유기물질로 만든다. 염료 제조 방법으로 가장 오래된 기록은 로마 시대에 티리안 퍼플(티리안 지방 특산 소라고동으로 염색했다는 뜻에서 유래) 또는 로얄 퍼플 등으로 알려졌던 자주색 천연 염료다.✝

자색의 기원에 관해서는 여러 가지 이야기가 있다.

어느 날 페니키아의 신 멜가드(melgarth)는 지중해 해안을 개와 산책하고 있었는데, 개가 갑자기 조개를 물자 입에서 붉은 색소가 스며 나왔다. 그 색이 너무 아름다워 신은 사랑하는 님프를 위해 튜닉에 염색하게 되었다. 이것이 바로 티리안 퍼플이며, 입에서 나는 핏빛 자색 또는 터키의 피라고 전해진다.

고대 서양사회에서 자색 염색이 얼마나 특별한 색인지는 성경에서 모세에게 성소를 지으라고 명령하는 부분만 봐도 잘 알 수 있다.

> 이스라엘 사람들에게서 받아들일 예물은 다음과 같다. 금과 은과 놋과 자줏빛 털실과 붉은빛 털실과 진홍빛 털실과 가는 베실과 염소털과 분홍물 들인 숫양 가죽과 돌고래 가죽과 아카시아나무와 등잔 기름과 향기로운 기름에 넣을 발삼향과 분향할 때 쓸 향품과 제사장의 예복과 가슴받이에 박을 홍옥수를 비롯한 여러 보석들이다(출애굽기 25장).

> 너는 열 폭 천으로 내가 살 성막을 만들어라. 그 천은 가늘게 꼰 베실과 자줏빛 털실과 붉은빛 털실과 진홍빛 털실을 섞어서 그룹 무늬를 수놓아 짠 것이어야 한다(출애굽기 26장).

> 이들이 만드는 데 쓸 재료는 금실과 자줏빛 털실과 붉은빛 털실과 진홍빛 털실과 가늘게 꼰 베실로 짠 천이다(출애굽기 28장).

✝ 「민주주의 앞당긴 염료의 역사」, 이덕환, 과학동아, 1999. 8

이외에도 성경에서는 자줏빛 재료 이야기가 많이 나온다. 역대기하 2장에는 솔로몬의 성전 건축 준비를 위해 자색 비단을 짤 기사를 고용하여 성전의 휘장을 제작했다고 적혀 있고, 에제키엘 27장에는 무역하는 도시 띠로의 화려한 배가 엘리시아 섬에서 들여온 자주와 진홍색 비단으로 차일을 만들었다고 적혀 있는 등, 자색은 차별화된 상품이었다.

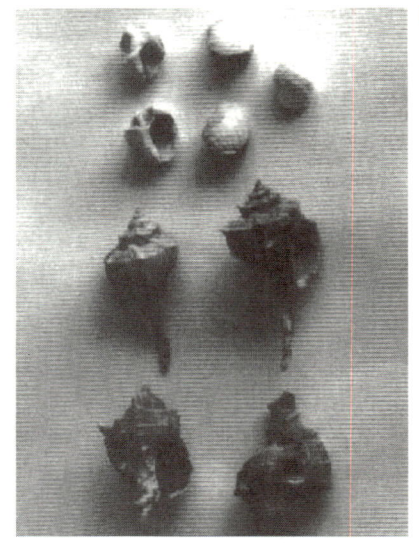

| 패자 조개 |

알렉산더 대왕과 로마 황제를 포함해서 중동지역의 왕들은 황제 퍼플로 만든 로브(robe)로 치장했다. 시저의 예복(toga)이나 클레오파트라가 타는 배는 패자로 염색했으며, 네로 황제는 본인 이외에는 패자염 의복 착용을 금지했고, 정부에서 운영하는 염료 공장 밖에서 로얄 퍼플을 만드는 사람은 사형에 처했다. 특히 동로마 제국에서 황제의 아들로 태어난다는 뜻의 'born to the purple'도 여기에서 기원한다.

중국에서도 춘추전국 시대에 패자염이 성행했다. 『순자(荀子)』〈왕제〉편에는 패자염에 관한 다음과 같은 기록이 있다.

> 동해에는 자거가 있는데 어염(魚鹽)이다. 그런데 나라 안에서 이것을 구하여 입거나 먹었다.

주석에는 자(紫)가 바로 자패(紫貝, 자색 조개)라고 적었다. 또한 『전국책』에는 '제나라의 자패는 그 가격이 10배나 비싸다'라고 적혀 있을 정도로 중국 춘추전국 시대에 패자염이 사용되었다. 제의 환공은 값비싼 패자염이 사대부 사이에 유행하는 것을 막으려고 패자염 직물의 악취를 꼬집었다는 기록도 있다.

유명한 마왕퇴 유적에서도 자색 견직물 의복이 발견되었고, 북경 대보대에서 발견된 묘에서도 자색 견직물 자수품이 발견되었다. 중국의 왕쉬는 중국 홍색 패류를 갖고 직접 염색 실험을 한 결과 자색을 재현하여 문헌 기록을 입증했다.

패자를 분비하는 골나과에 속하는 조개류는 세계적으로 분포한다. 아시아에는 여러 종류의 패자 조개류가 있으며, 일본 북해도 이남에서 중국, 동남아시아까지 종류별로 분포한다. 이들은 각각 수심 10~50m 범위에 서식한다.

패자는 새하선(Hypobranchial gland)이라고 부르는 호흡기관에서 생산된다. 이는 점액세포, 직모세포와 신경감각세포로 구성되어 있으며, 밝은 색은 중앙의 세포군에서 어두운 색은 말단의 세포군에서 점액이 분비된다. 패자의 발색 과정은, 유백색의 색소 전구체가 수액과 함께 체외로 배출하여 산소의 작용으로 녹색을 띠고, 다시 자외선을 받아 청색과 자색의 단계로 변화한다. 발생 과정의 색은 불안정하지만 최종적으로 자색이 되면 극히 안정된다.

1909년 프리드 랜더가 황제패자의 화학적 구조는 식물성 인디고 염료와 동일하다고 밝혔다. 패자의 색소 전구체는 수용성이므로 직접 염색이 가능하지만, 자색을 발하는 색소는 불수용성이므로 알칼리 환원제를 사용하는 인디고 계열의 건염염료(Vat dye) 염색법을 사용한다.

프리드 랜더는 패자염이 얼마나 희귀한가를 재현했는데, 패자염료 1.4g을 추출하는데 1만2천여 개의 패자조개(85kg)가 필요했다. 그러므로 옷 한 벌에 사용되는 3m²의 모직물을 염색하려면 120g의 패자염이 필요한

데, 이를 위해서는 조개가 약 7,286kg이 필요하다. 이런 희소성이 바로 고대로부터 패자 염직물이 황금과 같은 가치를 갖고 상류층의 전유물로 사용된 이유이다.†

실험실에서 유기물 생성

천연 염료는 대량으로 생산하는 것이 거의 불가능하기 때문에 희소가치가 높았다. 따라서 왕이나 귀족만이 사용할 수 있었다.

더구나 염색을 제대로 하기 위해서는 염료 이외에도 백반과 같은 매염제(媒染劑)가 필요했기 때문에 염색 기술은 국가 기밀로 일반인들이 접근할 수 없었다. 그러나 유럽에서 자유화 운동과 평등화 사상이 높아지자 누구나 자신이 원하는 색깔의 옷을 입고자 하는 열망이 생기기 시작했다.

문제는 어떻게 모든 사람들이 입는 옷을 값싸게 염색할 수 있느냐 하는 것이었다. 천연 염료로서는 이와 같은 열망에 부응할 수 없으므로 학자들은 당시의 과학 지식을 이용하여 합성 염료 만드는 방법을 연구하기 시작했다.

1800년대 초부터 학자들은 일반적으로 공기·해양·토양 등과 같은 무생물과 살아 있는 생명체나 죽은 사체로부터 발견되는 연소성 물질이 있다는 것을 알았다. 베르셀리우스(Jons Jakob Berzelius)는 1807년에 이 연소성 물질이 직·간접적으로 살아 있는 유기체로 만들어지는 물질이기 때문에 '유기물' 이라고 불렀고, 생명이 없는 광물원에서 얻어지는 것을 '무기물' 이라고 불렀다. 유기물은 하나의 식물 또는 동물에서 다른 식물이나 동물로 유전이 가능한 '생명력' 을 갖고 있다고 여겼기 때문이다. 이 생명력 이론, 즉 '생기론' 은 무기물은 실험실에서 합성할 수 있지만 유기

† 「고대 로마에서 자색 염색은 황제나 귀족만 사용했다」, 김성희, 대한문화재신문, 제6호, 2004. 2. 15

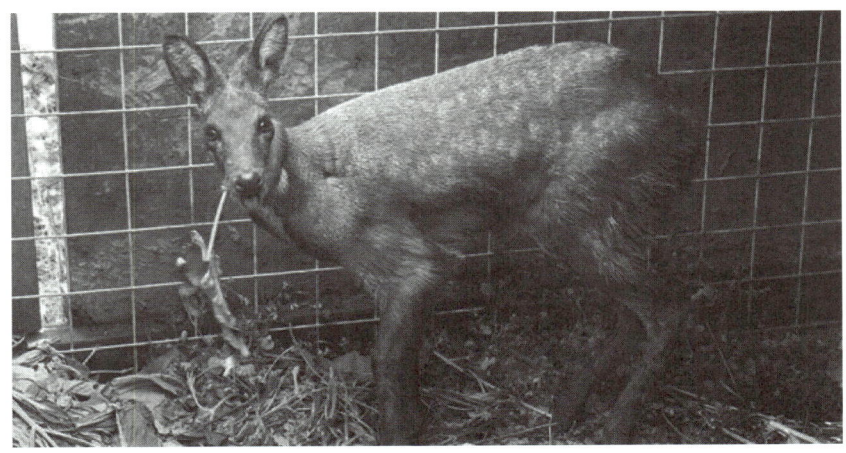

| 사향노루 |
사향사슴이나 사향노루에서 채취하는 향수인 사향은 예로부터 많은 여성들에게 '사랑의 묘약'으로 사랑을 받았다.

물은 실험실에서 합성이 불가능하다는 것을 의미했다.

그러나 1828년에 베르셀리우스의 제자였던 독일의 화학자 뵐러(Friedrich Wohler)는 실험실에서 시안산암모늄을 가열하여 동물의 체내에서만 생성되는 것으로 알려진 백색 결정을 얻었다. 그것은 개나 사람의 오줌으로부터 얻어지는 요소였다. 뵐러 자신도 "무기물질에서 유기물질을 인공적으로 제조할 수 있다는 증거를 발견했기 때문에 매우 놀랐다"라고 말했다.

뵐러의 실험에 당시의 완고한 학자들은 의문을 제기했다. 그러나 1845년에 독일의 콜베는 식초의 신맛을 내는 아세트산이라는 유기화합물을 그 성분 원소로부터 만드는 데 성공했다. 결국 유기물을 생체로부터만 만들 수 있다는 것이 부정되었다. 이후 이산화탄소를 비롯한 몇 가지의 간단한 화합물을 제외한, 탄소를 포함하는 모든 물질을 '유기물', 나머지를 '무기물'이라고 부르게 되었다.

무기물에서 유기물을 만들 수 있다는 생각이 인정되자, 많은 학자들이 다른 물질들도 실험실에서 만들 수 있다는 생각을 하게 되었다. 프랑스의 베르데롯은 일산화탄소와 같은 간단한 무기화합물로부터 많은 유기화합물을 만들었다. 놀랍게도 그는 에틸렌을 수화하여 에틸알코올을 만들어 냈는데, 진짜 에틸알코올과 똑같아 전혀 구별할 수 없었다.

에틸알코올은 누구나 잘 알고 있는 술의 원료이다. 주정이라고도 불리는 에틸알코올을 과일이나 곡물에서가 아니라 석탄과 공기와 물로 만들 수 있다는 사실은 화학자들로 하여금 기적의 합성이라는 평판을 들었다(석탄은 탄소를, 공기는 산소를, 물은 수소를 공급한다). 에틸알코올의 합성은 유기 합성에 대해 많은 학자들이 관심을 갖게 되는 계기가 되었다.

19세기 중엽에 이르면, 공기가 없는 상태에서 석탄을 가공해서 만든 코크스가 산업용으로 중요하게 활용되고 있었다. 1t의 석탄을 처리하여 코크스를 만들면 30l의 콜타르라는 검은색의 끈적끈적한 액체가 생긴다. 그 중 일부는 철도 침목을 만드는 목재 보호재나 도로 포장용으로 사용하지만 대부분 처리가 어려운 산업폐기물이었다.

런던에 있는 왕립과학대학의 독일인 강사 호프만(August Wilhelm von Hofmann)은 콜타르를 사용하여 말라리아를 치료하는 데 사용되는 퀴닌의 합성 가능성을 모색하고 있었다. 콜타르로부터 얻은 물질의 조성이 키니네와 매우 비슷하게 보였기 때문이다.

이 당시까지 말라리아에 유일하게 효과적인 키니네(퀴닌)는 동인도(인도네시아)에서 자라는 키나나무 껍질에서만 얻을 수 있었으므로, 키니네를 인공적으로 합성한다는 것은 매우 중요한 일이었다. 당시에는 퀴닌의 구조식도 밝혀지지 않았고 단지 원자 조성만이 알려져 있었는데, 호프만은 17세의 조수인 퍼킨(Sir William Henry Perkin)을 합성 퀴닌 연구에 참여하게 했다.

퍼킨은 제철 공업의 값싼 부산물인 콜타르에서 나오는 톨루이딘을 원료로 해서 당시에 유행했던 '가감법'을 사용하여 키니네를 합성하려고 했다. '가감법'이란 출발 원료와 목적 원료의 단순한 분자식 차이를 이용하

윌리엄 퍼킨과 1870년대의 염료 생산 공장
퍼킨은 키니네를 합성하는 실험 도중, '모베인'이라는 염료를 발명함으로써 인공 염료의 시대를 열었다.

는 방법이다.

알려져 있던 알릴톨루이딘과 키니네의 분자식의 차이에서 퍼킨은 톨루이딘에 몇 개의 탄소 원자와 수소 원자를 가하고, 그 후에 산소 원자 몇 개를 가해서 원소의 형과 수를 키니네와 같게 하면 키니네를 합성시킬 수 있다고 생각했다. 그러나 그가 얻은 것은 키니네가 아니라 더러운 적갈색의 끈적끈적한 물질이었다.

그는 알릴톨루이딘 대신에 아닐린을 써서 역시 끈적끈적한 물질을 얻었는데, 이번에는 진홍색의 광택이 있었다. 이 물질을 알코올에 넣자 무색의 액체가 아름다운 연보라색으로 변했다. 그는 이 보라색 용액이 천을 물들인다는 것을 발견하고는 이 합성 염료의 샘플을 영국의 염료 공장으로 보냈다.

공장에서는 퍼킨이 보낸 재료로 실험한 결과 명주를 염색하는 데에는 매우 유망하지만 무명에는 잘 맞지 않았다는 회신을 보내왔다. 그러나 퍼킨은 전(前) 처리를 하면 이 물질을 무명에도 사용할 수 있다는 것을 알아냈다. 퍼킨은 이 보라색 물질이 염료로 사용될 수 있다고 생각했고 특허를 신청했다. 그의 나이 18세 때였다.

이것이 바로 인류 최초의 인공 염료가 개발된 과정이다. 키니네를 합성하려던 시도가 염색 분야의 혁명을 초래한 것이다. 이 당시 염료는 천연

합성염료

재료에서 추출해야 했으므로 매우 가격이 비쌌다. 그러나 퍼킨은 자연계에는 존재하지 않고 색깔이 아름다운 '아닐린 퍼플'이라는 염료를 만들었다. 그는 프랑스의 보라색 들꽃의 이름을 따라 '모브(mouve)'라고 이름을 붙였고, 이 새로운 염료는 햇빛에도 쉽게 색이 바래지 않았다.

역사 시대 초기부터 인간은 직물들을 염색했다. 사하라의 선사 시대 암벽화에도 사람들이 채색된 옷을 입고 있으며, 아나톨리아(현재의 터키)의 고대 벽화에는 채색된 직조 카펫처럼 보이는 것이 나타나 있다. 염료들은 보통 식물에서 얻어 옷이나 직물을 담가서 물들였을 것으로 생각한다.

청색 염료들은 대청이나 쪽으로부터, 황색은 석류나 엉거시과의 1년초인 잇꽃 및 사프란으로부터, 적색은 다년생 만초인 꼭두서니 헤나로부터 추출되었다. 적색 염료인 연지는 동물로부터 얻어졌다. 이 당시까지 보라색은 가장 소중히 여겨져 온 색이었다. 보라색은 로마의 왕족이나 최고위층에 있던 사람들만이 사용할 수 있었던 색이었으며, 보라색의 옷을 입었다는 이유로 사형을 당한 사람이 있었을 정도였다. 가격 또한 매우 비쌌는데 그 이유는 티리안 퍼플(보라색)인 경우 조개 1만 개에서 고작 1g을 얻을 수 있기 때문이다.

퍼킨이 보라색을 발견한 바로 그 무렵, 프랑스의 왕후 외제니는 보라색의 드레스를 입는 유행을 만들어내 보라색은 유럽에서 가장 인기 있는 색이 되었다. 그 덕분에 퍼킨이 개발한 염료는 선풍적인 인기를 끌었고 퍼킨은 부자가 되었다. 그의 나이 23세 때였다. 그는 빨간색의 알리자린 염료를 인공적으로 합성하는 방법도 개발해 영국의 섬유산업을 획기적으로 발전시키는 계기를 만들었다.

콜타르와 합성 염료, 이 두 가지처럼 서로 어울리지 않는 물질도 없을 것이다. 끈적끈적하고 시꺼먼 콜타르는 옷에 묻으면 잘 지워지지도 않을 뿐 아니라, 냄새도 지독해서 옛날에는 악성 폐기물로 취급 받았다. 그런

| 바이어 |

시꺼먼 애물단지가 의복을 화려하게 염색해 주는 합성 염료의 원료임은 물론, 나프탈렌·벤젠·아닐린 등 여러 화학 공업의 원료가 되는 물질을 추출해 내는 귀중한 자원이 된 것이다. 시커먼 콜타르에서 아름다운 인공 염료를 만들어낸 것을 보면 주위에서 보이는 쓰레기와 같은 물질들을 외형만 보고서 판단할 일은 아닌 것 같다.

한편 화학자들은 퍼킨의 성공에 자극 받아 실험실에서 천연 염료를 합성하기 시작했다. 수많은 새로운 염료가 만들어지고 그때까지 수천 년에 걸쳐 쓰여져 왔던 천연 염료 대신 인공 염료가 쓰이기 시작했다. 인공 염료는 천연 염료보다 손쉽게 만들어지는데다 값이 싸며 색깔도 다양하였기 때문에 선풍적인 인기를 모았다.

1905년에 독일 화학자인 바이어(Johann Friedrich Wilhelm Adolf von Baeyer)가 〈유기색소, 히드로 방향족 화합물 연구〉로 노벨 화학상을 받았다. 그는 청색을 내는 합성 염료인 인디고의 구조 규명과 합성하는 방법을 개발한 공적으로 노벨상을 수상한 것이다. 현대적인 감각으로 볼 때 바이어의 연구가 과연 노벨상을 받을 가치가 있느냐는 의문도 있을 것이다. 그러나 그는 현대와 같이 분석적 방법들이 아직 존재하지 않았음에도 불구하고 조직적으로 염료를 만들어냈다. 당시에는 분자의 질량을 분석

18세기의 인디고 생산 모습 (왼쪽)과 전통적인 방식으로 가죽을 염색하는 모로코인들 (오른쪽)
합성 인디고가 발명됨으로써 천연 인디고는 염료 시장에서 시장성을 잃어버렸다. 인디고의 합성은 '쪽'의 재배 면적이 8천 km^2가 넘었던 인도를 비롯한 여러 나라의 산업에 치명적이었다.

할 방법도 없었고, 분자의 구조를 알아내기 위한 분광학도 없었다. 화합물의 구조 자체가 화학자들의 의문이었을 때, 학자들에게 물질의 구조를 알아내려는 의욕을 제공하였다는 데 그의 공헌이 있다.

그 후 사퍼가 인디고의 공업용 합성 방법을 알아냈다. 사퍼는 나프탈렌을 발연황산과 함께 가열하던 도중, 실수로 온도계를 깨뜨려 그 속의 수은을 반응 용기 속에 떨어뜨렸다. 그러자 평소와 다른 반응이 일어났다. 황산이 수은을 황산수은으로 변화시키고, 이 황산수은이 나프탈렌을 무수프탈산으로 산화하는 촉매 역할을 한 것이다. 무수프탈산을 인디고로 변화시키는 것은 간단한 일로, 호이만이 그 작업을 수행했다.

인디고의 합성은 인도나 기타 나라에 산업적인 치명타를 가했다. 19세기 말까지 인디고는 '쪽' 이라는 식물에서 채취하였는데, 1897년 인도에서 쪽의 재배 면적은 약 8,000km^2에 이르렀다. 합성 염료 인디고가 개발된 이후 천연 인디고가 염료시장에서 더 이상 시장성을 잃어버린 것은 당연한 일이었다.

합성 염료 산업의 발전은 뜻하지 않은 새로운 소득을 안겨 주기도 했다고 이덕환 교수는 말한다. 아스피린과 같은 의약품의 대량 생산이 바로 그것이다. 현대 화학이 발달하기 전까지는 의약품도 염료와 마찬가지로 동물이나 식물과 같은 천연 자원을 원료로 사용했다. 그러나 염료 합성에

| 쪽풀 |

서 얻은 화학적 지식을 이용해 값싼 합성 의약품을 대량으로 생산하는 길이 열린 것이다.✢

패자염의 비밀은 박테리아

최근 영국에서 패자염의 비밀이 밝혀졌다. 이 비밀을 밝힌 장본인은 존 에드몬드이다.

그는 2002년 소라고둥이 아니더라도 새조개로 자주색 염색이 가능하다는 것을 증명함은 물론, 자주색 염색 메커니즘도 밝혔다. 새조개는 어디서나 쉽게 구할 수 있는데, 그는 나뭇재와 함께 새조개를 50℃에서 10일간 보관한 후 양모를 넣었더니 처음엔 초록색을 띠다가 햇빛에 말리자 곧 자주색으로 변했다고 밝혔다.

그가 밝힌 자주색 염색의 핵심은 다름아닌 박테리아였다. 전통염색에 박테리아가 결정적 역할을 한다는 사실은 1998년에 처음 밝혀졌는데, 에드몬드가 메커니즘을 밝힌 것이다.

원래 소라고둥에 들어 있는 자주색 입자는 물에 잘 녹지 않는다. 그런데 박테리아가 이 입자에 전자를 첨가해 환원시킴으로써 물에 녹게 만든다

✢「민주주의 앞당긴 염료의 역사」, 이덕환, 과학동아, 1999. 8

| 디지털 염색 프린터 |

는 것이다. 염색 과정에서 들어가는 나뭇재는 용액이 산성화하는 것을 막아 염료의 환원을 도와주는 역할을 한다.

존 에드몬드는 염료를 환원시켜 주는 것이 클로스트리듐 박테리아라는 것도 밝혔다. 식중독·장염 등을 일으키는 클로스트리듐은 높은 온도에서 당분을 먹고 자라며 산성인 환경을 싫어하는데, 이것이 세상을 놀라게 한 패자 염색의 비밀이라는 것이다.†

과학은 발달하여 염색에서도 신기술이 도입되고 있다.

그것은 정통 염색과는 다른 디지털 염색이다. 소위 컴퓨터로 염색할 수 있다는 뜻이다.

재래식 염색 공정은 화학 염료를 배합해 필요한 색을 만들고 원단에 입힌 다음 열처리와 건조 등 많은 단계를 거친다. 그러므로 주문 받은 디자인을 제품으로 만드는 데 상당한 시간이 소요되었다.

그러나 디지털 염색기법은 이 공정을 1~2일 이내로 단축시키고 있다.

디지털 염색기법은 컬러프린터와 비슷하다고 볼 수 있다. 반면에 재래

† 「박테리아가 만든 황제의 상징」, 이영완, 과학동아, 2003. 10

식 염색 공정은 판화 제작과 유사하다. 더욱이 재래식 염색 공정의 경우 찍어내는 사람의 노하우에 따라 같은 디자인이라도 색감이 다른 제품이 만들어진다. 이에 비해 디지털 염색기법은 디자이너가 고안한 디자인 파일을 데이터베이스로 구축해 둘 수 있기 때문에 세월이 흘러도 같은 색감 그대로 재현 가능하다.

디지털 염색기법의 장점은, 다량의 화학물질을 사용하는 과정에서 필연적으로 폐수가 생기는 재래식 염색 공정과 달리 환경오염 걱정이 없다는 점이다. 또한 디자인 파일을 만들 때 화면을 분할해 여러 디자인을 한번에 '인쇄'하면 원단을 낭비 없이 효율적으로 활용할 수 있다.

물론 아직까지 디지털 염색기법은 가로세로 100~200야드(100야드=91.44m) 정도 분량의 원단으로 소량 생산하는 데 적합하다는 설명이다. 수천 야드 이상 대량 생산할 경우 재래식 염색 공정이 보다 저렴하고 시간이 적게 든다고 하지만, 이 분야는 앞으로 급속히 발전할 것으로 예상된다고 《과학동아》의 임소영 기자는 밝혔다.

「패션70s VS 패션00s」, 윤소영, 과학동아, 2005. 8

진토닉(유기화학 합성)
Gin and Tonic

현재는 유기화학 분야가 매우 활성화되어 있지만 원래 유기화학은 매우 복잡한 학문이다.
수많은 반응에 대한 폭넓은 지식을 필요로 할 뿐만 아니라
합성 단계마다 새로운 이론과 분석 장비를 사용해
그 구조를 확인해야 하기 때문에 연구원들이 선뜻 손을 대려고 하지 않는 분야였다.

- 본문 중 -

진토닉(유기화학 합성)

유기화학 분야에서 괄목한 만한 성장을 하고 있는 분야는 천연 생성물을 화학적으로 합성하는 의약 분야이다. 자연계에 존재하는 이스트, 곰팡이, 버섯, 버드나무 등 우리 주위에서 흔히 볼 수 있는 생명체로부터 인류는 비타민, 페니실린, 무수카린, 아스피린 등의 유기화합 물질을 얻었다. 이러한 물질들이 구조적으로 어떻게 만들어졌으며, 이들로부터 만들어지는 유도체는 어떤 것이 있는지, 또한 이들이 생체 내에 흡수됐을 때 어떻게 해야 부작용을 최소화할 수 있는가 하는 것들이 모두 유기화학의 연구 대상이다.

유기화합물은 매우 다양한데 그것은 탄소의 특성 때문이다. 공유결합을 하고 있는 탄소는 3차원의 정사면체, 2차원의 삼각형·선형 등 다양한 결합을 만든다. 탄소는 자신뿐 아니라 산소, 질소, 황, 할로겐 원자들 그리고 더 나아가 금속 원소들과 다양한 반응을 통해 수많은 종류의 유기화합물을 만들어낸다. 이러한 탄소의 다양성 때문에 현재까지 30만 개 이상의 유기반응과 약 2천만 개에 이르는 유기화합물이 지상에 나타났다.

유기화학의 천재 탄생

현재는 유기화학 분야가 매우 활성화되어 있지만 원래 유기화학은 매우 복잡한 학문이다. 수많은 반응에 대한 폭넓은 지식을 필요로 할 뿐만 아니라 합성 단계마다 새로운 이론과 분석 장비를 사용해 그 구조를 확인해야 하기 때문에 연구원들이 선뜻 손을 대려고 하지 않는 분야였다.

그러나 1940년대 하버드 대학의 우드워드(Robert Burns Woodward, 1917~1979)가 동료 도링과 함께 키니네(퀴닌)의 합성을 보고하면서 유기화학은 새로운 차원으로 들어선다. 키니네는 〈말라리아〉의 장에서도 설명했지만 진토닉을 마시거나 보드카토닉을 마시는 사람들에게는 친근한 화합물이다.

키니네는 그 중요도 때문에 학자들이 오래 전부터 합성에 몰두했으나 모두 실패하고, 우드워드가 드디어 키니네를 실험실에서 합성한 것이다. 그 후 그는 콜레스테롤계 화합물의 합성에 이어서 알칼로이드인 리서그산(Lysergic acid) 합성에 매달렸다. 리서그산의 아미드 유도체가 유명한 LSD이다. LSD는 천연물의 추출물질인데 라이 보리(호밀)에 생기는 깜부기병의 곰팡이에서 추출한다. LSD는 의학에서 지혈용 및 편두통의 치료에 제한적으로 사용되고 있지만, 계속 복용할 경우 환각 작용이 심해져 금지 품목으로 규제되고 있다.

우드워드는 식물의 광합성에 작용하는 클로로필 알파의 합성에 도전하여 1960년 포피린 유도체로부터 클로로필의 합성에 성공했다. 1965년에는 그때까지의 업적으로 노벨 화학상을 수상하였지만, 그의 가장 큰 공로는 노벨상 수상 이후에 이루어졌다. 그것은 비타민 B_{12} 합성과 오비탈 대칭 보존의 원리이다.

비타민 B_{12}는 신경을 보호해 주고 골수에서 적혈구의 형성에 관여하며,

결핍시에는 악성빈혈을 일으킨다. 비타민 B_{12}는 매우 복잡한 구조를 가지는 화합물이다. 이 화합물은 64개의 원자와 9개의 비대칭 원자를 가지고 있다. 이 구조는 도로시 M. C. 호지킨에 의해 X-선 결정분석법으로 밝혀졌다. 호지킨은 이 공로로 1964년 노벨 화학상을 수상했다.

| 진토닉 |

우드워드는 비타민 B_{12}를 합성하는 과정에서 생성된 화합물을 이용하여 호프만(Roald Hoffmann)과 함께 반응물과 생성물 사이의 반응 과정을 지배하는 전자 오비탈 구조와 대칭성의 관계를 알아냈다. 이것이 '우드워드-호프만 오비탈 대칭 법칙'이다.

이 이론은 천연물 합성에서 합성과 화학적 구조를 규명하는 것뿐만 아니라 반응성도 함께 연구해야 함을 알려 준 것으로, 이전에는 설명할 수 없었던 수많은 입체 화학적 반응을 설명할 수 있게 되었다.

그와 함께 연구했던 호프만과 후쿠이 겐이치(福井謙一)는 1981년에 노벨 화학상을 수상했는데, 학자들은 우드워드가 3년만 더 살았다면 틀림없이 이 두 번째 노벨상을 수상했을 것으로 생각하고 있다.

우드워드가 합성에 성공한 대표적인 화합물은 키니네, 콜레스테롤, 코티존, 리서그산, 세팔로스포린C, 비타민 B_{12} 등이며, 그가 구조를 해결한 천연 항생제만 해도 페니실린, 스트리키닌, 테라마이신, 오레오마이신, 세빈, 매그나마이신, 올리도마이신 등 수없이 많다.

또한 그는 복어의 난소와 간에 존재하는 독소인 테트로도톡신 등도 밝혔다. 특히 인돌 알칼로이드, 스테로이드, 커다란 고리형 에스터 화합물인 매클롤라이드 등 유기화합물이 생체 내에서 합성되는 과정을 탐구하는 생합성에도 큰 공헌을 했다.

그는 1952년 스테로이드가 중간체 스쿠알렌으로부터 생합성됨을 근거로, '원자들이 전위돼 생합성된다'는 가설을 제시하기도 했다. 이 가설을 연구한 블로흐(Konrad Emil Bloch)는 1964년 노벨 생리·의학상을 수상했다.

우드워드의 중요성은 그가 연구 주제로 선택한 대상이 천연물(natural product)이라는 점에 있다고 유지영 박사는 말한다. 다시 말하면, 자연적인 과정을 통해서만 만들어지던 화학물질을 실험실에서 합성하는 데 성공했다는 뜻이다. 이것은 물질의 영역에서 인간의 손길을 거부하던 금단의 문을 열었으며, 동시에 인간의 자연에 대한 통제의 범위를 확장시켰다는 의미이다.

'미지의 세계에 대한 탐구'라는 이미지는 그의 말에서도 나타난다.

> 유기화학자가 새로운 물질의 합성에 도전하는 것은 정복되지 않은 산을 오르는 것이며, 해도가 만들어지지 않은 바다를 항해하는 것이며, 아무도 도달하지 못한 미지의 행성을 항해하는 것과 같다.

우드워드는 노벨상을 수상한 사람 중에서 아인슈타인과 같은 천재로 유명하다. 그는 1933년에 16세의 나이로 하버드 대학 화학과에 입학했으나 실험과 도서실 공부에만 열중하고 강의에 참석하지 않자, 교수들은 출석미달을 이유로 시험 성적이 우수했음에도 불구하고 학점을 주지 않았다. 나이도 어린 데다가 학교 교수들을 무시하는 듯한 그의 행동은 자존심이 강한 하버드 대학 교수들의 따돌림을 받았고, 결국 1935년에 2학년 1학기를 마치고 학교에서 쫓겨났다. 그러나 그는 그해에 놀랍게도 3학년으로 재입학한 후 1년 만에 2년간의 수업을 모두 마치고 19세의 나이로 대학을 졸업했다. 그 후 간단하게 여성 호르몬인 외스트론을 합성할 수 있는 방법을 제시하여 교수들을 놀라게 한 후 1년 만인 20살에 박사 학위를 받았다. 당시 우드워드의 주임교수는 노리스였는데, 그는 우드워드의 재질을 인정하여 대학에서 천재에게 줄 수 있는 모든 방법을 동원하여 지원했다.

그는 졸업하자마자 곧바로 하버드 대학에 특채된 후 1950년 33세의 나이에는 하버드 대학에 4명뿐인 연구교수로 임명됐고, 결국 노벨상을 받음으로써 노리스 교수의 은혜에 보답했다.

그의 연구가 전 세계 산업계로부터 주목을 받았던 가장 큰 이유는, 연구 자체가 학문적으로 뛰어났기도 하지만 산업체에 곧바로 응용될 수 있었기 때문이다. 그의 주제는 당시 세계적인 거대 제약회사로부터 항상 주목을 받았고, 연구비 걱정을 하지 않아도 되었다. 우드워드 이후 그의 성과에 고무된 유기화학자들은 이제 새로운 물질을 발명하는 데 도전하는 것을 주저하지 않는다.

간단한 단계의 천연물 합성에서 좀더 복잡하고 정교한 천연물의 합성으로 나아가, 자연에 존재하지 않는 물질을 합성하는 과정으로 진행하는 유기합성의 발전 덕분에 게놈 프로젝트, 생물공학, 인공 지능 등과 같은 분야가 급속히 추진될 수 있었던 것이다.

독약이 치료약

1970년대에 들어서자 유기합성 분야에는 단순한 합성 목표에 의한 정

| 엘리온 |

복이라는 차원에서 벗어나 전략적 변환에 기초한 다단계의 논리적인 합성법이 도입됐다. 이것은 유기합성이 더욱 정교해지고 새로운 순수 화합물의 합성법이 도입되기 시작했다는 뜻이다. 가장 큰 변화는, 1990년대부터 컴퓨터로 합성 경로를 탐색하여 인위적으로 새로운 형태의 화합물을 디자인하고 합성하는 단계에까지 이른 것이다.

이러한 유기화학의 발전은 20세기 후반부터 아주 다양한 질병에 적용되는 약물들을 개발하는 계기가 되었다. 의학 분야에서 수많은 개발품들이 쏟아져 나왔지만, 엘리온(Gertrude Elion)처럼 두드러진 성과를 이룬 사람은 없을 것이다.

그녀는 영국 웰컴사의 오래된 관행인 무계획적으로 불치병의 특효약을 찾는 방법에 대 수술을 가했다. 우연으로 특효약을 발견하는 것에서 탈피하여, 계획적으로 수많은 화학물질을 심사함으로써 각종 질병에 알맞은 새로운 약품을 찾아내는 합리적인 연구 방법을 수립한 것이다.

엘리온은 세균의 대사 작용을 방해하는 물질이야말로 특효약이 될 수 있다고 생각했다. 물론 세균의 대사 작용을 방해하는 것은 도마크(Gerhard Domagk)가 설파제인 프론토실을 합성할 때 알려진 이론으로, 플레밍(Sir Alexander Fleming)이 발견한 페니실린도 광범위한 박테리아의 대사 작용을 억제하는 것이지만 그녀는 보다 체계적으로 연구에 임했다.

엘리온은 핵산을 철저히 연구했다. 당시에는 핵산이 유전 암호를 담고 있는 DNA와 RNA로 이해되지 않았고, 다만 성장과 번식에 꼭 필요한 분자 구조로만 여겨졌다. 1948년 그녀와 히칭스(George Herbert Hitchings)는 핵산을 이루는 두 가지 기본 단위인 아데닌과 구아닌을 갖고 있는 푸린기에서 디아노푸린이라는 푸린 물질을 찾아냈다. 이 물질은 백혈병의 진행을 억제하기는 했지만 독성이 너무나 강했으므로 6-메르캅토푸린(MP)이라는 물질을 합성하였다. 이것의 효과는 탁월하여 급성 임파성의 경우 약 90%의 치료율을 보였다. 그 후 엘리온은 화학적으로 MP와 상관관계가 있는 6-티오구아닌도 합성했다.

  백혈구의 성장 대사를 방해하는 이 약품들은 그 후 의학 분야에서 예상하지 못한 획기적인 성과를 갖고 왔다. 즉 엘리온이 보다 보완한 알로푸리놀로 장기 이식에 나타나는 거부 반응을 제어할 수 있었기 때문이다. 이것은 신체의 숙주 대 이식 조직 반응을 무력화시키는 것으로, 항암 효과는 없지만 응혈을 치료하고 신장 결석을 방지하는 데 효과가 있었다. 알로푸리놀이 개발됨으로써 현재는 간단한 장기 이식으로 생각되고 있는 신장 이식이 비로소 가능하게 되었다. 엘리온의 연구 의욕은 엄청나, 유기화학을 이용하여 치료약을 개발하는 연구에서 손을 떼지 않았다. 1960년대만 해도 항바이러스제가 널리 개발되어 예방 접종으로 천연두, 광견병, 소아마비를 예방할 수 있었지만 감기에서부터 홍역, 인플루엔자, 간염에 이르는 기존 바이러스성 질병들의 치료는 답보 상태였다.

  그녀는 독약을 치료약으로 사용하는 연구 방법인 독약 전략으로, 항바이러스 화합물인 아시클로비르가 포진이나 수막염을 일으키는 헤르페스 바이러스의 정상적인 성장을 방해한다는 것을 발견했다. 헤르페스 바이러스는 세포에 침투하여 번식에 이용하는 효소를 생산할 때 DNA의 구성 성분인 뉴클레오티드를 만들기 위해 아시클로비르를 취하는데, 공교롭게도 이 아시클로비르가 바로 헤르페스 바이러스에게 치명적이라는 것을 발견한 것이다. 그녀에 의해 항바이러스제도 선택적으로 이용될 수 있다는 것이 증명된 것이다. 그녀는 1988년 히칭스, 제임스 블랙(James Whyte Black)과 함께 노벨 생리·의학상을 받았다.

헤르페스 바이러스는 사람들이 가장 많이 경험하는 것 중의 하나이다. 피곤하거나 열병을 앓고 난 후, 입 주위에 생기는 물집이 바로 헤르페스 바이러스에 의한 질환이다. 이 바이러스의 특징은 몸 안에 잠복해 있다가 피로한 순간에 가끔 재발한다. 앞에서 설명한 아시클로비르는 헤르페스 바이러스의 유전자 복제과정을 억제한다. 즉 DNA를 만드는 효소의 작용을 억제함으로서 효과를 발휘하는 것이다.

그렇다면 아시클로비르가 바이러스뿐 아니라 인체 세포의 유전자 복제과정도 억제할지 모른다는 우려를 갖게 마련이다. 하지만 비교적 이런 부작용이 없으므로 아시클로비르는 먹는 약, 바르는 약, 주사제로도 사용된다.

그러나 이들 억제제가 있는데도 불구하고 물집을 근절하지 못하는 이유는, 아시클로비르가 바이러스의 증식은 억제하지만 잠복해 있는 바이러스까지 퇴치시키지는 못하기 때문이다. 그래서 밤을 새워 공부를 하거나 과로하여 피곤해질 때 입에 다시 물집이 생기는 현상은 감수할 수밖에 없다.✝

이제 언론 매체와 영화에서 자주 등장하는 백혈병에 대해 알아보자. 백혈병이란 혈액에 생기는 암이다. 혈액 중에는 적혈구와 백혈구가 있는데, 백혈구란 인체라는 국가를 지키는 군인과 같다. 외적(外敵)이 침입하면 제일 먼저 출동하여 싸워 자신도 죽고 외적도 무찔러 없애는 것이 백혈구의 소임이다. 그런데 이 백혈구가 미쳐 버려 외적을 무찌르는 것이 아니라 그 반대로 자신의 동료와 자기 나라를 닥치는 대로 파괴한 후 자신들만의 무법 집단을 구성하면 백혈병에 걸리는 것이다.

문제는 암세포가 불법으로 거점을 건설하고 나면, 본국의 모든 생체 기능은 이 반란군 거점을 먹여 살리기 위해 대사변조(代謝變調)를 초래한다는 것이다. 이것은 정부군이 반란군에 합세해서 자신의 몸인 국가를 넘어

✝ 「변신의 명수 바이러스 퇴치 최전선」, 백경란, 과학동아, 1999. 7

뜨리는 격이다. 한 사람이 갖고 있는 백혈구는 평균 1cm³ 중 6,700개이지만 보통 5천에서 1만 개까지는 정상으로 간주한다. 그러나 급성 백혈병의 경우는 1만에서 3만, 만성 백혈병의 경우는 5만 이상을 가지고 있으며, 반대로 백혈구가 적어지는 경우도 있다.

백혈병 치료 방법은 제2차 세계대전에서 우연히 발견되었다. 그것은 인체에 치명적인 마스터드 가스 때문이다. 마스터드 가스는 살을 썩게 하는 독가스로 워낙 치명적이었으므로 전쟁 중에는 사용되지 않았지만, 독일을 포함한 주축국의 선제 공격에 대비하여 항상 전선에 배치하고 있었다. 마침 마스터드 가스를 실은 연합군 측의 선박이 항구에서 폭격 당했는데 이 독가스가 해상으로 번지자 많은 병사들이 바다로 뛰어들었다. 그들은 구조되어 마스터드 가스의 영향에 대한 정밀 검사를 받았는데, 장병 중의 대부분이 혈액 장애를 일으켜 백혈구가 위험할 정도로 감소하는 것이 발견되었다.

백혈구가 과잉 생산되는 백혈병에서 백혈구의 감소는 환자의 상태가 개선되는 것을 의미하기 때문에 마스터드 가스는 백혈병 환자에게 시험되었고, 이것이 예상치 못한 효과를 보았다. 이는 독약이 약으로 사용될 수 있다는 실례가 되었고, 수많은 학자들이 독약을 치료약으로 사용하는 방법을 연구하게 되었다. 엘리온이 사용한 독약 전략도 이 마스터드 가스에서 유래한다.

한편 백혈병은 그리 흔한 병은 아님에도 대중에게는 와전이 되어 불치의 병으로 알려져 있다. TV나 언론 매체에서는 항상 백혈병이 치명적인 병으로 나오지만, 백혈병은 암 중에서는 치료 효과가 매우 높은 병이다. 백혈병에 걸려 죽음에 임박한 환자가 골수 이식을 받고 극적으로 살아났다는 보도는, 역으로 말하면 적절하게 치료를 받기만 하면 완치 효과가 좋다는 것을 증명하는 예가 되는 것이다.

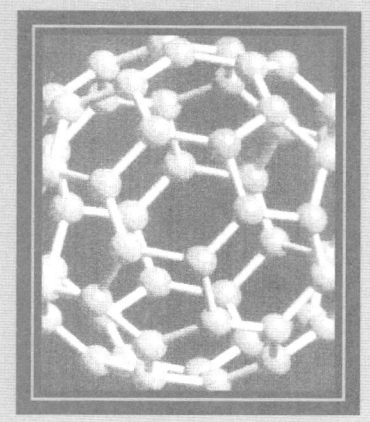

축구공
Soccer Ball

팀가이스트는 더 이상 손으로 꿰매는 것이 아니라
고열고압에서 본드로 붙여 만들어졌으므로 32개의 조각(패널)에서 14개로 줄일 수 있었다.
세 개의 조각이 만나는 스리 패널 터치 포인트가 60개에서 24개로 60% 줄어들었고,
총 패널의 길이도 40.05cm에서 33.93cm로 15% 이상 줄었다.
이 모든 숫자는 팀가이스트가 이전의 공과는 비교할 수 없을 정도로 더 둥글고 정확하며
일관성을 갖게 됐다는 것을 뜻한다.

- 본문 중 -

축구공

1996년도 노벨 화학상은 미국의 스몰리(Richard E. Smalley), 컬(Robert F. Curl Jr.)과 영국의 크로토(Sir Harold W. Kroto)에게 돌아갔다. 그들의 수상 연구는 탄소의 동소체인 풀러렌의 발견이다. 그들은 1991년에 이미 유명한 《사이언스》지에서 전형적인 과학적인 성과를 예시한다는 '올해의 분자' 상을 수상하여 모두들 조만간 그들이 노벨상을 수상할 것이라고 예견하고 있었다.

학자들은 풀러렌의 발견을 독일의 화학자 케쿨레가 1865년에 벤젠의 고리 구조를 제안한 것과 유사한 학문적인 결과를 예시한 중대한 사건으로 여기고 있다. 당시 화학자들은 탄소와 수소 원자를 각각 여섯 개씩 가지고 있는 벤젠 분자의 구조를 설명하지 못해 고민하고 있었던 것이다.

케쿨레가 벤젠의 고리 구조를 발견한 것은, 6개의 탄소 원자 끈이 뱀으로 변하는 꿈을 꾸었기 때문이라는 사실은 잘 알려져 있는 이야기이다. 케쿨레는 자신의 꿈을 토대로 하여 6개의 고리 구조의 벤젠을 제안했다. 이것은 그 당시로서는 상상할 수도 없는 새로운 학문인 '방향족 화학'의 문을 열었고, 그로 인해 오늘날 염료에서 약제까지 수많은 합성물질들이

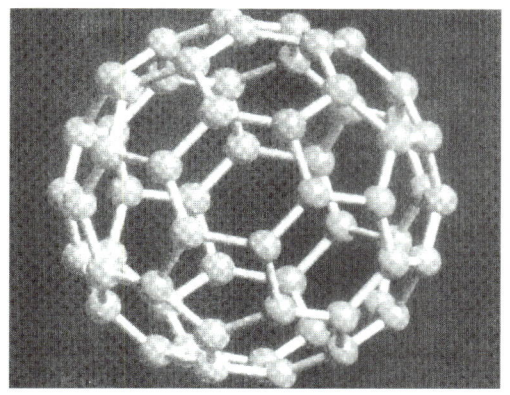

C₈₀으로 이루어진 풀러렌의 구조
풀러렌은 알카리 금속을 첨가하면 초전도성을 갖는 등 실용성이 매우 크기 때문에 많은 과학자들로부터 주목을 받고 있다. 뿐만 아니라 풀러렌의 축구공 모양을 이용하면 초소형 베어링도 만들 수 있다(과학동아 1998년 8월호 인용)

만들어질 수 있게 된 것이다.

바로 그와 같은 중요성을 갖고 있는 것이 풀러렌의 발견이다. 케쿨레의 발견이 6각형 고리 화합물 화학의 시작으로 평가된다면, 풀러렌은 바로 '구(球)'의 화학의 여명을 예고한 것으로 평가되고 있다. 벤젠이 발견된 이래 수많은 제품들이 실용화된 것을 감안할 때, 풀러렌의 발견으로 현대 과학이 새로운 차원으로 들어갈 수 있다는 기대를 갖는 것도 무리가 아니다. 학자들이 순수한 탄소로 이루어진 풀러렌의 발견에 열광하는 것에는 커다란 이유가 있다.

천문학 연구가 실용 연구로 변환

풀러렌의 발견은 천문학 분야에서 수행되고 있던 연구로부터 시작되었는데, 과학자들은 처음에는 성간(星間)에 널리 퍼져 존재하는 탄소 먼지에 대해 흥미를 가졌다. 학자들은 성간 먼지의 검은 구름이 탄소 원자의 짧은 연결 사슬을 갖는 분자들을 포함하고 있음을 발견했고, 일부 학자들은 이 구름이 탄소별인 적색거성에서 생겨나고 있다고 생각했다. 적색거성이란, 별빛의 근원이 되는 핵에너지 소멸로 팽창한 후 식기 시작한 죽어가는 별이다. 적색거성은 자주 엄청난 양의 먼지를 뿜어내는데, 이론 천문학자들은 이 먼지는 아마도 검댕을 닮은 탄소 입자를 포함한다고 추측했다.

영국의 크로토는 적색거성에 의해 생긴 탄소 분자들의 구조를 결정하기 위해 성간 먼지에서 탄소를 포함하는 몇 가지 분자들을 확인했다. 미국의 허프먼과 독일의 그라취머도 우주에 있는 것과 유사한 먼지를 만들어내려는 계획을 실행에 옮겼다.

그는 성간 먼지가 주로 탄소로 이루어져 있다고 믿었으므로 진공 속에 삽입한 두 개의 탄소 전극을 통해 전류를 통과시키면서 흑연을 기화시켰다. 기화된 흑연은 검은 연기 구름을 형성했다.

허프먼과 그라취머는 자신들이 만든 기화된 물질과 석탄을 태워서 만든 보통의 검댕을 비교하고 충격을 받았다. 기화된 물질은 자외선 흡수 실험에서 강한 흔적을 남겼는데, 그들은 이 결과를 '낙타혹 스펙트럼'이라고 불렀다. 그러나 그들은 낙타혹 스펙트럼을 더 이상 연구하지 않고 5년간이나 중단했다.

그들이 자신들이 발견한 낙타혹 스펙트럼에 다시 돌아왔을 때는 이미 미국의 컬과 스몰리, 영국의 크로토가 그 이유를 규명한 후였다. 이 세 명은 허프먼과 그라취머를 제치고 노벨 화학상을 받았다. 이 사건은 노벨상을 수상하기 위해서는 처음의 발견도 중요하지만, 그 발견이 의미하는 뜻을 발견한 사람이 보다 큰 업적을 이룬 것으로 인정한다는 중요한 예가 되었다.

물론 정말로 버크민스터 풀러렌이 적색거성에서 뿜어져 나오는 성간 먼지에 존재하는지는 아직도 명확하지 않다. 그러므로 단지 머나먼 별에 대한 연구가 우연히 엄청난 실용적 응용이 가능한 새로운 과학 분야를 열었다는 설명이 보다 적절하다는 지적도 있다.

노벨상을 수상하기 전에 세 사람은 성간 우주의 탄소 분자에 대해 공동 연구하기로 동의하고, 강력한 레이저빔을 사용하여 1만℃에서 흑연을 기화시킨 후 검댕 분자의 조성을 조사했다. 그것은 30~100개의 탄소 원자를 갖고 있는 탄소 분자들을 포함하고 있었다. 한편 검댕 분자를 조사하던 세 사람은 탄소 원자를 60개 갖고 있는 분자가 다른 화합물보다 많다는 흥미로운 사실을 발견했다. 70개의 탄소 원자를 포함하는 분자도 비교적 많았는데, 이것은 C_{60}과 C_{70}이 각각 기화된 탄소에서 얻어진 검댕에서 특히 안정된 분자임을 의미하는 것이었다.

과학으로 발전하는 축구공

허프먼과 그라취머는 C_{60} 속에 60개의 탄소 원자가 어떻게 안정된 분자를 이루어 배열될 수 있을까 생각하였고, 그것이 미국의 건축가 리처드 버크민스터 풀러에 의해 설계된 돔의 형태와 같다는 것을 발견했다.

그들은 또한 형태 전문가에게 자문을 구한 결과, 60개의 탄소 원자는 20개의 6각형과 12개의 5각형을 포함하는 것으로, 외관은 축구공과 똑같다는 결론을 얻었다. 기화된 흑연에서 얻어진 검댕에 있는 60개의 탄소 원자로 된 분자는 분자 크기의 축구공과 똑같다는 뜻이다.

축구공은 꼭지점이 60개이고 모서리가 90개인 이십면체이다. 이 구조는 대단히 안정된 구조를 갖고 있으므로 축구 선수들이 수없이 발길질해

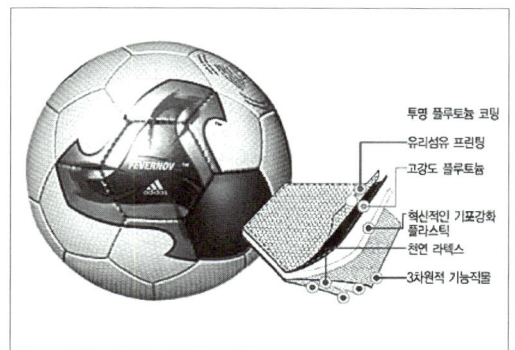

| 피버노바 |

도 끄떡없다. 풀러렌도 당연히 안정된 구조를 갖고 있다.

축구공의 발달은 당시의 과학 수준을 엿보게 해준다. 특히 월드컵은 축구의 과학화에 혁혁한 공헌을 했는데, 월드컵을 통한 축구공의 개발에 대해서 간략하게 설명한다.

초창기에는 소나 돼지의 오줌보에 바람을 넣거나 동물 가죽에 털을 집어넣어 공을 만들었다. 그 후 고무가 생산되면서 내부에 고무를 넣고 겉을 가죽으로 꿰맨 원형 축구공이 탄생됐지만, 무겁고 탄력이 별로 없는데다 공이 선수들 의도대로 잘 나가지 않았다.

더욱이 천연 가죽으로 만든 축구공은 수중 전에서 맥을 못 추는 단점이 있었다. 그리하여 1982년 스페인 월드컵 때 방수 가죽을 사용해 물에 젖어도 공의 무게가 크게 변하지 않는 첨단 축구공이 등장했다. 1986년 멕시코 월드컵에서는 천연 가죽보다 방수성과 탄력이 뛰어난 인조 가죽이 선보였다. 미국 월드컵에서는 스펀지 형태의 '폴리우레탄 폼'이 사용됐고, 프랑스 월드컵 때는 폴리우레탄 폼보다 반발력이 더 뛰어난 '신택틱 폼'이 개발됐다. 이 자재는 골 득점력이 줄어들어 월드컵의 흥미를 반감시키던 축구의 흐름을 바꾸어 놓았다. 미국과 프랑스 월드컵은 1990년 이전 대회보다 평균 0.5골이 더 많은 골 득점을 보여 주었다. 한·일 월드컵의 공인구 '피버노바'에서도 세 겹의 기본 패널(층)이 삼차원 기능성을 가지도록 해 공격수들이 정확하게 공을 조절할 수 있게 만들었다.

축구공 제작 전문가와 학자들이 가장 신경을 쓰는 분야는 '완벽한 구형의 축구공을 어떻게 만들 수 있느냐' 하는 것이다.

축구공이 완벽한 구형이 될수록 지면과의 마찰이 적다는 것은 어린아이도 잘 아는 사실이다. 축구공은 8조각, 12조각, 18조각, 20조각을 거쳐 정오각형 12개와 정육각형 20개인 32조각으로 제작되기에 이르렀다.

이는 다각형으로 최대한 구형을 만들 수 있는 기하학적 조합으로, 그 발견은 중세의 레오나르도 다 빈치와 기원전 그리스의 아르키메데스까지 올라갈 정도로 매우 오래되었다. 그러므로 학자들은 축구공의 제작 공정 등에 미루어 32조각의 공이 앞으로 장기간 사용될 것으로 믿고 있었다.✢

그런데 2006년 독일 월드컵에 사용되는 FIFA 공인구는 팀가이스트(Teamgeist)로, 당초에 예상하던 32조각이 아니라 14조각으로 만들어 사람들을 깜짝 놀라게 했다. 기존의 상식을 깬 획기적인 발명품이기 때문이다. 허리둘레도 69cm, 체중 441g으로 지금까지 나온 축구공 가운데 울퉁불퉁한 곳이 가장 적다. 피버노바는 예전 제작 원리로 만들어낼 수 있는 가장 멋진 모습으로 알려졌다. 공인구 사상 처음으로 4가지 색깔로 빚어내어 세계를 매혹시켰지만, 결국 32개의 조각을 꿰매서 공을 만들어야 한다는 숙명을 극복하지는 못했다. 게다가 축구공을 사람이 일일이 손으로 꿰매서 만드는 수작업 형태였다.

그런데 팀가이스트는 더 이상 손으로 꿰매는 것이 아니라 고열고압에서 본드로 붙여 만들어졌으므로 32개의 조각(패널)에서 14개로 줄일 수 있었다. 세 개의 조각이 만나는 스리 패널 터치 포인트가 60개에서 24개로 60% 줄어들었고, 총 패널의 길이도 40.05cm에서 33.93cm로 15% 이상 줄었다. 이 모든 숫자는 팀가이스트가 이전의 공과는 비교할 수 없을 정도로 더 둥글고 정확하며 일관성을 갖게 됐다는 것을 뜻한다.

FIFA 월드컵 공인구가 처음 생긴 1970년 멕시코 월드컵 이래 4년마다 공은 진화했는데, 팀가이스트가 태어난 동기는 간단했다. 모든 테크놀로지와 아이디어를 동원해 32개 조각의 한계를 넘어서자는 것이다.

영국 로우버러 대학교의 앤디 하란드 박사는 컴퓨터 시뮬레이션 작업과 실험을 통해 14개의 패널이 현재로선 최적의 구형을 빚어낼 수 있다고 설명했다. 물론 이와 같은 아이디어가 탄생할 수 있었던 것은 2004년부터 실용화한 고열고압 본딩 처리방식(Thermal Bonding Technology)을 통해

✢ 「공을 더 둥글게 만들 수 없을까」, 민학수, 조선일보, 2006. 1. 13

더 이상 실로 꿰매지 않더라도 공을 만들어낼 수 있게 되었기 때문이다.†

효용성 만점의 풀러렌

허프먼과 그라취머는 C_{60}을 버크민스터 풀러의 이름을 따서 '버크민스터 풀러렌', 이것과 관련된 모든 물질들을 '풀러렌'이라고 불렀다. 버크민스터 풀러는 건물이 어떤 모양을 하고 있으면 안전한가를 연구하였고, 특히 기둥이 없이 큰 공간을 만드는 측지돔(geodesic dom)에 대해 많은 업적을 남겼다.

버크민스터 풀러렌은 다이아몬드와 흑연에 이어 탄소 결정으로는 세 번째로 알려진 형태였다. 그들은 버크민스터 풀러렌이 분젠 버너에서 나오는 보통의 검댕에서도 발견된다는 것을 확인했다. 이것은 우리들 모두가 이미 풀러렌을 보았거나 만져 본 적이 있다는 것을 의미하는 것이다. 특히 미국의 아리조나 대학의 호프만은 암석 중에서도 풀러렌을 발견하여 각광을 받기도 했다. C_{70}의 구조도 알려졌는데, 이것은 5각형 12개와 6각형 25개가 있는 것으로 럭비공과 모양이 비슷했다. 한편 많은 풀러렌 족들이 버크민스터 풀러렌이 발견된 이후에 만들어졌고, 심지어는 540개의 탄소 원자를 갖는 구형(C_{540})도 발견되었다.

풀러렌은 새로운 합성 중합체, 산업 윤활제, 초전도체, 분자 컴퓨터와 의학적으로 유용한 약제 등 다양한 물질들의 제조에 중요한 역할을 할 수 있을 것으로 학자들은 예상한다. 보통의 필름은 빛의 강도에 비례해서 감광된다. 그러나 풀러렌을 쓰면 이와는 다른 특성이 생긴다. 즉 빛의 강도에 비례해 천천히 어두워지는 것이 아니라 빛의 강도가 일정 수준을 넘어서면 불투명해져 버리는 것이다. 이 특성을 이용하면 지나치게 강한 빛으

† 「동그랗게 잘 빠졌네, 본드 공 혁명」, 민학수, 조선일보, 2006. 1. 1.

| 측지돔 (Geodesic dom) |
C_{60}을 발견한 컬과 스몰리, 그리고 크로토는 이것의 이름을 기둥이 없이 큰 공간을 만드는 측지돔에 많은 업적을 남긴 버크민스터 풀러의 이름을 따서 버크민스터 풀러렌이라고 붙였다.(과학동아 2000년 2월호에서 인용)

로부터 사람과 기계를 보호하는 방법을 찾을 수 있다. 광 스위치와 광 변조기만을 쓰는 광 통신망도 가능해진다. 빛을 이용한 디지털 프로세서도 만들 수 있다. 학자들은 컴퓨터의 경우 풀러렌을 이용하면 소규모이면서도 상상할 수 없을 정도로 빠른 반도체를 만들 수 있다고 생각하고 있다.

특히 빛을 흡수하고 전자를 잘 받는 성질이 있는 C_{60}으로 이루어진 결정에 알칼리 금속을 적절히 결합시키면 초전도체가 된다는 연구도 있었다. 둥근 축구공 모양을 하고 있기 때문에 세상에서 가장 작은 베어링으로의 가치도 인정 받고 있다.

풀러렌은 축구공처럼 생겼으므로 속이 비어 있어서 '새장'이라고 불리기도 한다. 의학계에서 풀러렌을 주목하는 이유는, 풀러렌 안에 약제를 주입한 후 체내에서 적당한 시기와 위치에서 문이 열리도록 하는 약품도 개발할 수 있을 것으로 생각하기 때문이다. 풀러렌의 바깥쪽에 첨가되어 '귀'를 형성하는 버니볼이라는 물질도 이미 개발되었다.

세계를 바꿀 나노

풀러렌의 연구는 또 다른 분야를 촉진시켰다. 6각형의 수십 옴스트롱에 지나지 않는 나노튜브가 그것이다. 나노(10^{-9})란 10억 분의 1을 의미하는 접두어로 1나노미터란 보통 0.2나노미터 원자 다섯 개가 들어간다. 제4 탄소의 동소체(주:홑원소 물질로서 화학 조성이 같으나 결합 구조가 달라 전혀 다른 물리적 성질을 갖는 물질)로도 불리는 나노튜브란, 분자나 원자 하나 하나의 현상을 이해할 수 있을 정도로 극미의 기술이다.

1991년에 일본의 이지마는 풀러렌을 전자현미경으로 관찰하다가 우연히 가늘고 긴 대롱 모양의 탄소 구조가 존재한다는 것을 발견했다. 이 대롱 표면에는 탄소 원자들이 벌집 모양으로 배열되어 있었고, 지름은 약 10억 분의 1m 정도인 나노의 크기였다.

이 탄소나노튜브의 특성은 크게 두 가지로, 하나는 그 가는 정도에 비해 매우 단단하다는 것이다.

또 하나는 1996년에 스몰리가 발견한 것으로, 다발 형태의 탄소나노튜브가 반도체 성질을 갖고 있다는 것이다. 원래 전기적으로 도체인 나노튜브가 다발을 이루면, 밧줄 형태의 튜브는 일부러 도핑을 하지 않아도 튜브와 튜브가 상호작용을 하면서 전기적인 성질이 도체에서 반도체로 변하는 것이다. 지금까지 반도체는 주로 규소, 즉 실리콘을 사용해 왔지만 탄소나노튜브를 반도체로 사용할 경우 전자ㆍ전기 계통에서 혁신을 이룰 수 있을 것이다.

한국의 임지순 교수와 마이클 S. 퓨러 교수는 3개의 단자를 가진 10나노미터 크기의 탄소나노튜브 트랜지스터를 개발했는데, 이것은 현재 상용중인 256MD보다 크기가 1만 분의 1 정도 작다. 즉 현재의 반도체 집적도를 1만 배나 높일 수 있다는 뜻으로, 이것을 기억 소자로 이야기하면 대략 테라(1조 DRAM)에 해당한다. 다시 말해 엄지 손톱만한 면적의 트랜지스터 안에 현재보다 1만 배 정도 더 많은 정보, 즉 수십 권이나 되는 두꺼운 백과사전 전질의 100배 정도의 정보를 기억시킬 수 있다. 또한 반도체

| **탄소나노튜브** |
탄소나노튜브에서는 온도를 결정할 수 없어 전자 소재로 쓰일 때 문제가 될 수 있음을 시사한다.

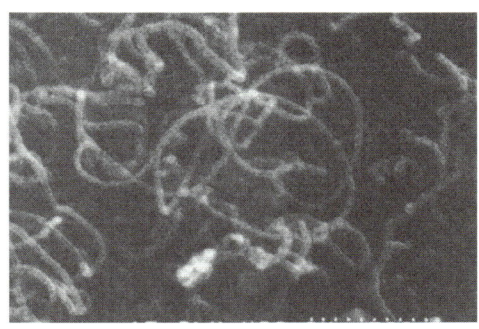
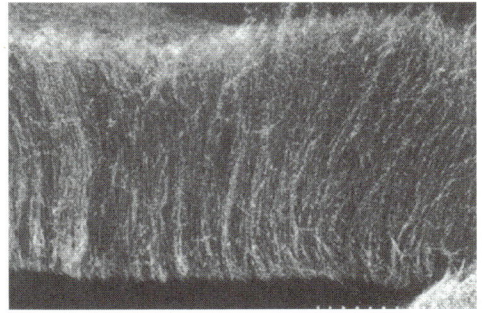

집적도를 1만 배 이상 높이면 초대형 슈퍼컴퓨터를 가정용 벽시계 정도의 크기로 줄일 수 있으며, 정보처리 분야에서도 혁명이 일어날 것으로 예상한다.

게다가 탄소나노튜브를 모아 다발을 만들면 반도체 소자 제작 과정이 간단해지며, 탄소 원자 사이의 결합이 실리콘보다 훨씬 강하다는 장점도 있다. 또한 열전도가 실리콘보다 훨씬 높아 열을 잘 방출함으로써 반도체 소자가 작동하면서 뜨거워지는 문제가 쉽게 해결된다. 실리콘 반도체 소자가 갖고 있는 발열 문제를 쉽게 해결할 수 있다는 뜻이다.

탄소나노튜브를 만드는 방법은 아크 방전, 레이저 증발법, 화학 증착법(Chemical Vapor Deposition)이 있는데, 포항공대의 이건홍 박사는 화학 증착법을 사용하여 나노튜브를 성장시키는 데 성공했다. 탄소나노튜브는 전기를 가했을 때 전자를 방출하는 특성이 뛰어나서 TV의 전자총으로 사용할 수 있다. 지름이 1~수백 나노미터, 길이는 1~수백 마이크론 범위에서 조절이 가능하므로 이론적으로는 종이처럼 얇은 평판 디스플레이를 만들 수 있다. 그러므로 이 기술을 이용할 경우 현재 액정화면(LCD)의 문제점인 편광 현상을 해결할 수 있는 차세대 TV, 즉 FED(Field Emission Display)를 개발할 수 있으므로 멀지 않아 FED TV가 등장할 것으로 예상된다.

탄소나노튜브는 속이 비어 있어서 가볍고, 전기는 구리만큼 잘 통하고, 열 전도도 다이아몬드만큼 좋으며, 인장력도 철강만큼이나 우수하다. 또한 실내 온도의 공기 중에서 화학적으로 안정되고 강하다. 따라서 전자회로 외에도 초강력 섬유나 열·마찰에 잘 견디는 표면 재료로 쓸 수 있다.

나노튜브로 만드는 기어도 제안되었고, 인간의 두뇌 구조와 같은 논리회로를 갖고 있는 신경망으로서도 사용할 수 있다. 재미있는 것은 나노튜브관을 실린더로 삼고 C_{60}으로 만든 피스톤을 사용하는 초소형 기구도 만들 수 있다는 것이다. 과학자들의 상상은 이러한 물질이 실제로 탄생하기 전까지는 사라지지 않을 것이다. 앞으로 과학의 발전은 무궁무진하다는 뜻이다.

그런데 2004년 8월, 탄소나노튜브에서는 온도가 의미를 잃어버린다는 연구 결과가 나왔다. 영국 서레이대 오트윈 헤스 박사팀은 길이가 10μm에서는 열적 평형상태를 만들 수 없다고 발표했다. 이는 나노튜브의 온도를 결정할 수 없다는 뜻이다. 원자의 수준에서 볼 때 온도란 물체를 구성하는 원자나 분자간의 열적 평형상태가 이뤄졌을 때 측정된 값이기 때문이다. 예를 들어 컵 속에 들어 있는 커피는 시간이 지남에 따라 식게 된다. 즉 커피의 열이 주위 공기로 흘러나간 것이다. 이 경우 커피의 어떤 지점에 온도계를 둬도 같은 온도를 보인다.

그러나 원자 하나를 놓고 보면 온도의 의미가 없어진다. 양자역학에 따라 원자의 에너지가 요동을 일으키기 때문이다. 헤스 박사의 연구는 이런 요동이 원자 수만 개로 이뤄진 탄소나노튜브에서도 여전히 존재함을 의미한다. 즉 주위와 열을 조구받지 않은 상태에서도 측정 지점이나 시간에 따라 탄소나노튜브는 온도가 다르게 측정되는 것이다.

탄소나노튜브가 갖고 있는 뜻밖의 성질은 학자들을 놀라게 했다. 온도를 알 수 없다는 것은 적어도 나노튜브가 전자 소자로 쓰일 때 문제를 일으킬 수 있음을 시사하기 때문이다. 아무리 좋은 물질도 모든 것에 적합할 수는 없다는 것을 다시 한 번 알려 준다고 볼 수 있다.†

근래 탄소의 제5의 탄소 동소체도 발견되었다. 호주 캔버라 대학 연구팀은 최근 다섯 번째 형태인 '나노폼(nanofoam)'을 만들어냈다고 보고했다. 탄소에 초당 1만 회의 펄스를 때릴 수 있는 강한 레이저를 쪼여 온도를 1만℃에 이르게 하자, 수나노미터밖에 안 되는 짧은 나노튜브들이 엉켜 그물 구조의 형태를 이루었다는 것이다(나노튜브들이 단순히 물리적으로 뒤엉켜 있는 것과는 다르다).

학자들의 관심을 끄는 것은 이 나노폼이 자기장에 끌린다는 것이다. 탄소의 동소체는 일반적으로 반자성인데, 이 나노폼은 연결된 결합 덕에 금속성을 띠면서 홀전자를 갖는 전자 구조를 갖게 된 것으로 보인다.

이와 같이 나노폼은 독특한 자기적 성질을 갖고 있기 때문에, 여러 분야에의 응용 가능성에 관심이 모아지고 있다. 한 예로, 나노폼을 혈관에 주사하면, 혈액 중에 포함된 나노폼의 자기적 성질 덕에 MRI(핵자기공명촬영장치)에서 혈류를 또렷이 관측할 수 있게 된다. 이외에도 유난히 열전도도가 낮은(다이아몬드는 열전도도가 높다) 특징이 있다. 이는 종양에 나노폼을 주사한 뒤 레이저를 쬐면 온도가 높아져 종양 세포는 죽이지만 주변 조직에는 열을 전달하지 않음을 뜻한다.††

† 「탄소나노튜브 속에는 온도가 없다」, 과학동아, 2004. 9.

†† 「탄소의 새로운 동소체 발견-자석에 붙기까지」, 박상욱, www.scieng.net, 2004. 3. 21

세상을 바꿀 나노물질

앞으로는, 인간에게 주어진 최대 수명이라고 알려진 120살까지 사는 것이 불가능하지 않을 것이라고 예측한다. 심지어 레이 커즈웨일 박사는 나노로봇이 보다 활성화되면 인간의 영생까지 가능하다고 과장하여 말할 정도이다.

나노로봇이란 나노과학기술을 기반으로 하여 만들어지게 될 초소형 로봇을 의미하며, 그 크기는 사람의 혈관 속을 마음대로 돌아다닐 수 있다. 나노에 대해서는 『세상을 바꾼 노벨상(물리학)』의 〈풀러렌〉장에서 다루었으므로 이곳에서는 간략하게 나노테크놀러지에 대해서 설명한다.

공전의 흥행에 성공한 「마이크로 결사대A(Fantastic Voyage)」가 이러한 내용을 다루었다. 이 영화는 정상적인 수술로는 치료할 수 없는 뇌장애 환자를 위해 실험용 잠수함과 선원 그리고 의료 팀을 미생물 크기로 축소시켜 환자의 혈관에 주입한 후 대동맥을 타고 뇌의 상처 부분까지 항해, 레이저 광선을 통해 환자를 치료하고 눈물을 통해 극적으로 탈출한다는 내용이다.

바로 영화에서 나온 장면과 유사한 장면이 실제 상황에서 벌어질 수 있다는 것이 치료용 나노로봇이다. 백혈구보다 더 작은 나노로봇은 미니 잠수함처럼 혈관 속을 돌아다니며 나쁜 바이러스나 암세포를 제거하고, 필요한 약물을 상처 부위로 운반해 치료하는 역할을 수행할 수 있다. 또 혈관 속을 여행하면서 혈관벽의 콜레스테롤 찌꺼기를 찾아내 분해하기도 하며, 뇌에 들어가 뇌의 고해상도 지도를 만드는 데 이용할 수도 있다.

영화와 다른 것은 영화 주인공이 초소형 인간이 되어 나노로봇을 조정하는 것은 아니라는 점이다. 나노로봇의 꿈을 점점 현실화시켜 주는 연구 결과들은 계속 나오고 있다. 2003년에는 다리의 길이가 100억 분의 1m

| 마이크로 결사대

에 불과한 분자 크기의 나노로봇이 실험실 접시 위를 걷는 데 성공했다. 뉴욕대에서 개발한 이 나노로봇은 자석처럼 서로 붙었다 떨어졌다 하는 36개의 DNA 염기쌍으로 만들어진 두 다리를 가지고 있다.

한편 2004년 1월에는 쥐의 근육세포로 움직이는 초소형 로봇이 UCLA의 몬테마그노 교수팀에 의해 개발되었다. 1mm도 채 안 되는 이 로봇에는 쥐의 심장 세포를 심은 초소형 실리콘 칩이 장착되어 외부의 동력 공급 없이 움직일 수 있다. 세포가 수축할 때마다 스스로 움직이는 두 다리가 몸체에 45도 각도로 붙어 있어, 현미경으로 보면 로봇이 엉금엉금 기어 다니는 것을 볼 수 있다고 한다. 몬테마그노 교수는 2000년 코넬 대학에서 나노헬리콥터를 만들어 화제를 불러일으킨 바 있다. '나노 간호사'란 별명이 붙은 이 헬리콥터는, 원통형 니켈축(지름 80나노미터, 높이 200나노미터)에 지름 8나노미터의 생체 분자로 이루어진 바이오 회전 모터와 거기 연결된 니켈 프로펠러로 이루어져 있다. 바이오 회전 모터는 생체 에너지원인 아데노신3인산(ATP)을 분해하는 과정에서 회전 운동이 일어나 1초에 약 8회의 회전 속도로 프로펠러를 시계 반대 방향으로 돌리게 된다.

포항공대 김기문 교수팀은 1996년 처음 합성한 신물질 쿠커비투릴을 이동시킬 수 있는 방법을 최근 찾아냈다. 쿠커비투릴은 위아래가 뚫려 있는 거대고리 화합물로서, 분자로 만들어진 아주 작은 통이다. 빈 공간에 다양한 분자나 이온을 담을 수 있어, 약물을 전달하는 전달 매체로 활용할 수 있다. 쿠커비투릴을 고리처럼 꿴 초분자체인 유사로택산으로 만든 후 용액의 pH를 바꿔 주면 쿠커비투릴이 왼쪽 또는 오른쪽으로 이동하면서 위치를 바꾸게 된다. 김교수팀은 나노 장치를 이용, 쿠커비투릴로 약물을 인체의 특정 부위에만 전달할 수 있다고 설명한다.

그러나 나노로봇이 몸 속을 돌아다니며 암세포 등을 물리치기 위해서는 적어도 한 번에 수백만 개 이상이 필요하다. 이와 같은 문제점을 해결하기 위해서 과학자들이 연구하고 있는 분야는 스스로를 복제할 수 있는 나노로봇을 만들자는 것이다. 주어진 임무에 맞추어 만들어진 첫번째 나노로봇이 자기와 똑같은 로봇을 2개 복제하고, 이 복제된 로봇이 또 2개씩 복제한다면 수천조 개의 나노로봇도 간단히 만들 수 있다. 에릭 드레슬러 박사는 궁극적인 나노로봇은 '셀프 어셈블리'가 되어야 한다고 주장했다. 인간의 리보솜처럼 완전한 구조를 갖춘 나노로봇이 스스로 복제하고 사멸하면서 의사 노릇을 해야 한다는 것이다.

하지만 만약 나노로봇이 복제 작업의 정지 명령을 어기게 된다면 어떻게 될까. 복제 나노로봇이 통제력을 잃게 되면 암세포보다 훨씬 빠른 속도로 정상적인 조직을 파괴해 버릴 수 있기 때문이다. 이에 대비해 정해진 횟수의 복제를 한 뒤에는 스스로 파괴되도록 프로그램하거나, 정해진 물질 또는 온도와 습도 등 일정한 조건 하에서만 운용될 수 있도록 제한하면 나노로봇의 부작용은 최소화할 수 있다고 이성규 박사는 주장한다.

냉동인간도 나노기술이 해결

1993년 개봉된 영화 「데몰리션」은 냉동인간 문제를 매우 심층적으로

「신 불로초 '나노로봇' 재배 성공할까」, 이성규, www.sciencetimes.co.kr, 2004. 2. 22

| 데몰리션맨 |

다루었다. 영화의 줄거리는 포악한 악당 피닉스와 거칠지만 정의로운 경찰 스파르탄이 대결하여 결국 정의가 이긴다는 헐리우드의 전형적인 이야기이다. 이 영화가 특별히 관심을 끈 것은 인체의 냉동과 해동 과정이 과학적 상상력을 총동원하여 세밀하게 그려져 있기 때문이다.

이 영화를 보고 많은 사람들이 궁금해 하는 점은, 냉동인간이 인간의 소망인 생명을 연장시키는 데 현실적으로 기여할 수 있느냐는 것이다. 현재 불치병을 앓고 있는 사람이 '냉동인간'이 되어 불치병 치료제가 개발된 수십 년이나 수백 년 뒤에 해동되어 불치병을 치유하고 다시 새로운 삶을 산다는 것처럼 흥미를 유발시키는 것은 없다.

인류 최초로 냉동인간이 된 사람은 미국의 심리학자 제임스 베드포드 박사(75세)로, 그는 간암에 걸려 현대 의학으로는 사망이 불가피해지자 스스로 냉동인간이 될 것을 자원했다. 베드포드 박사는 2030년쯤 인류의 암 치료술이 개발된 뒤 해동돼 전신에 퍼진 암 세포를 몰아내고 60년이 넘는 긴 겨울잠에서 깨어날 참이다. 현재까지 만화영화로 유명한 월트 디즈니를 비롯한 400여 명의 냉동인간이 미래에 깨어나기를 기다리고 있다는 보도이다.

한마디로 냉동인간이란 시신이 생체시간을 멈추고 세포가 노화되지 않은 채로 보존되는 것을 말한다. 그러나 냉동인간들의 꿈이 현실로 이어질 지는 알 수 없다는 것이 정설이었다. 영원히 잠에서 깨어나지 못할 가능성도 배제하지 못하며, 설사 냉동인간이 된 후 해동되더라도 그가 자신의 기억을 모두 되찾는 것은 불가능하다고 여겼기 때문이다.

이런 저장법은 난자와 정자 등 하나의 세포로 이루어진 조직의 냉동보관법과 거의 비슷한데, 문제는

| 냉동인간 저장모습 |
냉동인간은 시신이 생체 시간을 멈추고 세포가 노화되지 않은 채로 보존되는것을 말하는데 해동되더라도 그가 자신이 가진 기억을 모두 되찾을 수 있을지는 미지수이다.

냉동정자의 복원율만 해도 완전하지 않다는 점이다. 더구나 난자와 정자 등은 하나의 세포로 이뤄져 있기 때문에 냉동해도 얼음 결정이 생기지 않는 이점이 있으므로 세포가 파괴될 위험성이 그만큼 적다. 그러나 인체는 60조 개 이상의 세포로 이뤄져 있을 뿐더러 각 장기마다 내한성(耐寒性)이 다르므로 냉동인간이 정말로 완벽하게 해동될 수 있는지는 미지수라는 뜻이다.

그런데 근래의 연구 결과는 냉동인간이 결코 꿈만은 아니라는 사실을 보여 준다. 우선 쥐와 개의 경우, 4시간 30분 동안 냉동 상태에 있다가 아무 이상 없이 깨어났다. 학자들이 주목하는 것은 '히트리가'라고 불리는 모충(毛蟲)이다. 이 생물은 영하 50℃ 이하에서 10개월도 넘는 기간을 몸

이 꽁꽁 언 상태에서 보낸다. 그런데도 날씨가 풀리면 모든 생체 기능을 회복한다. 툰드라 지대에서 동면하는 양서류인 도롱뇽은 영하 35℃ 이하에서도 목숨을 보존한다는 사실이 발견되었다.

얼어 있는 이들 동물은 몸을 움직이지도 않을 뿐더러 심장도 작동하지 않고 혈액순환도 정지하며, 신경 활동도 거의 검출되지 않는다. 놀라운 것은, 얼음 결정이 피하나 근육 사이에도 스며들어가 있으며 세포까지도 얼려놓는다는 사실이다. 몸이 언다고 하는 것은 생체를 구성하는 모든 세포에는 치명적인데, 그 이유는 얼음 결정이 세포막을 뚫고 들어가 세포 내 기관들을 파괴시키기 때문이다. 생물의 모든 대사가 엉망진창이 돼버림에도 불구하고 이들 동물들이 되살아나는 것이다.

문제는 냉동인간이다. 냉동인간은 인간의 죽음을 직접 다루어야 하므로 실험하는 것조차 간단하지 않은 동시에 복원 성공률이 100% 보장돼야 한다는 점에서 더욱 큰 어려움이 있다.

그런데 2001년 2월 말에 캐나다에서 13개월 된 아기가 기저귀만 찬 채로 엄마를 찾아 집 밖으로 나갔다가 영하 24℃의 눈밭에서 동사한 사건이 있었다. 어린아이가 발견됐을 때는 심장이 멈춘 지 2시간이나 지나 있었고, 체온이 16℃에 지나지 않았다. 의료진은 사망했다고 진단할 수밖에 없었는데, 담요를 덮어 주자 놀랍게도 아기의 심장은 차츰 다시 뛰기 시작했으며 뇌 손상도 없었다.

또한 독일에서는 의학적으로 엄격히 관리되는 조건에서 냉동돼 일단 사망상태가 됐다가 40분 후에 해동하는 실험이 실시된 적이 있다. 실험 결과 4명 중 3명은 살아났고, 1명은 영영 깨어나지 못했다. 생존자 중 한 명은 아무것도 기억해 내지 못했다. 나머지 2명은 러시아의 여성 과학자와 프랑스의 정신과 의사였는데, 이들은 사후의 경험담을 얘기했으나 흥미롭게도 그 내용이 매우 달랐다. 프랑스 정신과 의사는 악몽을 이야기했다. 한편 러시아 여성학자는 아름답고 즐겁고 편안한 상태를 얘기했다. 이 여성은 친척들을 만났는데, 매우 사랑스럽고 자신을 잘 돌봐주는 느낌이었다고 했다.

냉동인간을 살려내는 가장 큰 문제점은 얼렸던 딸기를 해동시켜 보면 곧바로 알 수 있다. 냉동 과정에서 각 세포 내에 들어 있던 수분이 팽창하여 결정화되며 세포막을 파괴한다. 따라서 딸기를 해동시키면 세포 내의 끈적끈적한 물질들이 흘러나와 딸기는 흐물흐물한 죽 같은 형태로 변한다. 냉동인간을 해동시켰을 때 인간의 세포도 이와 같은 상태로 변할 수 있으므로 이를 막거나 복구시켜야 하는데, 여기에 청신호가 켜졌다.

바로 나노테크이다. 나노로봇이 해동 중인 인체 내에 투입되어 문제가 되는 세포들을 하나하나 복구할 수 있다는 것이다.

나노테크는 인간이 유용하게 사용할 수 있는 작은 것들을 창조해 낼 온갖 물질로 가득 찬 거대한 복주머니로 비유되기도 한다. 나노테크가 이렇게 크게 주목 받는 것은, 전기적·화학적·기계적 또는 광학적으로 이제까지 개발된 어떤 것보다 뛰어난 특성을 가지는 인공 물질을 만들 수 있기 때문이다.

엄밀한 의미에서 나노기술은 현대 과학이 창조한 것이 아니라 매우 오래 전부터 지구상에 존재했다. 35억 년 전 세포 수준의 최초 생명체가 등장했는데, 이들은 나노 크기임에도 불구하고 유전 물질을 조작하고 에너지를 공급하는 임무를 수행했다. 자연은 이미 수십 억 년 동안 나노구조물을 만들었다는 뜻이다. 이들 세포들이 복잡한 생명체로 진화하였지만 궁극적으로 아무리 큰 생명체도 나노스케일 구조들로 구성된 작은 세포로 이루어져 있으므로, 이들 기술을 임의적으로 인간들의 필요에 따라 접목시키자는 것이다.

특정 질병 부위에 정확하게 효율적인 치료약을 전달할 수 있는 방법으로도 나노 입자가 적격이다. 예를 들면 암을 파괴하는 금으로 코팅된 나노셀(nanoshells)은 극히 작은 구형의 유리구슬로, 근적외선의 에너지를 포획할 수 있다. 나노셀을 특별히 종양세포에 결합하는 항체에 연결하여 인체에 투여한 후 외부에서 강한 적외선으로 가열하면, 근접한 조직들을 손상시키지 않고 암세포를 파괴할 수 있는 것이다.

나노테크놀러지가 앞으로 가장 각광을 받을 분야는 인체분자 복구(molecular repair) 기능이다. 특정 질병의 병균을 완전히 퇴치하였더라도 부수적으로 피해 받은 신체 부위를 보다 빨리 복구하는 것이 완치의 비결이다. 질병 기간 동안 신체 내에 쌓인 노폐물을 즉시 제거하여 젊고 건강한 상태로 되돌리는 것도 매우 중요하다는 뜻이다. 이 역할을 인체 복구 기능을 가진 나노로봇이 수행할 수 있다.

그러나 학자들이 가장 큰 기대감을 갖고 있는 것은, 나노로봇이 인간의 큰 숙제를 해결할 수 있다는 점이다. 현재 학자들을 가장 곤혹스럽게 만드는 것은 법적으로 사망이라고 선고할 수 있는 가사 상태에 빠진 사람이다. 대부분이 뇌를 다친 사람들로 영원히 깨어나지 못하여 환자나 가족, 의학자들을 곤혹스럽게 만들고 있는데, 나노로봇은 이들 손상 부분을 복구시킬 수 있다. 특히 냉동 보존되어 있는 사람들도 나노테크가 활성화되면 모두 다시 살려낼 수 있다고 믿는다.

비료
Fertilizer

대기 중의 질소를 이용하여 가스 반응에 의해 암모니아를 합성했다는 것은
당시 질소 화합물의 세계적인 부족을 극복할 수 있는 획기적인 기술이었다.
오늘날 세계적으로 약 1억 7천5백만 톤의 질소가 농작물 생산을 위해 뿌려지며,
약 40%가 하버-보쉬 공정을 통해 합성한 인조 비료로 공급되고 있다.
사람은 단백질의 약 75%를 농작물에서 직·간접적으로 얻는다.
결국 세계 인구가 섭취하는 단백질의 약 1/3이 질소 비료에서 나오는 셈이다.

- 본문 중 -

비료

19세기 말 인류는 식량 부족의 어두운 그림자에 싸여 있었다. 인구 증가는 식량 공급을 초과하게 될 것이며, 인구의 기하급수적인 증가는 결국 인류를 파멸로 이끌게 될 것이라는 비관적 전망이 세계를 뒤덮고 있었다.

이와 같은 전망이 나오게 된 것은, 크룩스관을 발명한 영국의 유명한 과학자 크룩스(William Crookes)가 칠레 초석(硝石, 질소분이 많이 함유된 광물의 일종)을 너무 많이 채굴하게 되면 앞으로 세계적으로 극심한 기아가 발생할지도 모른다고 지적했기 때문이다. 그 당시 곡식의 증산을 위해서 사용되는 질소 비료는 칠레 초석으로만 만들 수 있었는데, 그 초석이 고갈되면 식량 증산이 불가능하다는 것이다. 이것은 장차 계속해서 인구가 증가한다면 지구에서의 식량난이 극심해진다는 뜻이었다.

그러나 그의 예언은 기우에 지나지 않았다. 흔히 '질소의 위기'라 부르는 19세기 말의 위기는 한 과학자의 노력으로 해결의 돌파구가 마련되었고, 인류는 오늘날과 같은 풍요와 고도 문명을 누릴 수 있게 되었기 때문이다.

| 질소 고정 |
질소는 공기 중에서 70%를 차지할 정도로 풍부한 원소이지만, 식물은 암모늄 이온이나 질산 이온만을 이용할 수 있다. 이것들은 삼중결합한 질소 분자가 깨져야만 만들어지는데, 질소 고정이라고 불리는 이 과정은 번개가 칠 때나 뿌리혹박테리아 등에 의해서 일어난다.(과학동아 1996년 2월호에서 인용)

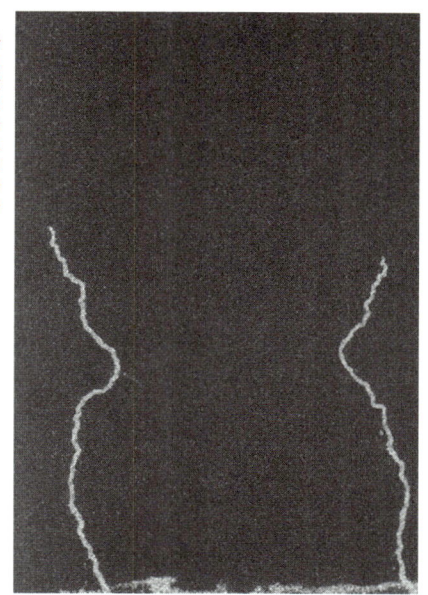
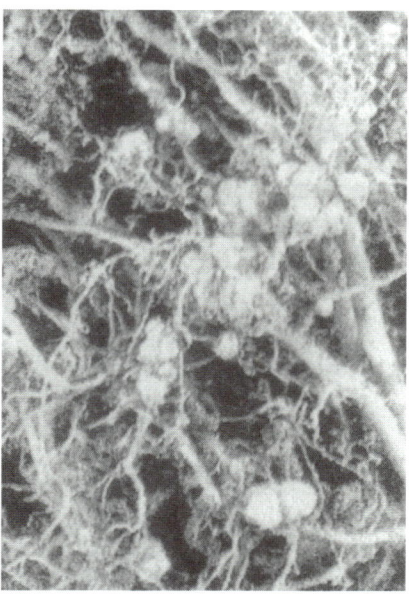

실제로 19세기 말 인구는 약 16억 명이었고, 농업 생산량은 더 이상 증가하지 못하고 있었다. 그러나 현재 지구의 인구가 60억에 육박하였음에도 일부 국가를 제외하고는 기아 사태란 거의 없다. 이것은 단기간에 농업 생산량이 획기적으로 늘었기 때문이다. 특히 이는 경작할 수 있는 토지가 크게 늘지 않은 상태에서 이루어진 것을 감안할 때 대단한 변화임을 알 수 있다.

노벨은 유언장에서 전년도에 물리학, 화학, 의학 또는 생리학 분야에서 '인류에게 가장 크게 공헌한 사람'에게 노벨상을 수여하도록 명시했는데, 1918년 하버에게 수여된 노벨 화학상은 노벨상의 정신에 가장 잘 부합된 것이라고 설명한다. 그러나 그는 1차대전 후 전범으로 낙인 찍혀 노벨상을 받지 못할 뻔했다. 그는 독일의 국익에 철저하게 헌신했던 애국자이나 독일에서 버림 받은 불운의 유태인 화학자이기도 하다.

노벨상 정신에 가장 부합하는 연구

식량 증산이 어려운 이유는 식량을 구성하는 주된 화학 원소가 탄소, 수소, 산소이기 때문이다. 식물은 잎을 통해 받아들이는 공기 중의 이산화탄소로부터 탄소와 산소를, 뿌리를 통해 흡수한 물에서 수소를 얻는다. 이렇게 얻어진 원소들은 광합성을 통해 최종적으로 탄수화물이 된다.

그러나 단백질·핵산 등을 만들려면 탄소·수소·산소 외에도 질소와 인이 필수적이다. 대개 식물이 이용할 수 있는 이산화탄소와 물은 지구상에 풍부하지만 질소와 인은 부족하다. 그래서 식물에 질소와 인을 비료의 형태로 공급해 주면 단위 면적 당 생산량을 늘릴 수 있다.

인은 인산염을 많이 포함한 암석을 산으로 처리해서 비료로 만들 수 있고, 또 식물에 필요한 소량의 칼륨도 재를 뿌리면 보충할 수 있다. 그러나 질소 성분은 퇴비나 동물의 분뇨, 그리고 무기 질산염(칠레 초석, $NaNO_3$)이나 구아노(페루의 태평양 연안에 바다새의 똥이 퇴적돼 굳은 것)를 통해 얻을 수 있다.

물론 공기 중에는 78%에 해당하는 질소가 있지만, 공기 중의 질소는 두 개의 질소 원자가 삼중결합에 의해 단단히 묶여 있는 분자($N{\equiv}N$)이다. 이들 원자를 떼어내 식물세포가 이용할 수 있는 암모늄이온(NH_4^+)이나 질산이온(NO_3^-)으로 만드는 것을 '질소 고정'이라고 한다.

자연 상태에서는 두 가지 방법에 의해 공기 중의 질소가 고정된다.

첫째, 번개가 칠 때 그 에너지에 의해 질소 분자의 결합이 깨져 식물이 이용할 수 있는 형태로 고정되지만 그 양은 많지 않다.

둘째, 콩이나 아카시아 같은 콩과식물의 뿌리에 기생하는 뿌리혹박테리아 등에 의해서도 질소 고정이 일어난다. 뿌리혹박테리아는 식물과 미생물 사이에서 이루어지는 대표적인 공생관계를 유지하는 세균이다. 이것

| 프리츠 하버 | ▶
하버는 오스뮴과 우라늄을 촉매로 사용하여 삼중결합한 질소로부터 암모니아를 얻을 수 있었다.

| 하버와 아인슈타인 | ▶▶

은 '공생 유리 질소 고정균'이라고도 불리는데, 보통 콩과식물의 뿌리혹 속에 살면서 유리 질소를 동화하여 콩과식물에 질소화합물을 공급해 준다. 콩과식물은 탄수화물과 그 밖의 세균 증식에 필요한 영양물질을 공급해 주어 공생관계를 유지한다. 콩을 다른 작물과 번갈아 심거나 콩과식물이 자란 후에 갈아엎는 것은 바로 이런 이유지만, 이런 경작 방법도 한계가 있다.

이것을 해결한 사람이 독일의 프리츠 하버(Fritz Haber, 1868~1934)이다.

하버는 1868년 독일의 슐레지엔에서 유복한 유태인 상인의 아들로 태어났다. 태어나자마자 어머니를 잃은 그는 아버지의 영향을 크게 받았는데, 그가 순수과학과 응용과학을 적절히 혼합하는 독특한 재능을 가질 수 있었던 것은 상인이었던 아버지의 영향 때문이라는 해석도 있다.

하버는 1886년부터 베를린 대학과 하이델베르크 대학을 옮겨다니면서 화학을 공부했고, 1891년에 베를린에 있는 차르로텐부르크 공업대학에서 박사 학위를 받았다. 그 후 몇몇 업체에 잠시 근무하다가 1894년 칼스루헤 공업대학에서 물리화학 분야의 조교로 임명되었다.

그는 에너지 전달 개념을 이용해 탄화수소 분해에 관한 실험을 이론적으로 설명하는 데 몰두하여 유럽 화학계의 주목을 받기 시작했고, 1898년 뮌헨 대학의 교수가 되어 1901년에 동료 화학자인 클라라 박사와 결혼했다.

하버의 가장 위대한 업적은, 인공적인 질소 생성을 통해 화학 비료의 증가를 가져 왔고, 화학 비료의 증가는 식량의 증가를 초래하게 만들었다는 점이다.✝

물론 식량의 증가는 인구의 증가를 가져와 또 다른 식량 부족을 초래했다는 지적도 있으나, 그 문제는 여기에서 필자가 거론할 것이 아니다.

하버가 사용한 질소 비료 제조의 핵심은 다음 세 가지 연구이다.

첫째는 히드론퀴논·퀴논의 가역적 산화·환원의 연구와 용액에서 수소이온 농도와 전극봉 전위에 의존하는 균형의 연구이며, 두 번째는 같은 목적으로 사용되는 유리 전극형의 개발이다. 세 번째가 전기화학의 연구에서 산소가스에 반응하는 전극봉을 개발했다는 점이다.

하버는 이것을 연소 반응의 연구에 사용했고, 다양한 원소와 성분의 산화를 엄밀하게 계산하였다. 또한 열역학 이론을 적용하여 자유 에너지 값으로 화학 반응이 완결되도록 하였다.

특히 가스 반응에 대한 연구는 하버의 공정을 성공으로 이끈 요인이었다. 하버 외에도 수많은 화학자들이 대기 중의 질소 사용법을 개발했으나 실용적이 아니었다. 그것은 다음 반응이 높은 온도에서 작동되며 촉매가 필요하기 때문이다.

$$N_2(g) + 3H_2(g) = 2NH_3(g)$$

1904년에 하버는 기체 반응의 물리화학적 자료를 근거로 기체 상태의 질소와 수소를 직접 반응시켜 암모니아를 만드는 연구에 착수했다. 암모

✝ 『청소년을 위한 과학자 이야기』, 송성수, 신원문화사, 2002

| 하버가 사용한 고압장치 |

니아는 질소 분자와 수소 분자의 화학 결합이 깨져야 만들어진다. 그러나 질소는 삼중결합을 이루고 있는 안정된 분자이므로 이 반응은 보통의 온도에서는 아주 느리게 일어난다. 일반적으로는 온도를 높여 주면, 반응하는 분자들이 높은 운동에너지를 가지므로 단위 시간당 충돌 횟수가 증가하고, 충돌에 의해 화학 결합이 깨지면서 재결합 생성물을 만들 확률이 높아지기 때문에 반응 속도가 증가한다.

그러나 질소와 수소의 반응은 낮은 발열 반응으로, 열을 가해 주면 오히려 암모니아를 얻는 데 불리해진다. 그렇다고 온도를 낮추면 반응 속도가 너무 느려서 실제로 암모니아가 거의 만들어지지 않는다. 이에 하버는 반응 속도를 빠르게 하기 위해 촉매를 사용했다.

모든 화학 반응에는 반응물과 생성물 사이에 높은 에너지 장벽이 있는데, 촉매는 에너지 장벽을 낮추어서 화학 반응이 빨리 진행하도록 도와준다. 속도를 늦추려면 에너지 장벽을 높이는 촉매만 쓰면 된다. 하버는 평형 조건에 대한 수많은 실험으로 높은 압력을 이용하는 새로운 방법을 시도했고, 500℃, 200기압 조건에서 오스뮴과 우라늄을 촉매로 사용하여 약 6~10% 수율의 암모니아를 얻을 수 있었다.

그러나 비록 하버가 암모니아를 만드는 데 성공하기는 했지만, 그의 공정은 실험실 수준에 지나지 않았고 대량 생산에는 미치지 못했다. 특히 오스뮴도 구하기가 어려워 암모니아의 대량 생산에는 적당하지 않았으므로, 하버는 염료를 생산하는 화학회사 BASF에 암모니아 합성을 공정화하는 일을 의뢰했다. 이때 그 임무를 맡은 사람이 바로 보쉬(Carl Bosch)였다.

| 칼 보쉬 |
보쉬는 하버의 방법을 개량하여 암모니아의 대량 생산이 가능한 '하버-보쉬 공법'을 완성하였다.

보쉬는 산화알루미늄이 소량 들어 있는 산화철이 효과적이라는 것을 발견했고, 고온·고압에 견뎌내는 고압 합성 장치를 개발하였다. 고압에 견디려면 강철로 만든 새로운 용기가 필요했는데, 이는 수소가 강철의 탄소와 결합하면 강철은 금방 부식되기 때문이다. 보쉬는 수소에 강한 크롬바나듐 강으로 용기를 만들고 그 바깥쪽에 고압에 강한 강철 용기를 테두리로 두른 이중 용기를 만들었다.

이것이 바로 메타놀을 합성하고 공기 중의 질소를 수소와 화합시켜 암모니아를 만드는 획기적인 방법인 '하버-보쉬 공정'이다. 오늘날에는 알루미늄, 칼슘, 칼륨, 규소, 마그네슘, 미량의 티탄, 바나듐, 지르코늄의 산화물이 들어 있는 촉매가 사용되고 있다.

대기 중의 질소를 이용하여 가스 반응에 의해 암모니아를 합성했다는 것은 당시 질소 화합물의 세계적인 부족을 극복할 수 있는 획기적인 기술이었다. 오늘날 세계적으로 약 1억 7천5백만 톤의 질소가 농작물 생산을 위해 뿌려지며, 약 40%가 하버-보쉬 공정을 통해 합성한 인조 비료로 공급되고 있다고 김희준 박사는 말한다. 사람은 단백질의 약 75%를 농작물에서 직·간접적으로 얻는다. 결국 세계 인구가 섭취하는 단백질의 약 1/3이 질소 비료에서 나오는 셈이다.✢

✢ 「인류를 먹여 살린 화학 비료」, 김희준, 과학동아, 1998. 2

보쉬가 암모니아를 공업적으로 생산할 때 사용한 반응관 (자료 송성수)

적국의 폭발물 제조에 기여

하버-보쉬의 공정이 각국의 관심을 끈 것은, 질소 비료의 대량 생산이 가능해진 것은 물론 질산을 사용하는 화학 폭발물에 대한 수요도 충족시킬 수 있기 때문이었다.

암모니아는 폭발물 제조에 필수적인 질산의 원료로도 중요하다. 하버-보쉬 공정으로 만들어진 암모니아를 산화시키면 쉽게 질산을 만들 수 있었다. 노벨이 다이너마이트를 만드는 데 사용한 니트로글리세린도 글리세린에 질산을 처리해서 만든 것이다.

하버와 보쉬의 암모니아 합성 성공 직후인 1914년 7월, 전 유럽은 제1차 세계대전의 포화에 휘말리게 된다. 그 당시까지만 해도 독일은 칠레 초석을 수입해서 질산을 얻었다. 영국, 프랑스를 비롯한 연합군은 해상 봉쇄를 통하여 칠레 초석이 독일로 들어가지 못하도록 철저히 막았다. 칠레초석은 질소 비료의 원료일 뿐 아니라, 화약을 만드는 데에도 쓰였으므로 전쟁시 매우 귀중한 자원이었기 때문이다.

따라서 연합군 측에서는 화약의 원료가 바닥난 독일이 오래 버티지 못하고 곧 항복할 것이라고 생각하였다. 그러나 놀랍게도 독일은 전투에서 충분한 화약을 쓰면서 4년간이나 전쟁을 지속하였다.

1918년 전쟁이 연합군의 승리로 끝나고, 독일의 주요 시설이 연합군에 접수된 후 그 비밀은 풀렸다. 카이저 빌헬름 연구소장으로 일하던 하버가 독일 군부의 요청으로 암모니아로부터 질산을 제조하여 화약의 원료로 제공했던 것이다. 하버는 1916년 중사에서 대령으로 승진하여 화학전쟁국 국장을 맡았다. 그것은 독일 육군 역사상 유례가 없었던 일이라고 송성수 박사는 말한다.†

여하튼 암모니아로부터 질소 비료도 만들 수 있었기 때문에 독일이 예상보다 오랫동안 버틸 수 있었다고 연합국 측은 하버를 비난했다.††

그러나 하버의 발명을 과학적인 면으로만 국한한다면 물리화학적인 방법의 유용성을 극대화한 것이다. 반응의 열역학적 데이터를 근거로 암모니아를 합성하는 반응이 가능하다고 판단했고, 그러한 반응의 최적 조건을 찾았다는 데 큰 의의가 있다. 또 보쉬를 중심으로 한 기술자들의 노력과 하버의 연구가 결합돼 상업적 결과로 이어졌다는 것은 정유, 석유화학, 천연가스 등과 같은 미래의 거대 산업에 기본적인 모델이 되었다고 유지영 박사는 말한다.

보다 더 하버의 공정이 빛을 발한 것은, 그의 연구가 기근으로 연결될 비료 부족 사태를 해결했다는 점이다. 실제로 하버의 성공이 없었다면 전쟁 중에 수많은 사람들이 기아선상에서 고통을 당했을 것이며, 이후 현대와 같은 식량 생산 자체가 불가능했을 것이다.†††

한편 철저한 애국자인 하버는 제1차 세계대전 동안에 세계 최초로 독가스 제조에 참여하기도 했다. 그 당시 전쟁은 주요 전투가 보병과 기병대로 이루어졌으며 참호를 이용했기 때문에 새로운 전쟁 무기가 요청되었다. 이에 따라 영국에서는 탱크가 발명되었지만, 독일에서는 독가스를 개발했다. 전쟁 초기에는 최루탄 가스가 살포되었으나 곧바로 인체에 치명적인 강력한 염소가스가 개발됐다.

이때 제조된 염소기체는 공기 중에 50ppm만 있어도 30분에서 1시간 이내에 동물의 생명을 위협하며, 1000ppm에 이르면 짧은 시간 내에 생명을 앗아간다. 그 결과 1만 5천 명의 프랑스 병사가 폐를 다쳤고 5천여

† 「청소년을 위한 과학자 이야기」, 송성수, 신원문화사, 2002

†† 「전범으로 몰린 화학자 하버」, www.scienceall.com

††† 「비난으로 얼룩진 노벨상 수상」, 유지영, 과학동아, 1998. 2

명이 사망했다. 그러나 독일군은 독가스를 널리 사용하지 않았다. 독가스를 살포한 후 바람의 방향이 바뀌면 아군에게 치명적일 수 있기 때문이다. 그러므로 곧바로 독가스를 막기 위한 방독면도 제작했고 연합군도 가스를 개발하였다.[††††]

하버는 모든 새로운 무기는 항상 놀라운 것으로 받아들여지므로 독가스도 폭탄과 다를 바 없다고 생각했다. 그는 독가스는 신체적 상해가 아니라 정신적 파탄을 주는 것이므로 오히려 폭탄보다 나을 것이라고 생각했다. 연합국 과학자들도 유사한 생각을 가졌다는 기록이 남아 있다. 물론 화학자였던 하버의 아내는 그와의 견해 차이로 자살하고 말았다.

그가 1918년도 노벨 화학상을 수상하자 연합군 측에서는 노벨상위원회에 그의 선정에 대해 항의하기도 했다. 그가 하버-보쉬 공정을 발명하여 화약 제조에 필수적인 질산을 자급할 수 있었기 때문에 전쟁이 길어졌다는 것이다.

그러나 노벨상위원회는 정치에 의해 움직이는 것이 아니라 학문적인 결과만을 평가하여 수상 대상으로 선정한다면서 그들의 항의를 인정하지 않았다.

하버는 제1차 세계대전에서 독일을 위해 독가스도 만들고 독가스를 막기 위한 방독면도 만드는 등 독일을 위해 충성했다. 그는 유태인의 피를 이어받았지만 자신이 헌신적인 독일인이라는 점을 자랑스러워했고, 또 자타가 인정하는 애국적인 독일 화학자였다.

그러나 역사는 그를 독일로부터 추방하는 비극을 안겨 준다. 그것은 1933년 히틀러가 영도하는 나치당이 집권했기 때문이다. 유태인인 하버를 나치당에서 가만두지 않았다.

히틀러는 집권하자마자 유태인 추방 정책으로 물리학자인 아인슈타인, 슈뢰딩거, 보른, 화학자인 하버 등 20여 명을 추방했다. 하버가 추방되게

[††††] 『진정일의 교실 밖 화학 이야기』, 진정일, 양문, 2006

| 제1차 세계대전 |
제1차 세계대전 동안 독일은 하버-보쉬 공법에 의해 만들어진 암모니아를 이용하여 화약을 제조할 수 있었다. 이로 인해 연합국 측은 하버가 1918년 노벨 화학상 수상자로 선정되자 노벨상 위원회에 항의하기도 하였다.

되자 당시 카이저 빌헬름 협회의 총재였으며 1918년에 노벨 물리학상을 수상한 프랑크가 히틀러에게 면담을 요청했다.

그는 히틀러를 만나서 학술 진흥에 꼭 필요한 유태인을 추방하면 외국에만 이익을 줄 뿐, 독일의 장래가 암담하다고 했다. 그때 프랑크(James Franck)와 히틀러가 나눈 대화는 다음과 같다.

> 히틀러 : 나는 유태인들에게는 아무런 유감도 없습니다. 그렇지만 그들은 모두 공산주의자들이고, 그래서 나는 그들을 미워하는 것입니다.
> 프랑크 : 사람에 따라 모두 다르니까 구별하면 되지 않습니까?
> 히틀러 : 유태인 스스로가 그러한 구별을 해주어야 하는데, 그렇지 않기 때문에 내가 유태인들에게 단호한 태도를 취하는 것입니다. 유태인 없이도 독일의 과학 기술은 잘되어 갈 것이라고 믿습니다.

결국 프랑크는 더 이상 말을 하지 못하고 나왔으며, 하버가 1차 세계대전 동안 독일을 위해서 이룬 헌신적인 공헌을 히틀러는 추방이라는 것으로 보상했다. 하버도 자신에 대한 처사에 대해 가만히 있지 않고 1933년에 교육부장관 앞으로 공개 서한을 보내 나치당의 인종 차별 정책을 비판하고 스위스로 망명했다. 그때 하버는 독일의 화학자, 독일의 군인, 독일의 애국자도 아닌 '유태인 하버'에 지나지 않았다. 하버는 당시 자신의 처지를 아인슈타인에게 이렇게 말했다.

내 평생에 지금처럼 유태인이었던 적은 없다.

하버는 1934년에 66세의 나이로 세상을 떠났다. 불행한 것은, 그가 사망한 지 10여 년도 채 되지 않아 수백만 명의 유태인이 그가 제조했던 독가스에 의해 무참하게 희생되었다는 점이다.†

한편 베르기우스(Friedrich Bergius)는 석탄의 액화를 통한 석유의 합성을 연구하여 자동차에서 필요한 연료나 오일을 추출했고, 석탄으로부터 요소 비료를 만드는 기술도 개발했다.

특히 그는 셀룰로오스로부터 설탕을 만드는 연구로 보쉬와 함께 1931년에 노벨 화학상을 받았다. 그의 고압 합성 기술에 대해서는 〈인조석유와 설탕〉 장에서 보다 상세히 설명하겠다.

1919년에 영국은 승전국으로 암모니아를 생산하고 있던 바스프사의 문서를 조사해 하버-보쉬 공정의 비밀을 알아냈고, 이후 이것은 영국과 미국에 퍼져 나갔다. 한국에서는 1930년대 말 함흥에 일본인들이 바로 이 기술을 도입하여 처음으로 질소 비료 공장이 세워졌다. 한국 전쟁 직후 미국의 원조 제1호도 충주 비료 공장이었다. 당시 전쟁이 끝난 후 낙후된 한국에서 식량 생산이 가장 급선무였기 때문이다.

† 『청소년을 위한 과학자 이야기』, 송성수, 신원문화사, 2002

살충제 DDT

DDT

지구상의 동물 중에 약 90% 이상이 곤충으로 분류되는데,
이런 곤충들의 먹이사슬을 중단시킨다면 이들 틈새에서 살아남은 곤충이
지구를 정복하게 될 것이라는 시나리오마저 발표되었다.
이것은 무분별한 화학 물질의 사용이 인간에게 해를 끼치지 않는 유익한 종을 파괴하는 것은 물론,
새로운 2차 해충을 출현시킬지도 모른다는 뜻이다.
그러나 대부분의 개발 도상 국가들은 DDT를 비롯한 살충제의 사용 금지에 대해 반대하고 있다.
DDT류가 가격이 싼 것은 물론, 살충제를 사용하지 않을 때의 부작용이 예상보다도 크기 때문이다.

- 본문 중 -

살충제 DDT

노벨상 수상자로서 명암이 극단적으로 바뀐 사람은 1948년도 노벨 생리·의학상을 수상한 스위스의 뮐러(Paul Hermann Muller)일 것이다. 그는 식량 문제에 악영향을 줄 뿐만 아니라 병원균의 전염에도 관계 있는 해충을 박멸하는 DDT를 발명하여 '인류의 천사'라는 말까지 들었다.

살충제의 유용성은 말할 필요도 없다. 벌레를 없애기 위해 유황을 태워서 집과 창고를 소독하고, 비소를 이용하여 쥐를 독살하고 잡초를 제거하는 것은 고대부터 전해져 내려온 방법이었다. 그러나 화학적 합성 살충제인 DDT가 개발되자 살충제의 효과는 상상을 초월할 정도로 증진되었다.

'Dichloro-Diphenyl-Trichloroethane'이라는 길고 복잡한 화학적 이름을 갖고 있는 DDT는 원래 1874년에 오트마 자이들러가 처음으로 합성하였지만, 이 화합물이 살충제로서의 특성을 갖고 있다는 것은 뮐러가 1939년에 발견한 것이다.

그는 1935년부터 이상적인 살충제를 찾기 시작했다. 그가 이상적이라고 생각한 살충제는, 퇴치 대상인 곤충들에게는 치명적이지만 식물과 포

| 뮐러와 DDT |
1939년에 뮐러는 식물과 포유류에는 거의 독성이 없으면서도 효과가 지속적이고 값이 싼 '이상적인 살충제'인 DDT를 발표하였다. DDT는 말라리아, 발진티푸스, 이질 등의 질병을 퇴치하는 데 많은 공로를 하였다.

유류에게는 거의 독성이 없으며 효과가 지속적인데다가 값이 싼 것이었다. 그는 곤충에 의해서 독극물이 흡수되는 방식이 포유류의 흡수 방식과는 완전히 다르기 때문에 안전한 살충제를 개발할 수 있다고 믿었다.

마침내 그는 자신이 처음에 설정했던 거의 모든 기준을 만족하는 살충제를 발견했는데, 그것은 파리 이외의 다른 곤충들에도 효과가 있었다. DDT는 탄생되자마자 폭발적인 명성을 얻었다. 곧바로 유럽은 제2차 세계대전에 휩쓸렸는데, 곤충이 많은 열대 지방에서도 전쟁이 벌어졌기 때문에 DDT의 성과는 더욱 컸다. 그러므로 군대가 머무는 곳마다 말라리아, 티푸스, 페스트 등을 옮기는 해충과 박테리아들을 없애기 위해 엄청난 DDT를 뿌렸다. 연합군에 의해 해방된 나폴리의 경우 티푸스를 예방하기 위해 전 주민에게 DDT 가루를 살포했을 정도였다. 집단생활을 하는 군인들은 이를 없애기 위해 옷에 DDT 뿌리는 것을 당연하게 생각했다.✢

✢
「환경재앙 경고한 카슨의 침묵의 봄」, 홍대길, 과학동아, 1999. 8

악몽으로 바뀐 DDT

DDT를 사용한 지 25년이 지났을 때에도 그 성과는 대단했다.

DDT를 사용함으로써 질병을 사라지게 하여 생명을 구했을 뿐만 아니라 농작물의 증산도 병행되었다. 말라리아가 퇴치된 곳이면 어디서나 농산물이 15~50%나 증가한 것이다. 인구 증가로 인한 식량 부족 상태가 만성인 지구상에서 살충제의 공헌은 말할 필요가 없을 것이다. 더구나 DDT는 전 세계적으로 사용되었지만 부작용이 없었으므로, 농부는 농작물을 보호하기 위해 DDT의 사용을 당연한 것으로 생각했다. 심지어는 DDT를 술에 타먹으면 취기를 돋운다고 알려져 DDT를 소량 함유한 술까지 등장할 정도였다.

그런데 갑자기 상황이 바뀌었다.

DDT를 사용한 곳에서 어류, 조류 및 포유류들이 죽어간다는 사실이 알려지자 DDT에 대한 경각심이 일어나기 시작하였다. 이는 미국의 샌프란시스코에서 모기의 일종인 커다란 각다귀를 퇴치하기 위해 DDT를 살포한 후에 발견되었다. 예상대로 각다귀가 박멸되었는데 물새가 이상하게 대량으로 죽은 것이다. 곧바로 물새가 사망한 원인을 추적하기 위한 정밀 조사에 들어갔다.

학자들이 죽은 새를 해부해 보니 DDT가 놀랍게도 6,000ppm이나 축적되어 있었는데, 이것은 당시 물새가 살고 있는 호수에 0.02ppm의 DDT가 함유된 사실을 볼 때 이해가 되지 않는 일이었다. 그러나 얼마 후 이것이 먹이 사슬에 의한 것임이 판명되었다. 이 호수의 플랑크톤에는 25ppm이 축적되어 있고, 이 플랑크톤을 먹은 물고기에는 300ppm이 축적되어 있었으며, 이 물고기를 먹은 보다 큰 물고기는 10배의 DDT가 축적되었다. 당연히 물고기를 먹은 새에 더 많은 DDT가 축적되어 있었던 것이다.

DDT가 지방 조직에 축적되어 새와 같은 큰 조류가 사망하였지만 물고기를 잡아먹은 어부가 중독되었다는 소문은 없었다. 이것은 그 지역 주민 중에서 중독된 물고기를 상식(常食)하는 사람이 없었기 때문이었다.

미국을 충격으로 몰아넣은 것은 북아메리카에서 흔하게 볼 수 있었던 송골매가 자취를 감춘 일이었다. DDT가 체내에 쌓인 새들이 낳은 알들은 껍질이 부드러워 쉽게 깨졌기 때문이다. 결국 부화율이 현저하게 떨어진 송골매는 사라지고 말았다.

이와 같은 충격적인 보고는 영국에서도 발표됐다. 영국에서는 매의 수가 정상적인 수치보다 갑자기 감소했음이 밝혀졌다. 약 650쌍에서 220쌍으로 줄어든 것이다. 학자들이 죽은 새와 알을 조사한 결과 상당량의 DDT와 기타 살충제가 체내에 함유되어 있음을 발견했다.[†]

물론 DDT의 사용 금지에 대해 반론도 있었다. 군인들 가운데 DDT로 인해서 병에 걸린 사람이 없다는 것이다. 50대가 넘는 한국인들 중에는 한국전쟁 중이나 후에 연합군들에 의해 DDT를 온몸에 뒤집어쓴 경험을 한 사람이 많을 것이다. 또한 군대에서는 이를 비롯한 해충이 몸에 기생하지 못하게 DDT가 들어 있는 이 주머니를 갖고 다니기도 했다. 이러한 경험을 토대로 DDT가 해롭지 않다는 주장이 적지 않았다. 그러나 그 이유도 곧바로 밝혀졌다. DDT는 피부를 통해서는 쉽사리 흡수되지 않는 특성을 갖고 있는데, 그 당시 군인들은 단지 DDT를 뒤집어썼던 것이다.

DDT는 이렇게 외형적으로는 인간에게 아무런 해를 끼치지 않지만, 기름에 용해되어 인체에 들어오면 인간과 동물에 대단히 위험한 독성을 갖게 된다. 음식물에 함유된 극소량이 인체 내에 계속 축적된다면 결국 치사량이 된다는 뜻이다.

레이철 카슨의 치명타

DDT에 치명타를 안긴 것은, 환경재앙을 경고한 해양생물학자이자 작

[†] 「비난으로 얼룩진 노벨상 수상」, 유지영, 과학동아, 1998. 2

가인 레이첼 카슨(Rachel Louise Carson, 1907~1964)이 1962년에 발간한 『침묵의 봄(Silent Spring)』이다. 그녀는 인간이 무심코 사용해 온 살충제와 같은 화학약품이 환경을 파괴하고 있다고 고발했다. 뿐만 아니라 사람과 동물의 몸에 쌓여 각종 질병을 일으키고 어미의 모유를 통해 2세에까지 전달된다는 충격적인 보고를 했다. 이 단원은 송성수 박사의 글에서 많이 참조했다.✝

카슨은 1907년 미국 펜실베니아 주 스프링데일에서 태어났다. 어려서부터 음악과 독서를 좋아했으며, 고등학교를 우수한 성적으로 졸합한 그녀는 1925년에 장학금을 받고 펜실베니아 여자대학에 진학했다. 글에 재주를 갖고 있었지만 3학년 때 생물학 강의를 들으면서 영문학에서 생물학으로 전공을 바꾸었다. 그녀는 대학교를 2등으로 졸업했고, 1932년에 존 스홉킨스 대학의 대학원에서 석사 학위를 받았다.

카슨은 1936년에 미국 어업국에 취직했는데, 그곳에서 해양 생태에 관한 첫번째 에세이인 「해저」를 썼고, 이것이 매우 호평을 받아 1941년 『해풍 아래에서』라는 책을 썼다. 이 책은 해양의 자연사에 관한 책으로 비평가들로부터 좋은 반응을 얻어 그녀는 생물학자이자 문필가로 알려지기 시작했다.

제2차 세계대전 중에 미국의 《어류 및 야생 생물청》의 편집장으로 승진했고, 1951년에 두 번째 책인 『우리 주위의 바다』를 출간했는데, 이 책이 무려 86주 동안 베스트셀러에 올랐고 《뉴욕 타임즈》가 선정하는 전국 도서상을 받았으며 추후 32개국의 언어로 번역되기도 했다.

그녀의 저술 활동은 계속되어 1955년에 『바다의 끝』을 출간했는데, 이 책은 두 번째 책보다 훨씬 많은 상을 받았고 '매우 대중적인 과학자'라는 이름도 얻었다. 카슨이 명실상부한 세계적인 작가이자 과학자의 반열에 든 것이다.

✝ 『청소년을 위한 과학자 이야기』, 송성수, 신원문화사, 2002

| 레이첼 카슨 |
카슨은 살충제 남용으로 인한 위험을 경고하여 미국 정부에서 민간인에게 수여하는 가장 높은 등급의 '자유훈장'을 수여받았다.

 그녀는 어머니가 병에 걸렸다는 것을 알고 1957에 고향으로 돌아왔다. 이해 여름 매사추세츠 주 정부는 '모기 박멸 프로그램'의 일환으로 북부해안 지역의 모기를 없애기 위해 DDT를 대량으로 살포했다. 당시에 살충제는 미국인들에게 매우 호평을 받고 있었다.
 DDT 라이스, BHC(벤젠핵사클로리드) 햄버거, 엔드린 달걀 등 살충제의 이름을 먹거리에다 붙이는 것이 유행했을 정도였다.
 문제는, 살충제가 바람을 타고 인근 마을로 퍼져 나가 모기를 사라지게 한 것이 아니라 대신 새나 방아깨비, 벌과 같은 유익충들을 수없이 죽인다는 점이다. 예상치 않은 일이 일어나자 카슨의 친구이자 조류학자인 허킨스가 주 정부에 항의했다. 그러나 주 정부는 DDT를 인간에게 살포해도 부작용이 전혀 없다고 반박했다.
 허킨스는 주 정부의 답변을 믿을 수 없다며 직접 DDT에 의한 피해 사례를 수집하기 시작했다. 그는 뉴욕 주 롱아일랜드에서도 살충제가 살포되어 물고기·새·벌 등이 무수히 죽었다는 사실을 발표하고, 보스턴의 《헤럴드》지에 항의 편지를 기고했다.
 허킨스는 카슨에게도 자신의 편지를 보여 주었는데, 카슨은 곧바로 반응을 보였다. 그녀는 그동안 내버려두었던 일을 본격적으로 시작하겠다며, '침묵한다면 나는 어떤 평화도 누릴 수 없다'는 각오로 DDT의 폐해를 고발하는 데 앞장서겠다고 했다.

이것이 1962년 9월에 출간되어 전 세계를 강타한 『침묵의 봄』이다. 그녀의 책은 출판되자마자 큰 반향을 불러일으키기 시작했고, 60만 부가 팔릴 정도로 베스트셀러가 되었다. 『침묵의 봄』은 그녀의 그 전의 책에 비해 고발의 성격이 짙다. 그녀는 다음과 같이 경고했다.

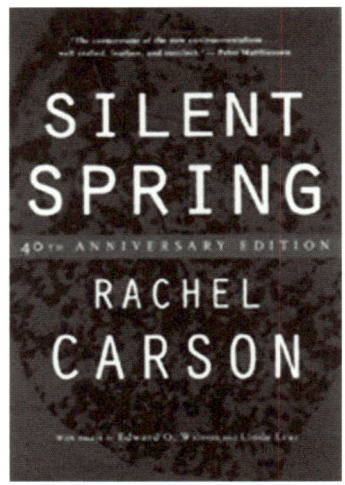

| 『침묵의 봄』 |

> 만약 우리가 현재의 문제를 명확하게 인식하지 못한다면 미래의 지구에 어떤 사태가 닥쳐올지 모른다.

그녀는 느릅나무를 좀먹는 해충을 잡으려고 뿌린 DDT가 먹이 사슬을 통해 어떻게 종달새 소리를 들을 수 없는 침묵의 봄을 가져 왔는가를 생생하게 묘사했다.

> 느릅나무에 뿌려진 DDT는 여러 곤충과 거미를 죽였다. 그 과정에서 DDT는 나뭇잎에 붙었고 가을에 떨어진 썩은 낙엽을 지렁이가 먹었다. 그중에서 살아남은 지렁이는 겨울을 넘기고 봄에 날아온 종달새에게 먹혔다. 그 결과 DDT가 뿌려진 지 2년 만에 어떤 지역에서는 400마리에 이르렀던 종달새가 20마리로 줄어들었다.

당시의 미국대통령 J. F. 케네디는 〈과학자문위원회〉를 소집해 농약의 피해를 조사케 했으며, 미국 환경청은 DDT의 사용 금지 문제를 논의하는 청문회를 열었다. 1964년에 미국 의회는 야생보호법을 제정하여 무절제한 개발에서 자연을 보호하는 정책으로 선회했지만, 건강이 나쁜 카슨은 한창 일할 나이인 57세에 사망했다.

　그녀가 사망한 후에도 환경 정책은 세계적인 반향을 일으켰으며, 마침내 1972년 미국에서 DDT 사용이 전면 금지됐고, 1980년에 미국 정부는 민간인에게 수여하는 가장 영예로운 상인 자유훈장을 카슨에게 추서했다.

　『침묵의 봄』에 영향을 받은 게이로드 넬슨 상원의원은 케네디 대통령에게 자연보호 전국 순례를 갖자고 건의했다. 이를 계기로 지구의 날(4월 22일)이 만들어졌다.†

살충제의 역사

　곤충들은 수억 년 동안 자신들의 먹이인 식물과 함께 진화했는데, 인간들이 농경생활로 들어가면서 작물들을 심자 곤충들에게 좋은 식탁이 되었음은 물론이다. 살충제를 만들게 된 근본 요인이다.

　과거에 인간들은 곤충의 공격 앞에서 신에게 비는 것 외에는 아무것도 할 수 없었다.

　그러나 인간들이 곤충의 공격에 무방비 상태로 당하고만 있었던 것은 아니다. 곤충을 재판에 회부한 것도 한 예이다. 중세시대에는 말·돼지·나귀·나방·개미·개구리 등 큰 동물이든 작은 곤충이든 법 앞에서는 모두 동등했다. 중세의 법률가들도 짐승들의 지적 능력이 재판 과정을 따라올 수 없다는 것을 알고 있었고, 성직자들은 다리가 여러 개인 피조물

† 「비난으로 얼룩진 노벨상 수상」, 유지영, 과학동아, 1998. 2

들에게 영혼이 있느냐는 문제로 오랫동안 논쟁을 거듭했다.

1478년 스위스 베른 주변에서 딱정벌레가 기승을 부리자 베른 시장은 변호사를 임명하여 종교재판소에 소송하며 딱정벌레를 처벌해 달라고 요청했다. 고소장에서 변호사는 딱정벌레가 극성을 부려 하느님께 피해를 끼치고 있다고 적었다. 딱정벌레 측의 변호사도 임명되어 피고와 원고가 법정에서 다투었고, 재판장인 주교는 딱정벌레가 악의 화신이므로 피고의 패소를 명했다. 주교의 선고문을 칼 짐머는 다음과 같이 적었다.

그들에게 저주를 내린다. 그리고 성부 성자 성령의 이름으로 이들을 파문하며, 모든 밭·땅·농장·씨·과일 작물로부터 떠날 것을 명한다.

코미디와 같은 재판이지만 문제는 주교의 명령에도 불구하고 딱정벌레가 농장을 떠나지 않았다는 점이다. 곤충들은 계속 과일을 갉아먹었다. 그러자 딱정벌레에 대한 새로운 해석이 나왔다. 딱정벌레가 악마가 아니라 농부들이 지은 죄에 대해 신이 내린 벌이라는 것이다.

그런데 기적이 나타났다. 딱정벌레로 황폐해진 들에서 수확한 작물 중 십일조를 교회에 바치자 딱정벌레들이 사라진 것이다. 현대학자들은 아마 수확이 끝나 먹이가 사라지자 딱정벌레의 개체수가 자연적으로 격감했다고 생각하지만, 여하튼 종교재판소의 효력은 나타났다고 반겼다.

1546년 프랑스 주교령 셍 장드모리엔에서 판사는 매우 이색적인 판결을 내렸다.

하느님은 모든 피조물이 먹도록, 지상을 과일과 채소로 채웠다.

판사가 포도 재배 농민이 곡식을 먹어 버리는 딱정벌레를 상대로 낸 고발을 기각하면서 내린 판결이다. 농민들은 교회의 판결에 불복하고 포도밭 주변을 돌며 계속하여 미사를 드리면서 딱정벌레에게 벌을 내릴 것을 요구했다. 그러자 벌레들이 갑자기 줄어들었다.

농민들이 환호하는 것도 잠시, 40년 후 벌레들은 다시 나타났고 포도밭을 둘러싼 갈등은 다시 법정에 올랐다. 벌레들의 변호사는 예전의 판결을 제시하며 무죄라고 주장한 반면, 농민들은 동물들은 인간에게 종속되어 있으므로 죽일 수 있으며, 필요하다면 파문해야 한다고 강력하게 주장했다.

법원은 중재안을 제시했다. 즉 농민들이 딱정벌레들에게 초원의 사용권을 주되, 그곳에 있는 우물의 사용권과 전시에는 그곳을 피난처로 사용할 권리를 자신들이 갖는다는 조건을 달았다. 딱정벌레의 변호사는 이 제안을 거절했다. 식물은 그의 의뢰인들의 입맛에 맞지 않기 때문이라고 했다.✝

여하튼 교회의 법적 조치에도 불구하고 곤충들이 사라지지 않자 농부들은 독약에 의지하기 시작했다. 수메르인들은 이미 4,500년 전에 황을 작물에 뿌렸다. 고대 로마에서는 역청이 널리 쓰였고. 그리스인들은 씨를 뿌리기 전에 오이 추출물에 담가두는 방법을 사용했다. 1600년대의 유럽에서는 담배에서 추출한 화학물질을 사용하기 시작했는데, 이것은 과거 어떤 것보다 효율적이었다. 1807년 아르메니아 데이지라는 식물로부터 제충국(除蟲菊)이 발명되었는데 이는 오늘날까지도 쓰인다.

여하튼 거대한 농장이 유럽과 식민지에서 우후죽순처럼 생기자 곤충들에게는 커다란 잔치상이 차려진 셈으로, 세계 각국에서 곤충들이 기하급수적으로 늘기 시작했다.

농부들도 이에 대비하여 청산가리·비소·안티몬·아연 등이 들어 있는 더욱 강력한 살충제를 사용하기 시작했고, 파리그린이라는 물질에 구리와 석회를 섞은 살충제도 개발되었다. 비행기와 스프레이 장치가 등장

✝ 『클라시커 50 재판』, 마리 자겐 슈나이더, 해냄, 2003

하여 대규모로 살충제를 살포할 수 있게 되자 1934년 미국에서 13,500t의 황, 3,150t의 비소계 살충제, 1,800t의 파리그린을 뿌렸다.

1870년경 과일을 먹는 '배깍지진디'라는 작은 벌레가 캘리포니아에 들어오더니 미국과 캐나다 전역에 급속히 퍼지면서 과수원의 나무들을 죽이기 시작했다. 농부들은 황과 석회를 섞은 약을 뿌리면 배깍지잔디를 죽일 수 있다는 것을 발견했다. 약을 뿌리고 나서 몇 주 지나면 배깍지진디는 모두 사라졌다.

그러나 20세기에 들어서면서 농부들은 황과 석회를 섞은 약을 뿌려도 배깍지진디가 모두 사라지지 않는다는 것을 발견했다. 농부들은 살충제 제조업자들이 제품의 질을 고의적으로 떨어뜨렸다고 주장했지만, 배깍지진디는 계속 번창했다.

곤충학자인 맬린더(A. L. Melander)는 나무들을 조사한 결과 살충제가 두껍게 말라붙은 층 밑에서도 배깍지진디가 살아 있음을 발견하고, 제조업자들이 제품의 질을 떨어뜨렸기 때문이 아닐지 모른다는 생각을 했다. 결국 맬린더는 배깍지진디가 돌연변이로 황과 석회의 혼합물로 만든 약에 내성을 갖게 되었다고 결론을 내렸고, 1914년에 자기의 생각을 논문으로 발표했다.

그러나 곤충이 내성을 갖게 된다는 엉뚱한 맬린더의 결론에 아무도 주의를 기울이지 않았고, 많은 사람들이 더욱 강력한 살충제 개발에 몰두했다. 그리고 드디어 DDT가 개발된 것이다.†

살충제의 선과 악

DDT가 초창기에 승승장구했지만 여기에도 어김없이 맬린더의 우려가

† 『진화』, 칼 짐머, 세종서적, 2004

나타났다.

  살충제로서 DDT가 널리 쓰이게 되자 내성을 지닌 집파리가 생겨났고, 계속해서 새로운 살충제를 개발해야 하는 문제가 생기기 시작한 것이다. DDT로 대상 곤충을 거의 모두 죽일 수는 있었지만 얼마간의 곤충은 꼭 살아남기 마련이다. 이때 살아남은 소수의 개체는 대단히 빨리 증식하여 곧 본래의 수만큼 증식되는데다가 그들은 선천적 혹은 후천적으로 DDT에 대한 내성을 갖게 된다. 몇 번 살포하는 동안에 그 곤충은 점점 저항성이 강해지고 결국 DDT를 뿌려도 아무런 효과가 없는 것이다.

  DDT가 개발된 지 10년도 채 안 되어 DDT에 내성을 지닌 집파리가 나타났고, 1990년에는 500종 이상(112개 모기 포함)이 적어도 한 가지 살충제에 대한 내성을 가지게 되었다.✟✟

  곤충들이 살충제에 저항하는 방법은 여러 가지이다. 몸의 표피가 더 두꺼워져 살충제로부터 보호를 받을 수도 있고, 살충제의 분자를 분해하는 돌연변이 단백질을 만들기도 한다. 물론 살충제가 덮치기 전에 이를 미리 알아차리고 치명적인 양이 투여되기 전에 날아가 버리기도 한다. 문제는, 농약이 살포되고 난 뒤 살아남은 곤충들은 경쟁력이 없는 환경에서 마구 증식할 수 있다는 점이다.

  여기에서 진화와 돌연변이에 대한 엉뚱한 논쟁이 일어났다. 새로운 형태의 생명, 즉 돌연변이나 진화된 생물이 태어났을 때 그 결과가 반드시 좋다든가 나쁘다라고 단정할 수 없다는 것이다. 왜냐하면 돌연변이의 좋고 나쁨은 그가 살고 있는 환경에 의해서 결정되는 경우가 많고, 또 시간이 해결하기 때문이다.

  유전적 변이가 환경에 의해서 그 존속이 결정된다는 것을 나타내는 좋은 예가 영국의 나방이다.

  영국은 공업화가 시작되기 전에는 하얀 나무껍질을 가진 나무들이 많았

✟✟ 「독자 여러분께」, 윌리엄 L. 알렌, 내셔널 지오그래픽, 2004. 11

다. 이것은 흰색 나방이 좋아하는 장소이기도 했다. 하얀 나무에 앉으면 보호색이 되어 적들 눈에 잘 띄지 않기 때문이다. 한편 이 종(種)에는 검은색을 갖고 있는 나방도 있었는데, 검은색 나방이 하얀 나무에 앉으면 언제나 눈에 잘 띄어 천적인 새들에게 쉽게 잡아 먹혔으므로 그 숫자는 많지 않았다.

그러나 영국이 산업혁명 시대로 들어서자 깨끗하던 영국의 환경은 점점 오염되기 시작하였다. 공장에서 나온 그을음이 영국 전체를 뒤덮자 하얗던 나무들이 점점 검게 변해 갔다. 그 결과 하얀 나방이 검게 된 나무껍질에 앉으면 도리어 새의 눈에 잘 띄게 되어 마구 잡아 먹혔다. 반대로 검은 나방은 검은 나무의 보호색 때문에 점점 번식하여 검은색 나방이 흰색 나방보다 많아졌다.

이것은 진화와 돌연변이가 일반의 상식과 항상 일치하는 것은 아니라는 좋은 예로서 자주 거론된다. 특히 검은 나방은 환경의 변화에 적응해서 새로이 나타난 것이 아니라 산업혁명이 일어날 때 이미 존재하고 있었다. 환경 변화에 의해 그 출현이 활발해졌을 뿐이다.

이것은 DDT라는 살충제가 나타났다고 해서 곧바로 돌연변이에 의해 어떤 개체가 돌발적으로 생겨 생태계를 완전히 파괴하는 것은 아니며, 설사 돌연변이가 생겼다고 해도 그것이 항상 유리하거나 불리한 위치에 서는 것은 아니라는 뜻이다.

유전이나 돌연변이가 어떤 요인에 의해 변형되었더라도 그들의 미래가 정확하지 않다는 것은 학자들을 고민하게 만들었다. 사실상 유전자의 변이에 바탕을 둔 진화나 돌연변이가 환경에 의해서 그 존속이 결정되는 것은, 지구에서 생명체가 탄생된 35억 년 전이나 지금이나 같다. 한 생명체의 생존 주기를 길게 보아 100년이라고 보면, 이 동안에 무려 3천5백만 번의 세대가 교체되었다는 뜻이다. 그러나 대부분의 생물이 이보다 훨씬 짧은 생명을 갖는다. 단 한 달을 살 수 있는 생명체라면 420억 번의 순환이 있을 수 있고, 박테리아일 경우 그 횟수를 세어 본다는 것은 사실상 불가능한 일이다.

이러한 장구한 세월을 감안하면, 인간이 현대 과학으로 무장하기 시작한 것이 고작 100~200년에 지나지 않는다. 인간이 내세우는 과학은 아직 초보 단계일 뿐이다. 생물의 생존을 결정하는 진화라든가 돌연변이, 유전자에 대해 연구하는 것은 이제 시작인 것이다.

어떤 개체에 대한 생존 여부를 단기간에 결정할 수 없음에도 불구하고, DDT 사용은 워낙 많은 여파를 초래하였으므로 당장 큰 논쟁을 일으켰다. DDT와 같은 과다한 화학제 사용으로 인해 인간이 아닌 생명체에 대한 부작용이 예상보다 크다는 것이다. 그것은 역으로 말하면, 화학 약품을 사용하여 한 개체군만 계속 살아남게 해서는 안 된다는 것을 의미한다. 이것은 화학 약품이라는 장벽에 의해 어떤 종이 안전하게 지켜지면 그들의 천적이 없어지므로 자연적인 대항력을 잃게 되는데, 만약에 어떠한 계기에 의해 질병이 생길 경우 대항력을 잃은 개체군은 전멸하는 우려성도 있다는 뜻이다.

또한 이것은 한 종이 다른 종에게 의지하고 있는 생태계의 기본 체계를 흔들기 때문에, 결국은 사람을 돕기보다는 해를 줄 것이라는 의미이기도 하다. 지구상의 동물 중에 약 90% 이상이 곤충으로 분류되는데, 이런 곤충들의 먹이사슬을 중단시킨다면 이들 틈새에서 살아남은 곤충이 지구를 정복하게 될 것이라는 시나리오마저 발표되었다. 이것은 무분별한 화학 물질의 사용이 인간에게 해를 끼치지 않는 유익한 종을 파괴하는 것은 물론, 새로운 2차 해충을 출현시킬지도 모른다는 뜻이다.

그러나 대부분의 개발 도상 국가들은 DDT를 비롯한 살충제의 사용 금지에 대해 반대하고 있다. DDT류가 가격이 싼 것은 물론, 살충제를 사용

| 메뚜기떼 |
식용이 왕성한 메뚜기는 성충의 경우 이동 중에 자신의 체중과 비슷한 무게의 풀을 먹는다. 1958년에 에티오피아를 습격한 메뚜기 떼는 에티오피아 인구 1백만 명이 1년 먹을 식량을 먹어 치웠다.

하지 않을 때의 부작용이 예상보다도 크기 때문이다.

일례로 아랍의 여러 나라나 북아프리카의 반 사막지대에 사는 메뚜기 유충은 하루에 거의 자기 체중과 맞먹는 무게의 풀을 먹어치운다. 성충 역시 체중의 반 정도되는 무게의 풀을 먹는데, 활발히 이동할 때는 체중과 비슷하거나 혹은 몇 배의 풀을 먹는다.

이들이 한 마리당 하루에 1.7g의 풀을 먹는다면 10억 마리의 메뚜기가 하루에 먹어치우는 풀은 1,700t이나 된다. 이것은 1평방미터당 메뚜기의 밀도를 36마리로 계산할 때 2,800헥타르를 기준으로 한 메뚜기의 피해로는 소 16만 마리가 먹는 양과 같다.

게다가 일단 메뚜기 피해가 일어나면 그 영향은 상당히 장기간 계속된다. 1931년에 케냐를 엄습한 메뚜기 떼의 피해로 축산물의 생산량이 20%나 떨어졌으며, 방목지의 회복에는 3년이 걸렸다. 에티오피아에서는 1958년에 메뚜기 떼들이 에티오피아 인구 1백만 명이 1년 먹을 곡물을 먹어치웠다. 에티오피아의 인구가 대략 5천만 명인데다가 세계적으로 빈

곤국임을 감안하면 DDT를 사용하여 해충인 메뚜기들을 퇴치하는 것이 얼마나 중요한 일인지를 이해할 수 있을 것이다.

이러한 점을 감안하면 국가간이나 지역간에 무조건 DDT와 같은 살충제를 사용하지 못하게 하는 것은 설득력을 잃는다. 질병과 기아가 워낙 급선무인 이들에게는 생존에 대한 기본권이 더욱 중요하기 때문이다. 더구나 개발도상국은 항상 준비된 항의문이 있다.

DDT의 생산과 사용을 금지시키려면 현재 존재하는 대체품을 공급할 수 있게끔 개발도상국에 보조금을 주어야 한다.

그러므로 해충을 조절하는 기술과 시도를 모두 포기하자는 것이 아니라 좀더 특수하거나 생태계 전반에 걸쳐 해가 덜 미치는 방법을 찾자는 제안이 상당한 지지를 받는 것이다.

살충제의 원리

해충을 죽이는 살충제의 종류는 다양하며 사용되는 용도도 제각기 다른데, 여기서는 최승일의 글을 인용해 보자.

살충제에 사용되는 대부분의 화학 약품은 곤충의 정상적인 신경 작용을 방해한다. 신경세포(뉴런)들 사이에는 시냅스가 있으며, 시냅스에서는 신경의 전기 신호를 전달하는 신경 전달 물질이 작용한다.

대표적인 신경 전달 물질은 '아세틸콜린'으로서 근육을 수축시키는 역할도 한다. 자신의 임무를 다한 아세틸콜린은 콜린에스터라아제라는 효소에 의해 분해된다. 만일 이 효소의 작용이 멈춘다면 아세틸콜린이 분해되지 않고 누적된 탓에 근육은 계속 수축된다.

살충제는 바로 이 점을 이용한 것이다. 곤충의 날개 부위에 살충제가 침투하면 날개 근육은 계속 수축되어 더 이상 날지 못하게 된다. 특히 호흡을 담당하는 근육이 마비된다면 곤충에게 치명적이 될 수 있다.

그러나 살충제의 목적은 반드시 곤충을 완전히 치사 상태에 이르도록 만드는 것은 아니다. 파리와 모기처럼 날아다니는 곤충은 날개가 마비되어 땅에 떨어지는 정도면 충분하다. 이후의 처리는 사람이 쉽게 할 수 있기 때문이다. 물론 바퀴벌레처럼 주로 기어다니는 곤충은 좀더 강력한 약을 사용한다.

살충제는 화학 구조에 따라 무기살충제, 유기인제, 유기염소제, 천연 살충제 등으로 구분한다: 무기살충제는 수은(Hg)·불소(F)·비소(As) 등을 함유하는 살충제로서, 제2차 세계대전 초까지 사용되었으나 독성 문제 때문에 사용이 금지되었다.

유기인제는 유기인 화합물 살충제로서 유효 성분이 신속하게 분해되어 잔류 문제가 없으며, 곤충의 신경계를 침해하여 좋은 효과를 보이는 신경독제이다. 유기염소제는 제2차 세계대전 이후 각종 해충방제에 사용하였으며 큰 공헌을 하였다. 그러나 저항성 해충의 유발, 유용한 천적의 살해, 생물 농축 현상에 따른 잔류 독성 때문에 사용이 완전 금지되었으며, DDT와 BHC 등이 있었다.

천연 살충제는 식물에서 유효 성분을 추출하여 얻어진 식물성 살충제와 광물에서 얻어진 광물성 살충제로 대별된다. 우수한 유기합성 살충제의 실용화로 식물성 살충제의 사용량이 한동안 감소하였으나 독성과 환경오염 등에 따른 심각한 사회문제가 부각됨에 따라 천연 살충제의 사용이 점차 증가되고 있다.

요즈음에는 환경오염과 인체의 건강 문제로 인해 살충제 대신에 천적을

| 솔잎혹파리와 먹좀벌 |
최근 우리나라 산림에 많은 피해를 주고 있는 솔잎혹파리를 천적인 먹좀벌을 이용하여 박멸하는 연구가 진행중이다. 이러한 방법은 생태계 전반에 걸쳐 해가 적기 때문에 상당한 지지를 받고 있다.

 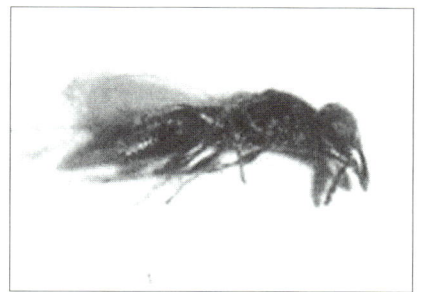

이용한 해충 퇴치법이 확산되고 있다. 천적 자원은 해충을 잡아먹는 포식성 곤충과 해충의 몸 속에 알을 낳아 기생하는 기생성 천적으로 구분할 수 있다.

당벌레와 풀잠자리 무리는 식물의 즙액을 빨아먹는 진딧물과 깍지벌레를 잡아먹는 대표적인 포식성 천적이다. 반면에 고치벌과 좀벌 등은 기생성 천적의 대표종으로서 식물에게 피해를 주는 나방과 같은 해충의 알이나 애벌레의 몸에 자신의 알을 낳는다.

알에서 깨어난 고치벌과 좀벌 등은 그 해충의 몸을 양분 창고로 이용하면서 최종적으로는 해충을 죽이는 역할을 한다. 또한 농경지와 목초지의 해로운 잡초를 선택적으로 제거해 주는 곤충도 역시 천적 자원의 일부로서 잡초 방제용 곤충으로 볼 수 있다.

주로 이용되는 천적 자원으로는 진딧물의 천적인 진디혹파리, 총채벌레의 포식성 천적인 나팔이리응애, 딸기의 수확기에 주로 발생하는 점박이응애의 천적인 칠레이리응애, 과일과 채소류에 발생하는 진딧물과 온실가루이의 천적인 콜레마니진디벌과 온실가루이좀벌 등이 있다. 오리를 이용하여 벼에 해를 끼치는 해충을 퇴치하는 오리 농법도 일종의 천적을 이용한 해충 퇴치법이다.

천적을 이용한 해충 퇴치법은 생태계에 영향을 미치지 않을 뿐만 아니라 농약을 전혀 사용하지 않고도 해충을 방제할 수 있다.

「해충 잡는 특효약 살충제」, 최승일, www.sciencetimes.or.kr, 2004. 8. 26

특히 미생물 살충제의 이용은 화학 살충제에 대한 대안 중의 하나로 주목을 받고 있다. 미생물 살충제의 장점은, 숙주에 대해 높은 특이성을 갖고 있어 포유동물 또는 제거 대상이 아닌 생물에 대해서는 효력을 발휘하지 못한다는 것이다. 반면에 광범위한 곤충의 저항이 발생하지 않으며 여러 가지 형태로의 제조가 가능하다. 이러한 미생물 살충제로서 딱정벌레목이나 모기 및 파리목, 나비목 해충 등에 유효한 제품이 이미 개발되어 있다.

한편 미생물 살충제는 감염에서부터 발병까지 10여 일의 잠복 기간이 필요하므로, 재배 기간이 짧아 속효성 농약을 필요로 하는 농작물보다는 긴 시간 동안 해충의 밀도를 낮추어야 하는 산림 해충의 방제에 더욱 효과적이다.

소리와 냄새를 이용하여 곤충을 쫓거나 죽일 수도 있고, 해충 자체의 호르몬을 이용하는 방법도 있다. 곤충은 애벌레, 번데기, 성충 등으로 구분되는 2~3단계를 거치는데, 이때 곤충이 갖고 있는 호르몬에 의해 성장이 조절된다. 그러므로 적절한 시기까지 성충이 되는 것을 막는 유충 호르몬을 추출하여 적절하게 조작함으로써 성충이 되는 시기를 늦춰 주면 해충은 유충 시기에 죽게 되는 것이다. 또한 특정 유충 호르몬은 특정한 곤충만 공격하므로 살충제에 대체할 수 있는 물질을 만들 수 있다.

근래 가장 각광 받는 방법으로는 박테리아에서 얻은 유전자(식물이 스스로 살충제를 만들 수 있게 해주는)가 들어 있는 작물을 경작하도록 하는 것이다. 이 유전자는 땅 속에서 살면서 나비와 나방을 공격하는 바실루스 투링기엔시스(Bacillus thuringtiensts, 약어로 Bt)라는 박테리아에서 온 것인데, 숙주에게 기생하기 위해 곤충의 내장세포를 파괴하는 단백질을 만들어내므로 곤충은 Bt를 먹고 죽는 셈이다. 이 박테리아는 1960년대부터 배양되어 현재 미국에서 800만 헥타르에서 경작되고 있는데, 이 단백질은 포유류에게 피해를 입히지 않으며 햇빛 속에서 쉽게 분해된다.

그러나 이제 학자들은 Bt가 있는 식물만 재배하면 곤충들이 Bt에 대한 면역을 가질 수 있으므로 적어도 20%는 Bt를 갖지 않는 작물을 동시에 심도록 유도하고 있다. 내성을 갖춘 곤충들이 20%의 작물로 몰려갈 경우 내성을 가질 시간을 갖지 못하게 하자는 뜻이다.[†]

뮐러가 DDT를 개발할 때나 노벨상을 받을 때 어느 누구도 DDT의 부작용을 생각하지 못했다. 그리고 수많은 나라에서 DDT의 사용이 전면 금지되어 있으나 현재도 많은 나라에서 DDT를 사용하고 있다. 살충제를 사용하여 기아 문제를 해결하는 대신에 DDT의 부작용으로 생기는 인체에 대한 피해를 감수해야 하는가 문제는 살충제를 개발한 뮐러가 책임질 문제는 아니다.

살충제가 필요한 곳에서는 살충제를 살포하고 필요하지 않은 나라에서는 살충제를 살포하지 않는 것이 가장 현명한 방법이라고 생각하지만, 이 문제는 달걀이 먼저냐 닭이 먼저냐를 가려내는 것만큼 어려운 일이다. 결국 과학적 진보에 치명적인 부작용이 있다고 하여 과학적 진보를 포기해야 한다는 것이 아니라, 좀더 진보적인 대체물을 만드는 등 조심성 있는 처사가 필요할 것이다.

[†] 「진화」, 칼 짐머, 세종서적, 2004

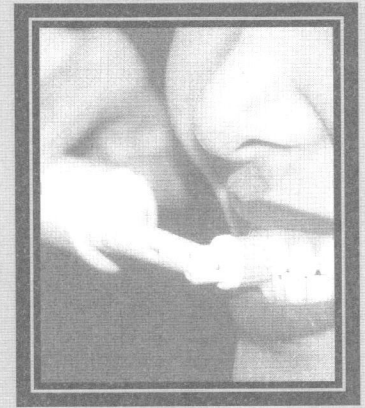

치약

Dentifrice

재미있는 것은 야생동물에게는 충치가 없다는 점이다.
그러나 인공사육 동물들에게는 종종 충치가 생긴다.
이를 근거로 충치는 음식물과 큰 관계가 있는 것으로 추정한다.
특히 치아가 형성될 때 칼슘과 비타민이 부족하거나 탄수화물의 섭취와 유전적 요소도
충치 발생을 촉진하는 것으로 추정하는데,
이것은 앞으로 도전해 볼 분야가 많다는 것을 의미한다.

- 본문 중 -

치약

많은 사람들이 신비로운 생명 조직을 구성하고 있는 물질은 매우 특이하리라고 생각하지만 생체조직은 놀랍게도 탄소, 수소, 산소, 질소 위주로 되어 있다. 이들 네 가지 원소가 신체의 96%를 차지하는 것이다. 다섯 번째의 원소가 황이며, 나머지는 한 줌의 하얀 무기염류로 보통 소금이라고 불린다. 소금이 인체에 가장 중요한 재질이라는 것은 새로운 일이 아니다. 피의 맛을 보면 신체의 구성 성분 중의 하나가 소금이라는 것을 금방 알 수 있다.

혈액에는 철이 있다. 철이 부족하면 혈액에 헤모글로빈이 부족하게 되어 허파에서 세포로의 산소 운반이 어려워진다. 환자들은 붉은 색소의 부족으로 창백해지고 산소의 부족으로 쉽게 피로해진다. 철은 몸의 0.004%를 차지하는데도 신체에 중대한 영향을 끼치는 것이다.

뼈의 주 성분으로 몸의 2% 정도를 차지하는 칼슘도 매우 중요하다. 혈액에 칼슘이 없으면 출혈이 있어도 피가 응고되지 않는다. 인은 1% 가량이다.

이외에도 인체에는 비록 소량밖에 함유되어 있지 않지만 수많은 원소들이 필수적이라는 것을 과학자들은 발견했다. 구리, 망간, 몰리브덴 등도 동물에 필수적이며 이들이 부족하면 결핍 증상이 나타난다. 아연이 부족한 쥐는 성장이 멎고 털이 빠지며 피부가 거칠어져 결국 죽고 만다.

고난을 만들어 준 불소

원소들이 인체에 필수적이라는 현상을 학자들이 간과할 리 없었다.
1920년에 휘플(George Hoyt Whipple)은 개에게 빈혈을 일으킨 후 여러 가지 음식물을 주어 어느 것이 부족한 헤모글로빈을 가장 빨리 보충해 주는지 조사했다. 그는 간이 개에게 가장 빨리 헤모글로빈을 보충해 주는 음식임을 알았다. 1926년에 마이넛(George Richards Minot)과 머피(William Parry Murphy)가 휘플의 결과를 이용하여 악성 빈혈 환자에게 간을 주었더니 병이 치유되었다. 세 사람은 1934년에 노벨 생리·의학상을 받았다.

그러나 사람이 간을 계속 먹는 것은 쉬운 일은 아니었으므로 간에 있는 치료 물질을 찾기 위한 연구가 시작되었다. 학자들은 그들이 찾는 요소가 비타민B일 것으로 추측하였고, 1948년에 영국의 스미스 등이 비타B$_{12}$를 분리하는 데 성공하였다. 비타민B$_{12}$에는 코발트 원자가 있었으며, 악성 빈혈 환자에게 소량만 주사하여도 효과가 있었다.

영국의 화학자 호지킨(Dorothy Mary C. Hodgkin)은 X선을 이용하여 비타민B$_{12}$의 구조를 밝혔다. 그녀는 화합물 결정의 회절 형태를 이용하여 비타민B$_{12}$ 분자의 전자 밀도 구조를 그렸는데, 워낙 복잡한 구조를 갖고 있었으므로 그 당시 개발된 컴퓨터를 써서야 성공할 수 있었다. 그녀는 이 연구로 1964년에 노벨 화학상을 받았다.

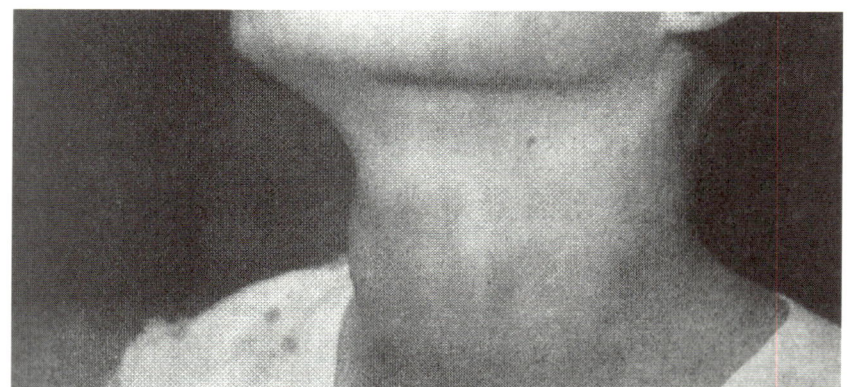

| 갑상선 부종 |
갑상선이 괴상한 모양으로 커지는 갑상선 부종은, 음식물에 요오드가 부족해서 생기는 병이다. 머린은 미국 정부로 하여금 수돗물에 요오드를 첨가하게 하여 갑상선 부종을 근절시켰다. (과학동아 1991년 7월호에서 이용)

 이뿐만이 아니다. 1905년에 미국의 머린은 클리블랜드 지역에 갑상선 부종이 널리 퍼져 있는 것을 보고 놀랐다. 갑상선 부종에 걸린 환자는 갑상선이 괴상한 모양으로 커지면서 멍청해지며 눈이 튀어나온다. 머린은 갑상선에만 있는 요소인 요오드의 부족이 갑상선의 원인이 아닌가 생각하였고, 그의 추측은 정확했다. 클리블랜드는 내륙 지역인 탓에 바닷가 근처의 토양이나 바닷가에서 주로 나는 음식물인 해산물에 풍부한 요오드가 부족했기 때문이다. 그는 미국 정부로 하여금 수돗물에 요오드를 첨가하게 하여 갑상선 부종을 근절시켰다.

 이와 같은 소량의 원소가 인간에게 매우 중요한 역할을 하는데, 그 중에서도 가장 잘 알려져 있는 것 중의 하나가 불소, 즉 플루오르이다.

 플루오르는 16세기부터 알려졌는데, 1670년에 뉘른베르그의 쉰크왈트는 형석으로 만든 그릇에 진한 황산을 부었더니 어떤 기체가 나오면서 유리그릇을 침식시키는 현상을 발견했다. 1771년에는 프리스톨리와 셸레가 각기 독립적으로 플루오르화수소를 만들었고, 암페아는 염산과 플루오르화수소산이 서로 비슷하지만 다른 것임을 밝혀냈다.

 스웨덴의 과학자 베르셀리우스는 플루오르, 염소, 브롬, 요오드 등이 금속원소와 강렬하게 반응해 염을 잘 만든다는 뜻에서 '할로겐'이라는 이름을 처음 사용하였다. 플루오르는 할로겐 원소의 첫번째로 어느 원소보다도 활성이 강하지만, 가장 먼저 발견된 원소는 염소이다. 현재 시판되고 있는 표백제는 염소를 알칼리 수용액에 흡수시킨 것이며, 염소는 수돗물의 소독에도 이용된다.

플루오르의 화학기호 F는 라틴어로 '흐른다(fluo)'에서 유래한 것으로, 중세 야금공들이 형석을 용제로 써서 광석을 녹이는 데 사용했기 때문이다. 야금하려는 광물을 가루로 만들어 형석과 섞은 후 여기에 황산을 부으면 형석 속에서 기체가 생성되면서 광물이 녹아 흐르게 된다. 플루오르와 그 화합물은 빙정석에서도 채취할 수 있는데, 빙정석은 그린란드에서 얼음덩어리와 같은 모양으로 산출된다. 빙정석이라는 이름도 이 때문에 붙게 된 것이다.

형석에 황산을 가할 때 발생하는 기체는 플루오르화수소(HF)이다. 학자들은 이것의 성질이 염산과 비슷하므로 아직 알려지지 않은 원소와 수소의 화합물이라고 생각했다. 이리하여 플루오르화수소로부터 플루오르를 분해하기 위한 고난에 찬 순례가 시작됐다.

플루오르는 매우 반응성이 큰 물질이라 이 물질을 분해했다고 해도 곧바로 다른 물질과 반응해 버리기 때문에 순수한 물질을 얻는 것이 대단히 어려웠다. 게다가 원소가 유독성을 갖고 있어 많은 학자들이 플루오르를 분리하려다가 중독되어 생명을 빼앗기거나 오랫동안 고통을 받으며 온전하지 못한 생애를 보내야 했다.

그러나 무아상(Henri Moissan)이 1886년에 드디어 플루오르를 얻었다. 영하 23℃로 냉각시킨 U자형의 백금 용기에 플루오르화수소를 넣고 전기전도성을 증가시키기 위해 플루오르화칼륨을 넣었다. 여기에 백금 전극 대신 구리로 된 전극을 연결했더니 플루오르가 구리와 반응하여 표면에 플루오르화물의 얇은 막을 형성하며 더 이상의 산화를 방지해 주었다. 음극에서는 수소가 생성됐고 양극에서는 플루오르가 생성된 것이다.

무아상은 연구를 계속하여 1897년에 영하 187℃의 액체 산소를 써서 액체 플루오르를 만들었다. 또한 플루오르가 극히 낮은 온도에서도 활성이 매우 강하다는 것을 발견했는데, 플루오르는 영하 252℃에서도 수소와 폭발적으로 반응했다. 1903년에는 고체 플루오르를 얻는 데 성공했다. 한편 무아상은 인공 다이아몬드 제조에도 관여했는데, 이 이야기는 〈인공 다이아몬드〉장에서 다루겠다.

플루오르는 담황색의 기체로 영하 188℃에서 끓고 영하 220℃에서 녹는다. 플루오르는 거의 모든 금속과 화합하나 구리, 니켈, 마그네슘, 기타 금속들과 작용하면 표면에 플루오르화물의 얇은 막을 형성하여 이들 금속을 보호한다. 그러나 비금속과 규소, 인, 유황, 숯 등과 작용할 때에는 기체 물질이 생기므로 반응은 계속된다. 그리고 수소 화합물, 쉽게 이야기하여 물과 작용하면 수소를 빼앗고 산소를 유리시키면서 불이 붙는다.

플루오르는 지각에 0.032%가 포함되어 있으며, 바닷물에서는 12번째로 많은 원소다. 흙 속에는 평균적으로 200~270ppm의 불소가 존재하고, 바닷물의 평균 불소 농도는 1.2~1.5ppm으로 알려져 있다.

한편 동물과 식물, 사람 몸 중에서는 대부분 치아와 뼈에 몰려 있다. 또한 플루오르는 세포에서 칼슘 화합물을 유리시키기 때문에 내장의 벽이 약해지고 터지기 쉬우므로 매우 다루기 어려운 물질이다.

야생동물은 충치가 없다

충치가 생기는 이유는, 음식물 중의 탄수화물이 입 안으로 들어오면, 입 안에 사는 세균 중에서 스트렙토코커스 뮤탄트라는 세균이 탄수화물을 이용해 산을 만들기 때문이다. 특히 포도당과 설탕은 세균이 바로 이용할 수 있어서 산이 잘 만들어진다. 이 세균은 충치 유발성 연쇄상구균으로, 우리가 먹은 당질을 접착성 다당류로 만들어 치아 표면에 쉽게 부착하게 한다.

이 다당류가 소위 프라그이다. 프라그는 산을 만들어내는데, 이 산에 의해서 치아 표면의 화분이 서서히 떨어져 나간다. 그 결과 이에 구멍이 생기며 충치가 되는데, 불소이온이 이 세균들의 증식을 억제하는 것이다.

불소를 사용하여 충치를 예방하는 메커니즘은 다음과 같다.

첫째, 입 안에 들어온 불소이온이 치아에 직접 작용해 산에 의해서 미세하게 손상된 치질을 원상 회복시켜 준다. 즉 탈회돼 약해진 치질을 재석회화시키는 것이다.

둘째, 입 안으로 들어온 불소이온은 위장관에서 흡수되고 혈액을 통해 턱뼈 안에서 만들어지는 치질과 결합해 산에 강한 치질을 만들어 준다.

셋째, 불소이온은 충치가 처음 시작하는 데 큰 역할을 하는 세균의 증식을 억제한다.

충치는 주로 어린아이들이 걸리는 병으로, 어릴 때부터 17~18세 정도까지 가장 발생하기 쉽다. 따라서 가정에서 어린이의 식생활, 간식이나 이 닦기에 주의를 기울여야 한다. 특히 이 닦기는 경시되기 쉬운데, 충치의 매우 중요한 예방 수단이므로 어려서부터 이를 닦도록 지도하는 것이 가장 중요하다고 전문가들은 조언한다.

물론 어른도 치통으로 고생하는 경우가 있는데, 그것은 대부분 어려서부터 충치를 방치했거나 치료를 했어도 불완전하게 했기 때문이다. 어른의 충치는 '처음 발생'한 것이 아니라 '재연'된 것이라는 것을 생각하면, 어릴 때 충치의 예방이 얼마나 중요한지를 알 수 있다.

재미있는 것은 야생동물에게는 충치가 없다는 점이다. 이 문제는 현재

많은 학자들이 연구하고 있는 분야이다. 학자들의 고민은 인공사육 동물들에게는 종종 충치가 생긴다는 점이다. 이를 근거로 충치는 음식물과 큰 관계가 있는 것으로 추정한다.

특히 치아가 형성될 때 칼슘과 비타민이 부족하거나 탄수화물의 섭취와 유전적 요소도 충치 발생을 촉진하는 것으로 추정하는데, 이것은 앞으로 도전해 볼 분야가 많다는 것을 의미한다.†

수돗물에 불소 첨가

20세기 초 미국의 치과 의사들은 아칸사스 지역의 주민들이 치아의 법랑질에 반점이 생기면서 검게 되는 것을 발견했다. 플루오르는 강한 자극성이 있어서 폐와 기관지를 자극하며 음식물에 플루오르가 0.0005%만 있어도 이가 검게 죽으면서 빠지고 손톱·발톱도 빠지는데, 이 지역의 물에는 플루오르가 많이 포함되어 있었기 때문이다.

한편 의사들은 물에 평균 이상의 플루오르가 함유된 또 다른 지역의 경우는 충치가 현저히 적다는 것을 발견했다. 치통을 앓아 본 사람이라면 충치에 대한 공포가 어느 정도인지를 알 것이다. 충치 발병이 플루오르로 인해 저하될 수 있다는 사실은 즉시 연구원들의 주의를 끌었다.

학자들은 플루오르를 연구하기 시작했고, 곧바로 그 특성을 알아차렸다. 사람과 동물에게 플루오르는 반드시 필요한 원소임도 밝혔고, 만일 플루오르 섭취량이 부족하면 이의 법랑질이 손상되고 카리에스병에 걸리기 쉽다는 것을 알았다. 플루오르의 양이 많으면 치명상을 주지만, 소량인 경우에는 오히려 약이 될 수 있다는 것이다.

학자들은 마시는 물에 1ppm 정도의 불소를 첨가하면 치아에 반점도

† 『진정일의 교실 밖 화학 이야기』, 진정일, 양문, 2006

생기지 않으면서 충치 예방에 도움이 될 수 있음을 밝혔다. 이것이 선진국에서 수돗물에 불소를 첨가하는 이유이다. 또한 거의 모든 치약에 플루오르를 첨가하는 이유도 플루오르를 적당히 섭취하면 이가 튼튼해지며 충치 예방에 도움이 되기 때문이다.

불소의 효과가 증명되자 불소화된 수돗물을 계속 마시도록 하여 근원적으로 충치를 예방하자는 캠페인이 일어났다. 핵심은 수돗물에 낮은 농도 (0.8ppm 이하)의 불소화합물을 투입해 충치를 예방하자는 것이다.

미국에서 1945년부터 상수원의 불소화가 지역사회에서 채택되기 시작했다. 미국의 경우, 1966년도에는 12세 어린이의 충치지수가 4.0이었으나, 상수원 불소화가 진행됨에 따라 1994년에는 1.3으로 68%가 감소됐다. 충치 예방에 불소가 크게 기여한 것이다.

한국에서도 상수원 불소화가 거론되어 찬반 논쟁이 진행되었다. 찬성 측을 먼저 설명한다.

불소가 꼭 필요하다는 주장은, 12세 아동의 경우 1972년에서 1995년 사이 충치가 5배 이상 증가했다는 점을 강조했다. 국가가 주도해 충치를 예방한 나라에서는 도리어 그 발생이 급격히 감속하고 있다고 문혁수 박사는 설명했다.

국내의 경우 날로 증가하는 치과 치료비를 줄이기 위해서는 근본적으로 충치 발생을 예방해야 하는데, 치아만 잘 닦아서 충치를 예방할 수 있다는 연구 결과가 없다는 것도 지적됐다. 이는 칫솔로 완벽하게 닦기가 어렵다는 것이다.

찬성론자들이 자랑스럽게 지적하는 것은, 수돗물 불소화가 안전하고 환경에 영향을 주지 않는다는 점이다. 식수의 불소 농도를 전 세계적으로는 1.5ppm 이하로 규제하고 있으나, 미국은 자연적으로 불소가 많이 함유된 식수를 사용하는 점도 찬성 측의 주장이다. 연구 결과 8ppm에서도 인체

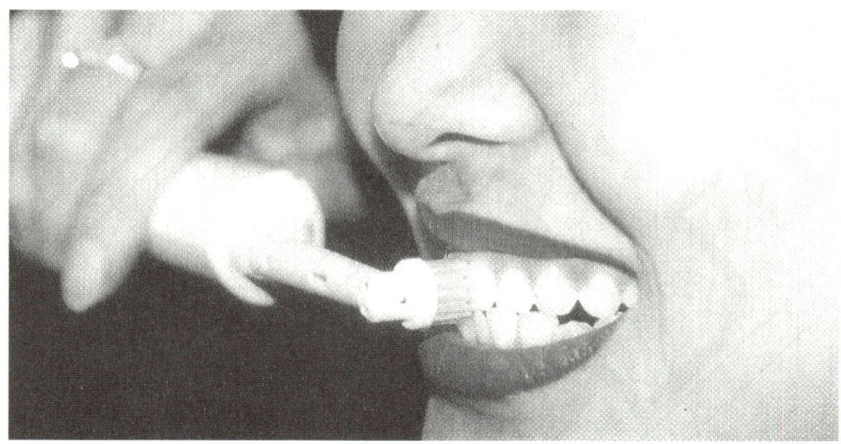

충치는 간식을 즐기거나 양치질을 게을리하기 때문에 생기는 것으로, 이를 예방하기 위해서는 어려서부터 올바른 양치질 습관을 갖도록 지도하는 것이 중요하다. (과학동아 1988년 10월호에서 인용)

에 유해 작용을 나타내지 않으므로 미국에서는 식수의 최대 허용 불소 농도를 4ppm으로 규정하고 있을 정도이다.

한편 불소화를 반대하는 측의 주장은, 불소는 비소 다음으로 독성이 강하고 납보다도 독성이 강하다는 것을 지적한다. 미국의 경우 불소치약의 뒷면에 다음과 같은 경고문이 적혀 있다.

> 어린이의 손에 닿지 않는 곳에 보관하시고, 어린이가 사용할 경우 지도·감독하여 주십시오. 만일 많은 양을 먹었을 경우 의사와 상의해 주십시오.

이 문맥을 액면 그대로 인정한다면 조심스럽게 접해야 될 독성이 강한 물질을 수돗물에 넣어야 한다는 것을 의미한다.

불소가 치약에 들어가게 된 배경도 의심의 눈초리를 보낸다. 환경 전문 기자인 조엘 그리피스에 따르면, 미국에서의 수돗물 불소화의 첫 공식적인 제안은 1939년 콕스 박사에 의해 이루어졌는데, 그는 불소로 인한 손해배상 청구로 위협 받고 있던 한 기업을 위해 일하고 있었다. 즉 순수한

미국의 경우 1945년부터 상수원의 불소화가 시행되어 충치 예방에 크게 기여하고 있다. 그러나 불소는 납보다도 독성이 강하기 때문에 상수원의 불소화를 반대하는 목소리도 만만치 않다. (과학동아 1988년 10월호에서 인용)

의료진들에 의해 자발적으로 제안된 것이 아니라 기업체를 위해 발의된 것을 볼 때, 무언가 불리한 점이 있더라도 이를 감추고 있다는 생각도 버릴 수 없다는 견해이다.

가장 중요한 관건은, 과연 충치 예방에 효과가 있는가 하는 점이다.

반대론자들은 충치 예방에 대한 조사에서 찬반 양론이 팽팽하다는 점을 지적했다. 세계보건기구의 조사에 의하면, 비불소화지역이 98%에 이르는 유럽 지역의 충치 발생률이 미국과 맞먹거나 때로는 양호하다는 자료도 제시한다.

백 번 양보해서 설령 충치 예방에 도움이 된다 할지라도 수돗물에 불소를 투입해서는 안 된다는 것이 반대론자들의 입장이다. 사람이 살아가면서 건강하게 사는 것은 매우 중요한 일이다. 인간들이 건강을 위해 예방할 것이 여러 가지인데, 설사 충치 예방에 도움이 된다고 해서 불소를 강제적으로 투입하자는 것은 매우 위험한 주장이라는 것이다.

반봉찬 박사는 안질 예방을 위해 어떤 성분이 도움이 된다면 그 물질을 수돗물에 투입해야 하느냐고 반문했다. 극단적으로 말하면, 예방이 아닌 비타민C 등 체력 증강을 위해 필요하다면 무엇인들 수돗물에 넣자는 발상이 나오지 말라는 법이 없다고 말한다.

특히 수돗물에 불소를 투입하는 것은 강제적인 의료행위라는 점도 부정적인 요소로 제시된다. 전염병은 모든 사람에게 피해를 입히므로 법으로 규정해 그 예방과 치료에 공공기관이 나선다. 그러나 충치로 이빨이 빠진다고 해서, 혹은 충치로 인해 입냄새가 난다고 법으로 충치 예방과 치료를 강제할 수는 없다는 설명이다.†

또한 불소는 끓여도 증발하지 않으며 오히려 불소를 넣은 수돗물을 끓여 먹을 경우 불소의 농도가 과도하게 증가하므로 수돗물에 불소를 첨가하는 것은 더욱 위험하다는 주장도 있었다.

그러나 상수원 불소화는 현재 세계의 약 70여 개 국가에서 시행되고 있으며, 우리나라에서도 1981년 경남 진해시에서 처음 시작된 이래, 1982년 청주, 과천, 울산 등 전국 약 28개 정수장에서 시행하고 있다.

플루오르를 처음 발견한 무아상은 1906년에 노벨 생리·의학상을 수상했다. 그러나 그는 자신이 발견한 플루오르가 그 후 전 세계인들이 매일 사용하는 치약에 사용될 것은 예상하지 못했다. 그는 노벨상을 받은 다음 해에 사망했기 때문이다.

† 「수돗물 불소화 해야 하나 말아야 하나」, 전영훈, 과학동아, 1998. 10

김장 김치

Kimchi

식품을 장기간 보관하기 위하여 소금에 절이는 염장도 삼투압을 이용한 것이다.
김치와 마찬가지로 소금물의 삼투압 효과로 식품에서 수분이 빠져 나가
미생물이 잘 자라지 못하기 때문이다.
염장은 생선·육류·채소 등 다양한 방면에 이용되는데,
젓갈류·햄·오이지 등이 대표적인 염장식품이다.
이와 같이 우리들은 일상생활에서 삼투압을 알게 모르게 접하면서 살고 있다.

- 본문 중 -

김장 김치

인간이 즐겨 하는 취미의 종류는 워낙 다양하여 사람마다 다르므로 어떤 틀이 있는 것이 아니다. 개인이 만족하고 자신의 시간을 투입하고 있다면 어느 소재나 대상도 인간의 취미가 될 수 있다. 그런 면에서 돈이 많은데도 불구하고 한푼도 쓰지 않고 가난하게 살다가 죽은 구두쇠의 취미는 돈을 쓰지 않는 것이라고 볼 수 있다.

프랑스 혁명 당시 기요틴에서 사형까지 당한 루이 16세는 자물쇠를 만드는 취미를 갖고 있었는데, 감옥에 억류되어 있는 동안에도 자물쇠를 만들면서 소일했다. 하지만 아이러니하게도 루이 16세를 사형으로 이끈 요인이 바로 자물쇠였다. 루이 16세를 재판할 때 루이 16세와 함께 자물쇠를 만들어 준 자물쇠공이 '루이 16세가 비밀 장소를 갖고 있다'는 것을 알려 주었기 때문이다.

루이 16세가 취미로 만든 자물쇠가 채워진 곳을 조사하니 루이 16세가 외국 왕들과 교환한 서신들이 들어 있었다. 그 중에는 루이 16세의 해외 탈출 계획 등이 들어 있었고 결국 루이 16세는 반역자로 사형 선고를 받았다. 취미로 만든 자물쇠 기술이 자신을 죽음으로 몰아간 억세게 재수 없는 사람이 된 셈이다(루이 16세는 1980년대에 프랑스의 국민들에 의해 무죄로 결정되어 서류상으로는 반역자가 아닌 프랑스 왕으로 복권되었다).

이렇듯 인간의 취미는 다양하지만 지역적인 특성을 도외시하기는 어려운 법이다. 사냥을 좋아하는 사람이라면 적어도 사냥할 동물이 있는 장소와 시기를 택해야 한다. 산을 좋아하는 사람이라면 사막이 아니라 산이 있는 곳을 찾아야 함은 물론이다.

비교적 전천후로 취미생활을 만끽할 수 있는 분야가 많이 있지만, 낚시도 그 중의 하나이다. 낚시꾼들의 경우 1년 내내 낚시를 한다는 것은 어려운 일이 아니다. 바다로 나갈 수도 있고, 추운 겨울이라도 겨울 낚시는 물론 실내에서의 낚시도 가능하다. 그럼에도 불구하고 많은 낚시꾼들이 자신은 정통 낚시꾼이라고 고집한다. 정통 낚시란 용어에 다소 어폐가 있지만, 주로 민물고기 즉 붕어낚시를 의미한다.

일전에 사람을 물고기로 간주할 때 서울 시내에서 어느 장소가 가장 입질이 많을까 하고 분석한 낚시 애호가의 글을 읽은 적이 있다. 많은 사람들이 명동이나 종로 입구를 예상하였지만, 서울에서 가장 입질이 많은 자리는 광화문 지하도라고 적었다. 광화문 지하도가 서울에서 가장 통행량이 많은 지역이라는 뜻인데, 이분이 쓴 글을 읽어 보면 낚시를 잘하려면 우선 물고기가 많은 곳을 찾아야 한다는 뜻으로 해석할 수 있다. 소위 낚시 능력도 중요하지만, 낚시할 물고기가 하나도 없는 곳에서 낚시줄을 드려 보아야 물고기가 잡히지 않는 것은 당연한 일이다.

소위 정통 낚시꾼이라고 자랑하는 낚시꾼들이 가장 많이 하는 이야기 중의 하나는 월척의 붕어가 걸렸는데 그만 잘못하여 놓쳐 버렸다는 것이다. 놓친 고기가 항상 크다는 말이 있지만, 낚시꾼들의 이러한 과장은 아마 영원히 사라지지 않을 것이다. 평생 동안 월척의 붕어를 낚아 보지 못했다면서 출조할 때마다 월척의 붕어를 반드시 낚겠다는 각오를 단단히 한다. 그러면서 단 한 마리의 붕어를 낚지 못했어도 다음 기회를 기다린다. 소위 기다리는 것을 취미로 갖고 있다고 볼 수 있다.

베테랑 낚시꾼에게 월척을 낚는 비결을 물으면, 월척이 많이 있을 만한 장소를 정확히 알아내어 자리를 잡는 것이 가장 중요하다고 한다. 월척이 있을 만한 자리의 정보를 알아낸 다음, 남보다 빨리 위치를 잡는 것이 관건이므로 절대로 딴 사람에게 자기가 알고 있는 정보를 알려 주지 않는다고 한다.

그럼에도 불구하고 낚시 애호가 중에서 월척의 손맛을 본 사람보다는 준척의 맛도 보지 못한 사람이 더 많다. 우리나라에서 많은 사람들이 평생 낚시를 취미로 하여 주말마다 전국을 돌아다니면서 낚시를 하는데도 불구하고 월척 붕어를 잡지 못하는 이유는 간단하다. 월척 붕어는 일반적으로 10년 이상 자라야 하므로 모든 낚시 애호가들을 만족시킬 만큼 많지 않기 때문이다.

바다에서 붕어를 기르자

인간은 이런 데서 항상 아이디어를 내기 마련이다.

과학기술이 발달하자 낚시꾼이라면 누구나 원하는 월척을 잡을 수 있는 가능성이 조심스럽게 열리고 있다. 방법은 간단하다. 붕어가 살 수 있는 환경을 보다 넓게 만들어 주면 되는 것이다.

내용은 놀랍게도 민물고기의 간판이라고 볼 수 있는 붕어를 바다에서도 살 수 있게 만든다는 것이다.

민물고기가 바다에서 살 수 없는 이유, 거꾸로 말한다면 바닷고기가 민물에서 살 수 없는 이유는 짠물과 민물의 차이 때문이다. 좀더 구체적으로 말하면 삼투압 때문이다. 이는 농도가 묽은 용액이 농도가 진한 용액으로 농도가 같아질 때까지 이동하는 현상이다. 소금물과 민물 사이를 반투막판으로 막으면 물 일부가 소금물 쪽으로 이동하는 것을 말한다.

바다에 표류하게 되면 아무리 목이 마르더라도 바닷물을 마시지 말라고 한다. 그 이유도 바로 우리 몸의 삼투압 현상 때문이다.

우리 몸 세포의 무기 염류 농도는 0.9% 정도인데 바닷물의 농도는 약 3~3.5%이다. 따라서 바닷물을 마시면 혈액 속에 있는 무기 염류 농도가 세포액의 농도보다 진해져 세포로부터 물이 빠져 나오게 된다. 결국 목이 말라 바닷물을 마시면 마실수록 우리 몸 속의 수분은 점점 빠져 나오기 때문에 마침내는 탈수 현상으로 죽게 되는 것이다.

이런 현상은 바닷고기에도 적용된다. 바닷고기의 몸 조직의 염도는 1.5%인데 반하여 해수의 염도는 3.5%이므로 엄밀한 의미에서 바닷고기 세포 속의 물이 밖으로 빠져 나가 탈수상태가 되어야 한다.

그러나 바닷고기가 바다 속에서 살 수 있는 것은 바닷고기들의 생존 비결이 있기 때문이다. 바닷고기는 아가미에 염분을 걸러내는 특별한 세포가 있어서 짠 바닷물을 마시면 소금기는 밖으로 내보내고 몸 속에는 맹물만 들어가는 구조로 이 문제점을 해결한다.

반면에 민물고기의 경우에는 몸 속 체액의 농도가 더 높기 때문에 피부나 아가미를 통해 끊임없이 물이 몸 안으로 들어간다. 이렇게 들어간 물은 묽은 오줌이 되어 다시 몸 밖으로 나온다.

물고기들은 물 속에서 살아야 하므로 몸에 수분과 전해질(염분) 균형을 유지하는 데 있어 그들 나름의 독특한 방법을 개발한 것으로 볼 수 있다. 이 생리학적 메커니즘을 '삼투조절(Osmoregulation)'이라고 말한다. 그러므로 어류들이 민물 또는 해수에서 살아야 하는 제약은 삼투 조절 시스템의 차이라고 볼 수 있다.

그러나 여기에도 예외는 있다. 회귀성 물고기인 연어, 송어, 은어, 황어, 뱀장어 등은 민물과 짠물에서 모두 살 수 있다. 연어나 송어 등은 보통 때에는 바다에서 생활을 하다가 알을 낳을 때가 되면 해류를 따라 자신이 태어났던 강물로 찾아와 알을 낳기 때문에 소하성(溯河性) 어류라 한다. 알에서 깨어난 새끼는 다시 바다로 돌아가 성어가 될 때까지 자라는데, 이런 물고기를 '일회왕복표(one way return ticket)'를 가진 '회유어'라고도 부른다.

뱀장어는 이와 반대의 생활을 한다. 하천이나 호수에서 생활하다가 알을 낳을 때가 되면 깊은 바다로 돌아간다. 알에서 깨어난 물고기는 수천 킬로미터를 헤엄쳐 강물에 올라와 자라므로 강하성(降河性) 어류라 한다.

20세기에 비약적으로 발전하는 유전자 연구는 어류에도 적용될 수 있다. 전자기법을 도입하여 이들 회귀성 물고기의 특성을 민물고기에 주입하자는 것이다. 즉 바다와 민물 양쪽에서 모두 살 수 있는 새로운 붕어를 만들자는 것이다.

학자들이 민물과 짠물에서 살 수 있는 물고기를 개발하려는 이유는 어족 자원을 늘리기 위해서이다. 붕어나 잉어 등을 회귀성 물고기로 만들 수 있다면 어족 고갈에 따른 문제점을 획기적으로 개선할 수 있을 것으로 생각한다. 또한 회귀성 물고기들은 일반적으로 맛이 좋고 영양가가 많으므로 수요도 늘어날 것으로 기대한다. 뱀장어와 연어를 연상하면 된다.

물론 붕어가 바다에서 살 수 있게 되어 서식량이 많아지고 붕어를 낚는 것이 어렵지 않다면, 현재와 같이 낚시꾼들의 폭발적인 사랑을 받을 수 있을지는 미지수이지만 매력적인 연구임은 틀림없다.

삼투 현상을 보다 쉽게 찾아볼 수 있는 것은 매년 겨울철에 대비하는 김장김치에서이다.

겨울에 김장 담글 때 배추를 소금으로 절이면 절인 배추는 절이기 전보

| 사랑의 김장나누기 |
김치는 소금물의 삼투압을 이용한 것으로 배추를 절이면 무게가 줄어든다.

다 쪼글쪼글해진다. 배추에 들어 있는 수분이 소금 때문에 밖으로 빠져 나왔기 때문이다. 당연히 배추를 절이기 전과 절이고 난 후에는 배추 무게의 차이가 있다. 절이고 난 쪽이 물이 빠져 나갔기 때문에 더 가볍다.

식품을 장기간 보관하기 위하여 소금에 절이는 염장도 삼투압을 이용한 것이다. 김치와 마찬가지로 소금물의 삼투압 효과로 식품에서 수분이 빠져 나가 미생물이 잘 자라지 못하기 때문이다. 염장은 생선·육류·채소 등 다양한 방면에 이용되는데, 젓갈류·햄·오이지 등이 대표적인 염장식품이다. 이와 같이 우리들은 일상생활에서 삼투압을 알게 모르게 접하면서 살고 있다. 당연히 학자들은 삼투압의 원리를 알고자 도전했고, 노벨상위원회는 이들에게 보상했다. 바로 야고보 반트 호프(Henricus van't Hoff, 1852~1911)가 삼투압 현상을 연구하여 노벨 화학상을 수상한 것이다. 그것도 제1회 노벨 화학상이다.

삼투압과 입체화학

삼투압 현상으로 반트 호프가 노벨상을 받았지만, 현상 자체는 원래

1867년 독일의 화학자 M. 트라우베가 발견하였고, 1877년 페퍼가 처음으로 측정하였다.

페퍼는 페로시안화구리의 침전막을 가진 질그릇 통(筒)을 써서 설탕 수용액의 삼투압을 측정하고, 삼투압이 온도에 비례한다는 것을 발견하였다. 그 후 1886년 반트 호프가 삼투압의 원인은 용액 속에 녹아 있는 물질의 분자가 기체 분자와 같은 법칙으로 운동하여 반투막에 압력을 미치기 때문이라 생각하고, 이 현상을 이론적으로 설명하였다.

즉, 삼투압을 P 기압, 용질 n mol을 용해하는 용액의 부피를 V l, 용액의 절대온도를 T, 기체상수를 R이라 하면, 용액의 농도가 그다지 크지 않은 범위에서 PV=nRT 라는 식이 성립된다. 이 식은 이상기체의 상태방정식과 같은 형이며, 전해질인 수용액의 경우는 보정값 i 가 필요하므로 PV=inRT라는 식이 적용된다. i 는 1보다 큰 상수이며, 그 값은 물질의 종류와 농도에 따라 변한다.

반면에 고농도 용액에 삼투압 이상의 압력을 가하면 저농도 용액 쪽으로 물이 이동하게 된다. 이러한 현상을 역삼투 현상이라 하며, 이때 사용하는 반투막을 역삼투막이라고 한다.

일반적으로 역삼투막은 유기화합물보다 무기화합물을, 비전해질보다 전해질을 더 잘 분리시킨다. 전해질 중에서도 하전이 높고, 이온 반지름이나 분자의 크기가 클수록 분리가 더 잘 된다. 역삼투막이 여과할 수 있는 영역은 입자성 물질은 물론, 입자의 크기가 가장 작은 1㎚ 이하의 이온성 물질까지도 제거할 수 있다.

삼투압이 근래 더욱 각광을 받는 것은, 삼투압을 측정함으로써 용질의 분자량을 정하거나 분자량을 아는 물질의 용액 속에서의 해리도를 구할 수 있기 때문이다. 특히 고분자 물질의 분자량을 결정하는 데 삼투압을 이용하면 좋은 결과를 얻을 수 있다. 생물의 원형질막이 일종의 반투막이므로 삼투압은 생물 현상을 규명하는 데 절대적인 역할을 한다.

역삼투압도 근래 크게 각광을 받고 있다. 전자산업의 급속한 발달에 따라 환경오염이 초래되고 공업용수의 수요가 급속히 늘어나자, 이를 해결할 수 있는 방법의 하나로 사용될 수 있기 때문이다.

현재 폐수를 재활용하는 폐수 무방류 시스템도 연구되고 있는데, 이 시스템의 원리는 역삼투막을 이용하는 것이다. 특히 많은 나라에서 식수 부족으로 곤란을 받고 있어 바닷물을 담수화하는 데 많은 공을 들이고 있는데, 이때도 역삼투압 방법을 사용한다.

노벨상의 역사를 만든 아레니우스

노벨상이 제정되자마자 제1회 노벨 화학상 수상자로 반트 호프가 선정되었다는 것은 과학사상 매우 중요한 의미를 내포하고 있다. 그것은 물리화학이 20세기 초 과학계를 이끄는 주류 학문 중의 하나가 되는 신호탄이

| 아레니우스 |

| 반트호프 |

라는 것을 뜻하기 때문이다. 역으로 말하면 이들 분야가 아니면 초창기에 노벨상을 수상하기기가 매우 어렵다는 것을 의미한다.

노벨의 유언에 의해 노벨상이 만들어진 이후 노벨상 선정의 공정성에 문제점이 많다는 것은 항상 지적되어 온 사실이다. 노벨상을 탈 만한 사람이 노벨상을 수여받지 못한 경우가 많은 것은 물론, 상당히 많은 노벨상 수상자들이 자신의 수상 내용이 자신의 최고 업적이 아니라고까지 말할 정도인데, 이는 노벨상이 제대로 공정하게 수여되지 않는다는 의문을 던지는 근거가 되기도 한다. 이와 같은 경향은 노벨상 초창기에 더욱 두드러지는데, 그것은 스웨덴 과학계의 중심 인물들이 노벨상 선정 과정에 큰 영향을 끼쳤기 때문이라고 임경순 박사는 설명한다.

초기 노벨상 수상자 가운데 물리화학 분야의 수상자가 많은 것은 노벨상위원회의 위원 중 한 명인 스반테 아레니우스(Svante Arrhenius, 1859~1927) 때문이라고 해도 과언이 아니다. 1880년대 이후 소위 '이온주의자'로 불리는 반트 호프, 아레니우스, 오스트발트(Wilhelm Ostwald, 1853~1932)는 열역학과 같은 물리학적 방법을 화학에 적용하는 물리화학이라는 새로운 학문 분야 개척에 열심이었다.

마침 자신이 노벨상위원회의 위원이 된 아레니우스는 물리화학 분야의 과학자들에게 노벨상을 주는 것이 이 분야를 확고하게 만드는 첩경이라고 인식했다. 그의 의도는 성공하여 7년 선배인 반트 호프가 첫번째 노벨 화학상의 수상자로 선정되었다.

자신의 선배가 먼저 노벨 화학상을 받게 만든 후 그는 1903년 〈전리 해리 연구〉로 1903년 노벨 화학상을 수상했다. 자신도 노벨상을 타자 이번에는 오스트발트의 노벨상 수상을 집요하게 추진했고, 결국 1909년 오스트발트도 〈희석률 발견, 반응 속도, 화학 평형, 촉매 작용 등의 연구〉로 노벨 화학상을 수상했다.

아레니우스를 포함한 '이온주의자 3인방'이 모두 노벨상을 받자 이후에는 제자들이 노벨상을 받는 데 공을 들인다. 오스트발트의 제자인 발터 네른스트(Walther Hermann Nernst, 1864~1941)가 1921년 〈열역학 이론과 그 응용에 관한 연구〉로 노벨 화학상을 받게 된 것도 이들의 공이 들어갔기 때문으로 본다.

아레니우스가 초창기 노벨상 수상에 결정적인 영향력을 발휘한 것은 노벨상 선정 과정의 특이성 때문이기도 하다. 매년 스웨덴의 과학아카데미는 노벨상 수상자의 선정을 위한 추천권자의 선정과 추천된 후보자들의 업적에 대한 평가를 위해 각각 5명으로 구성된 노벨상위원들을 임명한다. 이들의 각 수상자에 대한 엄밀한 조사에 의해 노벨상 수상자는 〈과학아카데미〉의 총회와 〈카롤린스카 의과대학〉의 간부진들에 의해서 최종적으로 결정된다. 각 위원회의 위원들은 일반적으로 3~5년마다 재선출되는 것이 관례이므로, 일단 노벨상 위원으로 선정되면 노벨상 수상자 선정 과정에서 커다란 영향력을 행사할 수 있게 된다.

아레니우스와 스웨덴 노벨상위원들의 영향력이 매우 높았다는 것은, 초창기 노벨 물리학상과 화학상 수상자들 중에서 실험물리학을 연구한 사람이 대부분이라는 것으로도 알 수 있다.

1901년 뢴트겐이 X선을 발견해서 노벨 물리학상의 최초 수상자가 된 것을 비롯하여, 1902년 이론물리학자인 로렌츠가 〈복사선에 관한 자장의 영향에 관한 연구로〉 노벨 물리학상을 수상했다. 1903년에는 퀴리 부부의 방사선 발견, 1904년에는 레일리 공식을 제안한 레일리(Third Baron Rayleigh, John William Strutt, 1842~1919), 1914년에 막스 폰 라우에의 〈결정에 의한 X선 회절실험〉 등으로 노벨상을 받은 것이 그 예이다.

가장 놀라운 것은, 1907년에 마이컬슨(Albert Abraham Michelson, 1852~1931)이 일반적으로 빛의 속도를 엄밀하게 측정한 공로 또는 간섭계를 발명해서 노벨 물리학상을 받았다는 점이다. 그는 물리량 측정기술 분야에 놀라운 진보를 갖고 왔다는 평가로 노벨 물리학상을 수상했는데, 빛의 속도를 측정한다는 것은 그 당시에도 이미 새로운 기술은 아니었다. 단지 마이컬슨은 그 당시까지 가장 정교한 측정을 시도한 사람 중의 한 명에 불구했음에도 노벨상을 수상한 것이다. 실험 장치를 만든 사람이 얼마나 우대를 받았는지 알 수 있는 대목이다.

반면에 인류의 과학사를 새로 쓰게 만든 아인슈타인은 자신의 최대 역작이라고 볼 수 있는 '상대성이론'으로 노벨상을 수상하지 못했다. 아인슈타인처럼 유명인사임에도 불구하고 번번이 노벨상 수상자 명단에서 제외되던 사람으로는 유명한 플랑크(Max Planck, 1858~1947)도 있다.

현대 양자론을 본 궤도에 올려 놓은 것으로 평가되는 플랑크가 1900년 흑체복사를 설명하기 위해 에너지 양자에 관한 논문을 발표했지만, 발표 당시에는 세상 사람들의 주목을 거의 받지 못했다. 플랑크 자신도 물리학의 혁명보다는 개선을 원하여 양자론적 변혁은 그에게도 생소했는데, 아인슈타인이 1905년 광양자설을 발표하면서 플랑크 상수의 의미는 매우 중요하게 다루어지기 시작했다.

　1907년에는 빈-플랑크의 복사법칙이 비열의 문제에 적용되면서 수많은 실험적 사실과 연결되자 플랑크의 양자가설이 힘을 받기 시작했는데, 정작 플랑크는 노벨 물리학상 후보로 계속 지명되면서도 노벨상을 수여받지 못했다. 노벨상위원회가 빈에게 1911년 새로운 복사법칙을 발견한 공로로 노벨상을 수여하는 등 실험물리학에는 손을 들어 주지만 양자론에 대해서만은 거의 선입관적인 회의를 표명했는데, 1918년 아레니우스의 경우 '양자론은 아직도 만족스러운 완성 상태에 이르지 않았다'고 보고서를 제출할 정도였다.

　물론 1919년에 노벨상위원회에서 플랑크에게 노벨 물리학상을 수여했지만, 이때에도 노벨상위원회는 플랑크의 양자설의 이론적 중요성을 강조한 것이 아니라, 원자의 성질을 연구하는 데 플랑크 상수가 지니는 보편상수적 의미를 특별히 강조했다.

　초창기 노벨상위원회가 플랑크의 양자가설, 아인슈타인의 상대성이론과 같은 혁명적인 이론에 보수적인 태도를 보인 것은, 당대의 스웨덴 과학의 수준을 가늠하기 때문이라는 설명도 가능하다. 물론 아인슈타인이 노벨상을 받은 뒤 노벨상위원회도 변화가 필요하다는 것을 인식하고, 그후 이론과 실험을 동시에 다루는 원자물리학이 강조되는 것은 물론, 우주론을 다룬 천문학에서도 수상자를 배출하였다.

　여하튼 물리화학과 실험물리에서 노벨상을 무더기로 배출하자 이들 분야가 20세기 과학사를 이끄는 원동력이 되었음은 물론이다. 노벨상 수상의 여파가 그토록 크기 때문이다.

　이와 같이 동종 분야에서 계속 노벨상을 수상하게 되는 것은 스승과 제자가 공동으로 수상하게 되는 상관관계로서도 증명된다. 노벨상 수상자들의 약 절반 이상이 노벨상을 수상했거나 나중에 노벨상을 수상하는 과학자들과 연계가 된다는 것이 이를 말해 준다.

노벨상을 탄 스승 밑에서 노벨상을 받을 제자가 나올 확률이 높아지는 것은, 노벨상 수상자가 없는 국가나 연구기관에서 처음 한 명의 노벨상 수상자를 배출하기가 어렵다는 것을 의미한다. 이는 일단 자생적으로 노벨상 수상자를 배출할 경우 또다시 노벨상이 나올 개연성이 상당히 높다는 것을 알려 준다. 한국에서 최초의 노벨상 수상자를 그토록 바라는 이유이기도 하다.

물리화학의 발전

물리화학이 20세기 초창기를 주도하면서 현대 과학을 이끈 원동력이 되었다는 것은, 근대 과학의 발전이 매우 큰 영향을 미쳤다는 것을 의미한다. 물리화학의 3인방에 대해 임경순 박사의 글을 참조로 하여 설명한다.

물리화학이라는 분야는 앞에서 설명한 세 명의 이온주의자들로부터 시작했다고도 과언이 아닌데, 이들은 모두 당시 독일 과학의 주변부에서 자라났고 학문적으로 서로 밀접하게 연결되는 공통점을 갖고 있다.

우선 1852년에 태어난 반트 호프는 네덜란드 출신이고, 반트 호프보다 7살 아래였던 아레니우스는 스웨덴의 웁살라 대학을 나왔다. 또한 러시아 발트해의 국경에 있는 독일 변방에서 자라난 오스트발트도 라이프치히 대학에 자리를 잡았다.

반트 호프는 1852년 8월 30일 네덜란드의 로테르담에서 의사의 7자녀 중 셋째 아들로 태어났다. 어려서부터 노래, 피아노, 수학 등에 소질을 나타내었으며 네덜란드의 델프트에 있는 폴리테크닉과 라이덴 대학에서 수학했고, 1872년에 독일의 본에 있는 케쿨레의 연구실에서 유기구조론, 탄

| 오스트발트 |

소결합 등에 대하여 배웠다. 1874년에 귀국한 반트 호프는 곧바로 정사면체 탄소원자설을 발표하였으며, 유트레흐트 대학에서 학위를 받았다.

반트 호프는 케쿨레의 분자구조론에서 탄소가 4가라는 사실에 주목하고, 광학이성질체의 존재를 설명하기 위하여는 탄소가 4면체형 구조를 가져야 한다는 결론을 내렸다. 탄소원자가 정사면체의 꼭지점으로 연결되는 입체구조를 나타낸다는 뜻이다.

1884년부터 반트 호프는 기체 법칙인 아보가드로 법칙, 보일의 법칙, 게이-뤼삭의 법칙 등을 용액에 적용해서 자신의 삼투압 법칙을 정리하고 있었다. 그런데 이 과정에서 그는 묽은 용액 속에서 비례상수가 자꾸 변하기 때문에 일관된 삼투압 법칙을 찾는 데 어려움을 겪고 있었다. 이때 아레니우스가 반트 호프에게 편지로 자신의 전리설을 알려 주었고, 이를 바탕으로 1887년 비로소 완전한 삼투압 법칙을 확립했다. 이 논문은 같은 해 오스트발트가 주도해서 발간한 《물리화학지Zeitschrift fur physikalische Chemie》의 창간호에 실렸다.

결국 반트 호프는 아레니우스의 전리설을 바탕으로 해서, 1888년 1월 자신의 '희석의 법칙'을 발표했고, 1901년 화학상을 받았다. 그의 노벨상 수상 내용은 〈화학동역학의 법칙 및 삼투압 발견〉으로 그는 입체화학의 창시자로 알려진다.

반트 호프에 의해 제기된 입체화학은 간단하게 말하여 분자의 구조와 형태를 3차원으로 그려 분석한다는 것을 의미한다. 이것이야말로 추후 폭발적으로 연구되는 화학과 생리의학에서의 구조를 분석하여 그 원리를 규명하는 토대가 되었다.

아레니우스는 1859년 2월 19일 스웨덴의 웁살라 부근에서 태어났고, 17세 때 웁살라 대학에 입학하여 물리, 화학, 수학을 공부하였다. 1884년에 제출된 그의 전해질에 관한 학위 논문은 워낙 생소한 부분을 다루었으므로 심사위원들조차 그 이론을 제대로 이해하지 못하여 논란의 대상이었다.

당시 화학계는 원자는 쪼갤 수 없다는 돌턴의 주장과 원자 자체가 존재하지 않는다는 주장으로 갈라져 있었다. 그런데 아레니우스의 학위 논문은 '원자들은 존재하지만 쪼갤 수 있다'고 설명하여 두 주장 모두 틀렸음을 암시했다. 특히 그는 학위 논문에서 전류가 전혀 없을 때에도 용액에 수많은 전기적으로 하전된 입자들이 떠다닌다는 것을 주장하여, 심사위원들로 하여금 논리 자체는 이해하기 어렵지만 박사 학위로서의 가치는 인정 받아 간신히 통과되었다. 물론 그의 박사 학위 자체에 대한 평가는 최하 점수였다.

여하튼 박사 학위를 최하위 성적으로 간신히 통과한 아레니우스는 자신의 논문을 반트 호프와 오스트발트에게 보냈는데, 두 사람은 곧바로 아레니우스 이론의 중요성을 인정하면서 그를 초청하려고 했다. 외국에서 오히려 아레니우스를 보다 높이 평가하자 웁살라 대학에서는 마지못해 그를 물리화학 강사로 임명하였다.

그는 이후 이온설, 반응속도론을 비롯하여 천체 현상이나 기상학에도 관심을 보였다. 1887년에는 지구 대기 중 전기 현상에 대한 태양광선의 영향에 대한 논문을 발표했고, 1896년에는 '대기 중의 이산화탄소 농도가 증가하면 세계적인 기온 상승을 가져올 수 있다(온실 효과)'는 논문을 발표하였다.

그가 특별히 관심을 가진 분야는 이 세상에 어떻게 생명체가 태어났느냐 하는 것이었다. 놀랍게도 그는 지구상의 생명체가 지구에서 자연적으로 태어난 것이 아니라 외계에서 날아온 것이라는 '판스퍼미아(汎菌論) 이론'을 제기하여 많은 논쟁의 대상이 되기도 했다.

판스퍼미아 이론이란 간단하게 말하여, 지구상의 생명은 지구 내의 무기물질로부터 생겨난 것이 아니고, 먼 행성으로부터 표류하면서 포자(胞子) 형태로 도착한 박테리아로부터 시작되었다는 것이다. 이 부분은 〈화성 복덕방〉의 장에서 다시 설명하겠다.

아레니우스는 많은 저술을 남긴 것으로도 유명한데, 그 중 『우주물리학 교과서』, 『화학과 면역화학의 이론』, 『화학과 새생활』, 『세계의 형성』, 『세계 인간』, 『별의 운명』 등이 전 세계적으로 번역되었다.

오스트발트는 라트비아의 리가에서 출생하여 도르파트 대학을 졸업하고, 1877년에 리가 대학 강사를 거쳐 1881년에 교수가 되었다. 산(酸)의 강도 등에 관한 물리화학적 연구로 학위를 받았으며, 아레니우스의 이온설을 실험적 증명으로 뒷받침하여 아레니우스의 신봉자로서 이온설의 보급에 크게 공헌하였다. 1887년 라이프치히 대학 교수로 옮겨 물리화학을 담당하였고, 같은 해에 반트 호프와 공동으로 《물리화학 잡지》를 창간하였다. 화학평형·반응속도·촉매에 의한 암모니아산화의 공업적 방법에 관한 연구로 아레니우스의 적극적인 지지를 받으면서 1909년 노벨 화학상을 받았다.

초창기 이온주의 3인방으로 불리는 이들의 중요성은, 화학에 있어서 이론과 수학의 역할을 강조하여 근대 과학의 많은 부분에서 절대적인 공헌을 했다는 점이다. 그들이 이처럼 똘똘 뭉칠 수 있었던 것은 물리학과 화학이 통일될 수 있고, 또한 통일되어야 한다는 믿음을 갖고 있었기 때문이다. 이들 세 명이 같은 분야를 연구하면서도 서로 경쟁보다 협동을 앞세울 수 있었던 것은 각자가 확실한 전문 분야를 갖고 있었기 때문이다. 아레니우스의 '이온설', 반트 호프의 '삼투압 법칙', 오스트발트의 '희석의 법칙'은 서로 연계되지만 약간씩 다른 내용을 포함하고 있다. 여하튼 이들 세 이론은 중심 이론으로 발전하면서 물리화학 분야가 두각을 나타내는 결정적인 계기가 된다.

라이프치히 대학의 〈오스트발트 연구소〉는 그 뒤 발터 네른스트와 같은 우수한 제자들을 길러냈고, 계속하여 물리화학 분야에 많은 교수 자리가 생기자 물리화학은 계속하여 중요한 연구 분야로 정착된다. 영국에서도 램지(William Ramsay)와 워커(James Walker)가 중심이 되어 자리를 잡아 나갔다.

물론 모든 학자들이 물리화학의 성장을 반갑게 생각하는 것은 아니었다. 독일에서는 유기화학자들이 물리화학을 배척하는 데 앞장섰고, 영국에서는 유기화학자보다는 오히려 무기화학자들의 저항이 심했으며, 프랑스에서는 독일과의 전쟁에서 패하자 물리화학의 전파를 기피했다. 이에 반해서 미국에서는 물리화학이라는 새로운 학문 분야가 꽃을 피운다.

오스트발트와 네른스트의 제자들은 미국의 하버드, MIT, 코넬, 위스콘신, 스탠퍼드, 컬럼비아, 존스홉킨스 등의 대학에서 자리를 잡았으며, 더불어 탁월한 물리학자들도 가세하는 것은 물론 산업체의 연구실에서도 물리화학의 중요성이 인식되기 시작했다.

1903년에 문을 연 노이즈(A.A. Noyes) 박사의 〈물리화학 연구소〉에서는 우선 강전해질이 오스트발트의 '희석의 법칙'에 따르지 않는 것에 주목하고, 이 비정상적인 현상을 설명하기 위해서 도전했다. 이런 문제를 해결하는 과정에서 그들은 화학 결합을 전자의 이동으로 설명하려는 톰슨의 전자이론을 접하게 되었고, 마침내 화학 결합의 성질과 전자의 역할 등을 다루는 분자 구조에 관한 문제로 발전했다.

또한 노이즈 박사는 학생들에게 화학 평형에 관한 연구뿐만이 아니라, X-선과 전자회절 기술, 분자 구조를 연구하기 위한 적외선 분광학 등에 관한 연구를 강조하는 등, 물리학과의 광범위한 협동 연구를 추진했다. 이런 토양에서 양자화학적 방법을 이용해서 화학 결합과 분자 구조의 이해에 대한 신지평을 열었던 라이너스 폴링(Linus Pauling)이 배출되며, 결국 이 분야의 연구로 1954년 노벨 화학상을 수상한다.

미국에서 물리화학이 특별히 번성하게 된 요인에 대해 임경순 박사는, 당시에 성장하기 시작했던 미국의 산업체에서 많은 화학자들을 필요로 했기 때문이라고 지적한다.

제1차 세계대전이 일어나 독일의 원료 수입이 차단되자 미국의 산업체들은 독자적으로 연구하지 않을 수 없었기 때문에 자동적으로 화학자들이 산업체에서 새로운 역할을 할 수 있는 기회가 많아졌다. 1901년 창립된 워싱턴의 〈카네기 연구소〉가 처음 15년 동안 화학자들에게 지원했던 기금 가운데 85%가 물리화학 분야에 돌아갔다는 것은 바로 이 점을 반증해 준다.

물리학의 이론 및 물리적 측정 수단을 써서 얻은 결과가 물질의 구조 및 화학 변화 등의 화학적 성질을 연구하는 화학의 한 분야로 발전하면서 산업체에 중요하게 인식된 것이야말로 현대 과학이 태어나게 만든 요인 중의 하나라고 설명하는 학자들도 있다. 물리화학이 그만큼 현대 과학에서 큰 비중을 갖게 되었다는 것을 의미한다.

이에 부수하여 입체화학 또한 눈부시게 발전했다.

입체화학이란 화합물의 입체 배치 및 이와 관련되는 모든 현상을 대상으로 하는 화학이다. 유기화합물의 입체 배치에 의한 광학이성질 현상의 발견에서 출발하여, 무기화합물 특히 착염화학(錯鹽化學)의 분야에서 급속히 발전하였다.

1860년 파스퇴르에 의한 타르타르산의 광학이성질체 발견에서 비롯되어 반트 호프가 제창한 탄소의 정사면체 결합설에 의해서 유기화합물의 입체 구조와 물리적 성질의 관계가 밝혀지고, 다시 분자의 형태 개념이 밝혀져서 많은 입체 특이반응이 해명되었다. 이것은 질소화합물에도 적용되어, 1893년 베르너에 의해서 무기화합물의 입체 구조에 관한 배위형식(配位形式)도 밝혀졌다.

20세기에 들어서면서 양자화학(量子化學)의 발전과 더불어 자성(磁性), 쌍극자(雙極子)모멘트의 측정 등에서 급격히 발달하여, X선·전자빔·중성자빔 등에 의한 구조해석의 기술에 의해서 구체적인 구조도 알 수 있게 되었다. 현재는 가시선·자외선·적외선 흡수 스펙트럼 등의 분광학적 수단을 이용하며 상자성 공명, 전자스핀 공명 등의 마이크로파 분광학도 이용한다.†

이들의 중요성은 이 분야의 연구로 수많은 과학자들이 노벨상을 수상했다는 것으로도 알 수 있다. 노벨상 초창기, 고집스럽게도 물리화학을 주장했던 '이온 3인방'의 역할이 새삼 높게 평가되는 이유이다.

한국에서 연례적으로 시행되는 김장 김치의 원리가 노벨상과 과학 발전사에서 가장 중요한 역할을 했다는 것을 감안하면, 앞으로 우리의 생활에서 노벨상을 받을 가능성은 매우 높다고 볼 수 있다. 많은 한국 과학도가 그 도전에 선뜻 나설 것을 생각하면 뿌듯하지 않을 수 없다.

† 『20세기 과학의 쟁점』, 임경순, 민음사, 1995

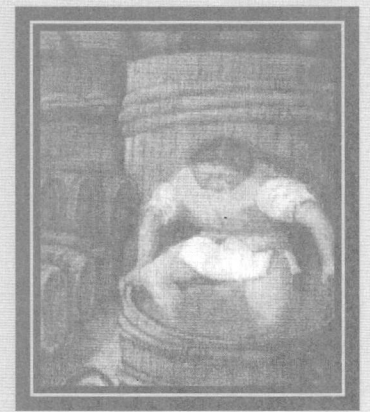

막걸리
Makgeolli

막걸리나 맥주가 같은 효모균을 사용하는 것을 감안할 때,
만약에 막걸리가 서구인들에게 먼저 도입되어 한국과 같이 수많은 사람들이 애용하는 주류였다면
학자들이 우선 막걸리의 발효 방법에 대해 연구하였을 것이며,
맥주보다 막걸리가 노벨상을 받았을지도 모른다.
한국인들이 많이 마시는 막걸리나 청주를 노벨상의 대열에 삽입해도
무리가 아니라는 뜻이다.

- 본문 중 -

막걸리

가장 보편적이고 오랫동안 인간에게 없어서는 안 될 필수적인 진정제는 알코올이다.

과일즙이나 곡물을 발효시키는 방법은 선사시대에도 알려져 있었고, 증류를 통해 자연적인 발효주보다 더 강한 술을 만들 수 있다. 그러나 알코올은 모르핀처럼 중독을 유발하며, 그 양에 따라 큰 해가 될 수 있는데도 마약처럼 규제하기 어렵다. 실제로 미국에서 1920년부터 1933년까지 실시된 금주법은 커다란 실패를 가져 왔다.

흥미로운 사실이지만, 최초로 술을 빚은 동물은 사람이 아니라 원숭이라고 알려져 있다. 원숭이가 나중에 먹기 위해 움푹 파인 바위 틈새나 나무 구멍에 과일을 감추어 두고 그 후 그만 어디에 저장해 두었는지 잊어버렸다. 시일이 지나 과일이 자연발생적으로 발효되어 인간이 먹게 되었는데, 그동안 인간이 먹어 보았던 것과는 그야말로 달랐다. 이것이 유명한 원숭이술(猿酒)이다.

이후 인간들은 천연이 아닌 인공적으로 술을 만들기 위해 노력했다. 물론 수렵과 채취 시대의 술은 과실주였고, 유목민들에게는 가축의 젖으로

| 상나라 청동 술단지 |
상나라시대 청동단지 안에는 3000년도 넘은 술이 여전히 남아 있었다.

만든 젖술이 개발되었다. 농경시대에 들어와 정기적으로 곡물의 생산이 가능해지게 되자 곡주가 태어났다. 곡주가 태어나자 청주나 맥주와 같은 곡류 양조주가 등장했고, 소주나 위스키와 같은 증류주가 가장 늦게 개발되었다.

술, 즉 알코올처럼 인간에게 가장 친근한 물질은 없다고 해도 과언이 아니다. 알코올이 인간 사회에 들어오기 시작한 이래 사람들은 기쁜 일이 있을 때에도 술을 마시며 슬픈 일이 생길 때에도 술을 마신다. 이러한 알코올에 대해 학자들이 주목하지 않을 리 없다.

부흐너(Eduard Buchner)는 발효에 대한 과학적인 연구로 1907년에 노벨 화학상을 받았다. 또한 오일러켈핀(Hans Karl August Simon von Euler-Chelpin)과 하든(Sir Arthur Harden)은 알코올의 발효에 관한 연구로 1929년에 노벨 화학상을 수상했다.

알코올과 같은 물질을 연구하여 노벨상을 수상했다는 것을 이상하게 생각하는 독자들은 없을 것이다. 인간에게 가장 친근한 물질이라는 뜻은 인간에게 가장 큰 영향을 미치고 있는 물질이라는 의미이므로, 그러한 물질을 연구하는 것이야말로 인간을 보다 정확하게 연구할 수 있는 계기가 되는 것은 자명한 사실이다.

알코올 = 생명의 물

| 부흐너 |

술을 의미하는 라틴어의 'Aqua Vitae'는 '생명의 물'이라는 뜻이다.

한방(韓方)에서도 술은 백약 가운데 으뜸으로 꼽고 있다. 그러나 술이 만병통치약은 아닐 뿐더러 영양적으로 효과를 볼 수 있는 사람은 체질적으로 제한되어 있다고 한다. 독한 술이라고 모두 몸에 해로운 것은 아니듯이 약한 술이라고 모두 몸에 이로운 것은 아니라는 사실은 잘 알고 있을 것이다.

술에 대한 과학 지식은 효소에 대한 인간의 지식이 알려지기 시작한 18세기 중반으로 거슬러 올라간다. 1752년에 프랑스의 레오뮈르(Rene Antoine Ferchaultde Reaumur)는 노란색 액체가 위 속의 음식물을 소화시킨다는 것을 발견했으며, 스코틀랜드의 스티븐스는 이 액체를 분리하였다. 이 용해 과정은 몸 밖에서도 일어나는데, 이것을 몸에서 제거하면 생명이 위험하다는 것을 알아냈다.

1897년에 독일의 화학자 부흐너는 위액에서 음식물을 분해하는 소화액을 발견했고, 그리스어로 '소화'를 뜻하는 '펩신'이라고 불렀다. 학자들은 효모 세포와 같은 미생물에 의한 발효와 펩신과 같은 무생물에 의한 발효를 구별하여 펩신을 '효소'라고 불렀지만, 오늘날 효소란 이 두 가지를 모두 뜻한다.

막걸리를 비롯한 맥주, 포도주 등의 술 이외에도 빵을 만드는 데 사용되는 미생물 효모(효소)에 대해 살펴보자. 효모는 대부분 지낭균 무리에 속하는 미생물로서 효모균, 뜸팡이, 발효균, 이스트라고도 불린다. 효모는 곰팡이나 버섯 무리와 함께 진균류에 속하며, 균사가 없고, 엽록소가 없으므로 광합성 기능도 없고, 운동성도 없는 8미크론 정도의 원형 또는 타원형인 단세포 생물이다.

알코올 발효를 비롯한 식초 발효 및 발효식품 제조 등은 오래 전부터 사용되어 왔지만, 미생물로부터 발효가 일어난다는 사실을 인간이 인식한 것은 얼마 되지 않는다. 미생물은 포목상이면서 렌즈를 연마하던 네덜란드인 레벤후크(Antonie van Leeuwenhoek)에 의해 처음으로 발견되었다. 그는 최고 확대율이 약 270배인 현미경을 제작했다. 레벤후크는 이 현미경을 사용하여 자연계의 여러 시료를 관찰해 여러 형태의 미생물을 발견했고, 이것들을 미세동물(animalcules)이라고 기록했다. 그러나 레벤후크는 이 미세동물이 발효, 부패 혹은 전염병의 원인이 된다고는 생각하지 못했다.

미생물의 작용에 의해 발효가 일어난다는 사실을 발견하고, 미생물학이 과학의 한 분야로서 확립되게 된 것은 레벤후크로부터 약 1세기가 지난 19세기 초반부터이다.

1837년에 프랑스의 드라토르(Charles Cagniard de la Taur)와 독일의 슈반(Theodor Schwann)은 각각 독립적으로 '알코올 발효 중에 당을 에탄올과 탄산가스로 전환시키는 현미경적 작은 생명체(효모)가 존재하며, 알코올 발효는 이 작은 생명체에 의해서 일어나는 생리현상'이라는 내용을 발표했다. 파스퇴르(Louis Pasteur)는 포도주 양조 과정에서 포도주가 산패(酸敗)하는 원인을 규명하기 위해 발효액을 조사하던 중에 효모 이외에도 더 작은 생물, 즉 산을 생성하는 세균이 있으며, 산패는 이 세균에 기인한다는 것을 발견했다. 또한 모든 발효 과정은 미생물의 생리활동의 결과라는 사실을 확인하였다.

그는 곧바로 '특정 유형의 발효는 각각 특정 미생물에 의해 매개되는 반응'이라는 것을 발표했다. 즉 알코올 발효는 효모에 의해서, 젖산은 젖산균에 의해서 생성된다는 것이다. 그리고 맛이 없는 포도주를 조사하는 과정에서 공기를 싫어하는 세균, 즉 공기가 없는 곳에서만 살 수 있는 혐기성(anaerobic) 세균의 존재를 발견하고, 이 세균이 부티르산(butyric acid)을 만든다는 것을 확인했다.

파스퇴르와 같은 시대에 살았던 덴마크의 한센(Hansen)은 맥주 효모의 순수 배양에 성공했다. 그는 우량 효모를 순수 분리하여 이 종균을 코펜하겐의 칼스버그 양조장에서 시험 제조하는 데 성공하였다. 그가 사용한 방법은 유명한 '한센 희석법'이었고, 곧이어 린드너(Lindner)에 의해 '방울 배양법'이 고안되었다.

이들 선구자에 의해 개척된 미생물 이용은 곧이어 비약적인 발전을 이룬다. 그럼에도 불구하고 파스퇴르가 이 분야에서 독보적인 존재로 여겨지는 것은, 그에 의해 '발효는 산소가 없는 곳에서 일어나는 호흡, 즉 생물의 혐기성 에너지 획득 방식'이라는 것이 밝혀졌기 때문이다.

효모는 당분을 알코올과 이산화탄소로 분해하는 발효 작용을 하는데, 부흐너는 복합적인 효소의 작용을 밝힘에 따라 효모를 이용한 생화학작용에 획기적인 기여를 했다. 그는 효모 세포를 모래로 으깨 모든 세포를 깨트려 유동액을 얻었다. 이것은 극렬한 조건을 부여하지 않고 온전한 세포가 없는 액을 얻을 수 있는 방법이다. 그는 이 액을 장시간 사용하기 위해 상하지 않도록 설탕 용액을 가했다. 이것은 그 당시 부엌에서 식품 방부를 목적으로 흔히 사용하던 방법이었다.

그런데 이 액에서 새로 따라놓은 맥주에서 발생하는 것과 같은 기포가 발견되었고, 그 기체가 탄산가스임도 확인되었다. 이것이 바로 무세포계 발효의 발견이었다. 발효(fermentation)란 용어는 '끓어오르다'라는 라틴어 'fervere'에서 유래된 것으로, 효모가 당분을 혐기 상태에서 대사할 때 발생하는 이산화탄소의 거품이 끓어오르는 현상에서 나온 말이다.

부흐너의 연구는 효모를 마쇄하여 살아 있는 세포를 제거시킨 효모 추출액이 당을 알코올로 변환시킨다는 것을 확인한 것으로, 생물학적 전환은 특정 효소의 촉매 작용으로 일어나는 화학적 반응이라는 사실을 밝혀낸 것이다. 이러한 개념은 곧바로 효소 화학 연구와 생화학 연구의 급격한 발전을 가져 온다. 즉 미생물에 의한 해당(解糖) 과정, 알코올 발효, 젖산 발효가 규명되자 미생물에 의한 발효 화학은 생화학이란 독자적인 영역으로 발돋움한다. 부흐너의 발견은 생기론에 마지막 타격을 가했고 20세기 생화학, 생리학, 유전학 등의 길을 닦았다.

여하튼 오늘날 사람들이 즐기는 수많은 맥주나 포도주를 비롯한 발효주, 수많은 식품과 발효 음료수가 부흐너의 연구로 보다 명쾌하게 규명되었으며, 발효 기법은 항생물질과 중요한 생물학적 약품들을 만드는 데 크게 기여하였다. 부흐너의 발효에 대한 과학적인 연구는 발효의 개척자적인 연구의 시발점으로 간주되며, 그는 1907년에 노벨 화학상을 받았다. 그의 수상 논문은 〈베세포적 발효 발견〉이다.

그가 발효 연구로 노벨상을 받기 전에 그의 연구를 감독하던 감독관은 그가 노벨상을 수상한 연구가 비생산적이고 시간 낭비라며 연구를 중단하라고 촉구했다는 에피소드도 있다. 현대인들이 가장 애용하는 술 중의 하나인 맥주 제조법으로 노벨상을 받았다는 것을 알고 있는 독자들이 얼마나 있는지 모르겠다.

그는 노벨상을 받았음에도 제1차 세계대전이 발발하자 57세의 나이에 자원하여 루마니아 전방 야전병원에서 소령으로 근무하였고, 전방에서 상처를 입어 1917년에 사망하였다.

그는 독일을 위한 진정한 애국심을 행동으로 보이겠다는 생각으로 학문적인 명예와 늙은 나이에도 불구하고 전방 근무를 지원한 것이다. 영국 과학자 모즐리(Henry Gwyn Jeffreys Moseley)도 이때 전사하였다. 모즐리의 군 입대도 부흐너와 마찬가지로 애국심의 표현이었다.

포도주

포도주는 암펠리과(Ampelidaceae科)에 속하는 넝쿨식물인 포도를 발효하여 만든 천연 포도주스이다. 지질학상 제3기(紀) 시대에 속하는 포도가지 및 잎 화석이 발견되는 것을 볼 때 포도는 매우 오래 전부터 지구상에서 자란 것을 알 수 있다.

고고학자들은 포도주의 기원을 최소한 6천 년 이상으로 추정하고 있는데, 기원전 4천5백 년경에 페르시아에서 포도주를 제조했다는 기록이 남아 있고 기원전 2천5백 년 경의 이집트 벽화의 부조에도 포도주를 담그는 장면이 그려져 있다. 2004년에는 중국 후난성의 고고학 유적지에서 최대 9천 년 전까지 거슬러 올라가는 양조(釀造)의 증거가 발견됐다고 발표되었다. 중국 과학기술대 장주종 교수팀과 미국 펜실베니아대 패트릭 맥거번 교수팀은 후난성의 3개 유적지에서 발견한 토기 파편과 청동 술병에 남아 있는 성분을 분석해 이 같은 결론을 얻었다는 것이다.

그들이 9천 년 전 초기 신석기 부족의 유적에서 발굴한 토기 파편에 흡수돼 있는 성분을 분석한 결과 쌀과 꿀, 과일(산사나무 열매 또는 포도)이라는 것이 확인됐다. 즉 쌀의 전분을 꿀로 발효시킨 '꿀술'이었다.

한편 상나라 시대 유적에서는 밀봉된 상태의 청동 술단지가 발견됐는데 그 속에는 술이 담겨져 있었다. 3천 년도 넘은 청동단지 안에 술이 들어

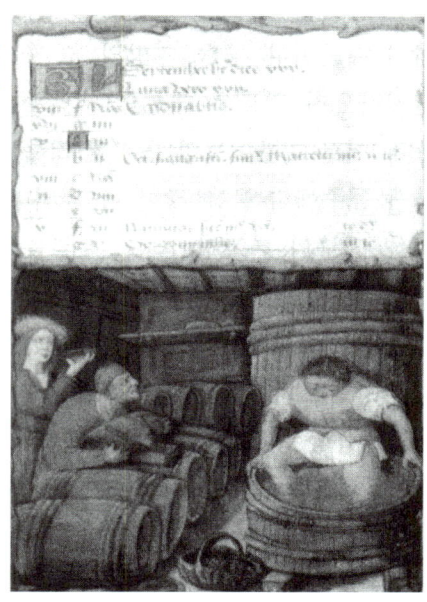

| 1940년경의 포도주 제조 모습 |
포도를 압착한 후 발효시켜 만드는 포도주는 이미 기원전 3천 년경에 페르시아 지방에서 제조되기 시작하였다.

있었던 것이다.

이런 고고학적 발견을 근거로 포도에서 술을 만든 최초의 인류가 중국인이라는 주장도 제기됐다. 즉 9천 년 전 토기 파편에서 발견된 주석산은 포도에 많이 들어 있는 성분이기 때문이다.

물론 주석산이 산사나무 열매 등 다른 과일에서 비롯될 가능성도 있으므로 아직 학계의 공인을 받은 것은 아니다.✢

그러나 포도주가 세계적으로 널리 퍼지게 된 것은 고대 그리스와 로마 때문이다. 로마제국이 식민지를 확장하면서 포도 재배와 포도주 생산법을 전파해 주자 각지에서 포도주 생산이 활성화되었다. 그러나 로마가 멸망하자 포도주를 생산하는 지역은 급격히 줄어들었기 때문에 종교적인 용도로 명맥이 유지되었다. 특히 가톨릭에서 포도주는 성스러운 신의 선물로 간주되어 미사주로 사용되었다. 이것이 중세시대에 수도원에서 포도주 생산을 담당한 이유이다.

일반적으로 포도주 양조에 있어서는 포도의 색, 포도즙의 품질 등을 매우 중요시 생각하는데, 이것은 포도의 각 품종으로부터 고유의 독특한 향취와 맛을 지닌 포도주가 생산되기 때문이다. 그러므로 같은 품종이라도 다른 토양에서 재배하면 다른 포도주가 생산된다.

대표적인 포도주는 적포도주와 백포도주인데, 이들은 제조 당시 어느 포도주를 만들고자 하느냐에 따라 제조 방법이 달라진다. 백포도주인 경우 포도즙으로부터 껍질과 씨를 분리시켜 압착한 다음 발효시키며, 적포

✢ 「9000년 전에도 술 빚어 마셨다」, 과학동아, 2005. 1

도주는 껍질과 씨를 함께 발효시킨다. 그러나 모든 포도는 껍질 안에 하얀 과육이 있기 때문에 적포도로 백포도주를 만드는 것이 가능하다. 반면에 백포도만 갖고는 적포도주를 만들 수 없고 적포도와 혼합하여야 한다. 발효된 즙은 숙성시키기 위해 나무로 된 통으로 보내지는데, 이 나무통의 재질과 통에 담겨 있는 시간에 따라 향과 맛에 영향을 준다. 가장 많이 사용되는 것은 오크통이다.

포도주에는 85%의 물과 12~15%의 에틸알코올, 그리고 소량의 주석산과 기타 다른 물질로 구성되어 있으며 지방은 전혀 없다. 4온스의 백포도주는 104Kcal 정도, 적포도주는 110Kcal 정도의 열량을 내며, 당도에 따라 10% 정도 더 칼로리가 많은 포도주도 있다. 일반적으로 알코올 도수가 높은 포도주는 알코올 성분 때문에 칼로리가 높다.

여기에서 일반인들에게 가장 잘못 알려진 이야기는, 포도주는 오래 묵히면 묵힐수록 비싸다는 통설이다. 신문에서 가끔 가다가 오래 묵은 귀한 포도주 한 병이 경매장에서 수만 달러에 팔렸다는 기사가 나오기 때문에 이러한 이야기가 사실로 여겨진다.

그러나 이러한 포도주는 장기간 보관이 가능하도록 특별하게 제조된 포도주에 한한다. 장기간 보관할 수 있도록 특별히 제조된 포도주를 특별한 방법으로 저장한 경우에 한하여 가격이 상승한다는 뜻이다. 한 예로 세계적으로 유명한 보르도 적포도주인 경우, 맛이 너무 강하고 떫어서 몇 십 년을 묵혀야 가장 맛이 좋아지므로 특별히 장기간 보존할 수 있도록 제조 방법은 물론 보관하는 병의 형태도 다르게 만들어 특별한 장소에 보관하고 있는 것이다.

대부분의 포도주는 1년에서 5년 사이에 마시도록 제조되어 있으므로 오랫동안 묵혔다고 해서 가격이 비싸지는 것은 아니다. 막걸리를 100년 묵혔다고 해서 더 맛이 좋아지지는 않는다. 오히려 식초로 변질되었기 십

| 포도주와 한국술 |
서양의 술과는 달리 우리의 전통주는 쌀에 있는 전분을 포도당으로 전환하는 작업이 선행된다.

상이다. 포도주의 목적은 일반인들이 마시는 용도로 제조된 것이므로 가장 적절한 시기에 마시는 것이 가장 좋다는 뜻이다. 일반적으로 포도주가 건강에 좋다는 것은 제조업자들의 농간이라고 혹평하는 사람들도 있으나, 대체로 적당한 알코올이 혈소판 응집을 억제하는 효과가 있어 심장병 예방에 좋다는 것은 잘 알려져 있다.

한편 의사들이 종종 숙면을 위해 적포도주를 권하는 이유가 밝혀졌다.

그동안 학자들은 적포도주의 수면 유발이 알코올 성분 때문으로 추정했다. 그러나 이탈리아 밀란 대학의 연구팀은 적포도주의 수면 유발이 멜라토닌 성분 때문에 일어난다는 사실을 밝혀냈다. 많은 적포도주의 원료에 멜라토닌 성분이 함유되어 있는데, 멜라토닌은 뇌에서 분비되는 호르몬으로 수면을 유발하는 역할을 한다는 것이다. 연구팀은 식물 백신인 벤조티아디아졸과 함께 사용하면 더욱 효과가 좋다는 사실도 밝혔다.†

여기에서 우리나라 특산물인 막걸리에 대해서 살펴보자.

막걸리의 제조 과정이 맥주나 포도주의 알코올 발효와 다른 점은, 미생물에 의해 당화가 일어난다는 점, 누룩에 의한 당화와 효모에 의한 알코올 발효가 동시에 진행된다는 점이다. 한국의 전통 주류를 만들 때는 서양식 주류에 비해 한 번 더 손이 가야 하는데, 쌀에는 포도당의 원료인 전분(녹말)만 있기 때문이다.

그래서 술을 담글 때 우선 전분을 포도당으로 전환시키는 작업이 선행

† 「적포주를 마시면 졸린 이유는 알코올이 아니다」, 과학향기, 2006. 7. 3

되어야 한다. 쌀을 증기로 찐 다음 여기에 누룩곰팡이를 접종하면 전분이 포도당으로 변한다. 여기에 효모라는 곰팡이를 가하는 것이다. 이 효모는 최근에 맥주 효모균과 같은 종류(Saccharomyces cerevisiae)로 밝혀져 맥주나 막걸리가 같은 원리로 만들어졌음이 확인되었다.

필자의 단견이기는 하나 막걸리나 맥주가 같은 효모균을 사용하는 것을 감안할 때, 만약에 막걸리가 서구인들에게 먼저 도입되어 한국과 같이 수많은 사람들이 애용하는 주류였다면 학자들이 우선 막걸리의 발효 방법에 대해 연구하였을 것이며, 맥주보다 막걸리가 노벨상을 받았을지도 모른다. 한국인들이 많이 마시는 막걸리나 청주를 노벨상의 대열에 삽입해도 무리가 아니라는 뜻이다. 막걸리는 뒤에서 다시 설명하겠다.

발효법으로는 15% 정도 농도의 에틸알코올만 얻을 수 있다. 에틸알코올의 농도가 증가하면 효모균 자신이 스스로 만든 알코올에 중독되어 발효 활동을 정지하기 때문이다. 따라서 수십 퍼센트 이상 농도를 가진 주류를 만들려면 일반 발효에 의해서 만든 알코올 용액을 증류하여 그 농도를 증가시켜야 한다. 위스키, 코냑, 아르마냑 등 거의 모든 주류가 증류 방식을 거쳐 만든 것이다. 술의 에탄올 농도는 도(proof)로도 표시하는데, 이것은 퍼센트 농도의 두 배에 해당하는 값이다. 따라서 50도라는 것은 에탄올 농도가 25%인 술을 의미한다.

양조주를 가열하면 알코올의 끓는점(78℃)이 물의 끓는점(100℃)보다 낮으므로 알코올이 물보다 먼저 증발하게 된다. 이 증발하는 기체를 냉각시키면 다시 액체가 되는데, 양조주보다 알코올 농도가 훨씬 높아지며 이를 '증류주'라고 한다. 증류(distillation)란 말도 용액이 한 방울씩 뚝뚝 떨어진다는 의미로서, 이 증류 장치를 '스틸(still)'이라 한다.

참고적으로 맥주나 포도주와 같은 양조주를 증류하면 증류주가 된다. 맥주와 같이 곡물을 원료로 사용한 양조주를 증류하면 위스키나 보드카,

진 등이 되고, 포도주를 증류하면 브랜디가 된다. 이 브랜디 중에서 가장 유명한 것이 코냑과 아르마냑이다.[†]

증류 방법으로는 에탄올의 농도를 약 95%까지 올릴 수 있다. 그러나 세계 각 지방에서 만들어지는 고급 술의 에탄올 농도는 40~50%이다. 에탄올의 농도를 약 50%까지 높이면 에탄올 분자와 물 분자의 움직임이 가장 느려지는데, 이때가 가장 좋은 숙성 시기이기 때문이다. 동시에 술맛 또한 좋다.

세계적으로 스코틀랜드의 위스키가 유명한 것에는 숨은 내력이 있다.

1707년 대영제국이 재정을 마련하기 위해 과도한 주세를 부과했다. 그러자 스코틀랜드인들이 주세를 피하기 위해 증류기를 산 속으로 옮기고 위스키를 몰래 만들기 시작했다. 이것이 스코틀랜드 위스키가 '달빛치기(Moon Shiner)'라는 별명을 갖게 된 이유이다. 또한 몰래 증류한 위스키를 술이 아닌 것처럼 위장하기 위해 오크통 속에 담아서 동굴 같은 곳에 숨겼다. 몇 년 뒤에 통 속의 위스키를 따라 보니 호박색의 맛이 부드럽고 향이 좋은 고급 술이 되어 있었다고 전무진 박사는 기술하고 있다.[††]

맥주

자연 발효는 곡물이나 포도에 함유된 당분을 알코올로 만들거나 우유를 요구르트나 치즈로 가공하는 데 이용된다. 독자들은 알코올이나 이산화탄소라면 곧바로 그 연구가 무엇을 의미하는지 알아챌 수 있을 것이다. 여러 가지 발효 분야가 있지만, 그 중에서도 발효가 가장 많이 사용되는 분야는 아무래도 맥주나 포도주의 생산 등 양조업이라고 볼 수 있다.

맥주는 1953년 메소포타미아에서 발견된 점토판에 '건조한 보리로 만든 빵에 물을 부어 자연 발효 맥주를 만들었다'라는 기록도 있다. 이 시대

[†] 「술의 효시는 원숭이의 과일주」, 전무진, 과학과기술, 2003. 12
[††] 「술의 효시는 원숭이의 과일주」, 전무진, 과학과기술, 2003. 12

는 기원전 4천 년경이다. 유명한 바빌론의 함무라비(기원전 1728~1696) 법전에는 다음과 같은 기록이 있다.

> 108조 : 맥주 집 주인이 맥주 값으로 곡식을 받지 않고 은전을 요구하거나 곡물 분량에 비해 맥주를 적게 주면 벌을 받아 물 속에 던져진다.
> 111조 : 맥주 집에서 보통 맥주 60실라(30리터)를 외상으로 주면 추수 때 곡식 50실라를 받아라.

과거에 얼마나 맥주 문화가 번성했는지를 알 수 있다.

이집트의 경우에도 맥주가 대표적인 주류로 자리를 잡았다. 맥주는 일상생활에서 마시는 데 사용된 것은 물론 외과적인 치료로 이용되기도 했다. 이는 술이 마취 효과를 주기 때문이다.†

보리는 설탕, 밀, 쌀, 옥수수, 감자 다음으로 많이 생산되는 작물이지만, 그 중에서 96%가 맥주를 만드는 데 이용된다.

맥주의 원리는 싹이 조금 튼 보리 알갱이, 즉 맥아(麥芽)에서 시작된다. 그 속에는 '아밀라제'라는 효소가 있는데, 이것은 탄수화물을 당분으로 바꾸는 성질을 갖고 있다. 식사 때 밥을 오래 씹으면 밥맛이 달게 느껴지는 것도 침 속에 아밀라제가 들어 있기 때문이다. 식혜의 경우는 밥알과 함께 엿기름을 넣어 끓이는데, 엿기름이 바로 싹 튼 보리를 말린 맥아이다. 식혜가 단 것도 바로 이 맥아의 효소 성분이 밥알의 탄수화물을 당분으로 분해하기 때문이다.

이렇게 분해된 당분은 바로 효모의 주요 표적으로, 효모가 당분을 알코올로 바꾼 것이 맥주이다. 맥주 효모균의 학명인 사카로미세스 세레비시에(Saccharomyces cerevisiae)의 세레비시에는 로마 시대에 맥주를 '세레비시아(Cerevisia)'라고 부른 데서 유래한다.

† 「술의 효시는 원숭이의 과일주」, 전무진, 과학과기술, 2003. 12

| 근대화된 맥주 제조 공장 |
기원전 4200년경 고대 바빌로니아에서 처음 양조되기 시작한 맥주는 이집트와 그리스, 로마를 거쳐 유럽 전역에 전파되었다. 한편 호프 꽃잎을 이용하여 맥주를 만드는 방법을 최초로 개발한 독일은 맥주의 본고장으로 불리고 있다.

　초기의 맥주 맛은 오늘날과는 전혀 달랐을 것으로 추측된다. 오늘날의 쌉쌀한 맥주 맛은 후대에 등장한 호프라는 식물에서 비롯된 것이기 때문이다. 중동 지방의 고대 벽화를 보면 맥주 찌꺼기가 빨려나오지 않도록 대롱으로 맥주를 빨아서 마시는 장면이 나온다. 이로 미루어 보면 초기의 맥주 맛은 아마 오늘날의 막걸리나 동동주에다 물을 많이 탄 맛과 비슷했을 것이다.

　오늘날 독일을 맥주의 본고장이라고 부르는 것은, 독일인들이 맥주를 많이 마셔서가 아니라 호프의 꽃잎을 이용한 맥주 제조 방법을 최초로 만들어냈기 때문이다. 호프는 암수 딴그루의 덩굴풀 종류로, 이 꽃잎에는 '후물론', '루플론'이라는 수지 성분이 포함되어 있다. 이것이 쓴맛과 특유의 향기를 내는 것은 물론 맥주의 변질을 막는 작용도 한다. 독일인들은 맥아를 끓이는 과정에서 호프를 함께 넣어 맥아즙을 만들고, 여기에 효모를 넣어 발효시키는 오늘날의 맥주 제조법을 완성한 것이다.

한편 맥주의 비타민 함량은 맥주 양조 도중에 증가하는데, 이것 역시 효모의 역할 때문으로 생각된다. 실제로 거르지 않은 탁한 맥주에는 비타민 B군을 비롯한 여러 가지 영양분이 많이 함유되어 있어 영양 결핍증이 있는 사람들에게 도움이 된다고 한다. 맥주가 알코올 성분을 함유한 영양식으로 전해져 왔기 때문에 맥주를 주류보다는 음료로 생각하고 있는 서구인들의 생각을 이해할 수 있다.

그러나 맥주를 마시면 체중이 늘기 때문에 이런 문제를 해결하기 위해 나온 것이 '라이트 맥주(light beer)' 이며, 독일에서는 '당뇨병 환자용 맥주(diabetic beer)' 라는 저칼로리 맥주도 시판되고 있다. 이것은 발효 기간을 충분히 연장하여 맥주 속에 남아 있는 영양분을 효모가 소비하도록 해서 칼로리를 가능한 한 줄인 것이다. 또한 맥주는 담석증을 치료하는 이뇨제 용도의 치료약으로도 사용된다.

기술의 개가, 막걸리

보통의 효모는 알코올을 만들 때 포도당, 과당, 설탕, 맥아 크기의 올리고당만을 대사 과정에 이용한다. 그보다 큰 당류 또는 전분질은 그대로 발효시키질 못한다. 그러나 우리의 술에는 과실을 발효시킨 발효주 형태의 술이 거의 없다. 술로 만들 포도와 과실이 거의 없었다는 것이 그 이유이다. 반면에 동양권 국가에서는 쌀 등 곡류를 주 원료로 하는 곡류 발효주가 발전했다. 곡류로 술을 빚기 위해선 곡류 속의 전분질을 당분으로 전환시키는 당화 과정이 필수적이다.

전분질은 아밀로즈와 아밀로펙틴이라 불리는 물질로 이루어져 있는데, 이 물질들은 포도당과 같은 작은 크기의 당류가 길게 사슬 형태를 이루고

| 막걸리 |
막걸리는 우리나라의 특수한 여건에 맞는 독창적인 방법으로 제조된 술로 맥주, 포도주보다 고도의 기술로 만들어진다.

있다. 사슬 구조가 끊어져 전분질이 단당류로 분해되려면 효소(enzyme)의 작용이 꼭 필요하다.

현대는 이러한 효소를 공업적으로 생산해 당화 공정에 이용하지만, 선조들은 당화용 효소를 얻기 위해 누룩을 사용했다. 대기 중에는 많은 미생물이 있다. 곡류에 비교적 친화력이 강한 아스퍼질러스(Aspergillus), 라이조프스(Rhizopus) 같은 곰팡이류와 캔디다(Candida), 사카로마이세스(Saccharomyces) 와 같은 효모류가 누룩에 붙어 성장한다. 그 결과 아밀라아제(Amylase)로 대표되는 당화 효소가 생성된다. 이러한 미생물의 생태적 분포는 지역적으로 다르다. 그래서 지역마다 술맛이 다른 것이다.

이러한 누룩을 제조하는 원리는 된장을 만들기 위해 메주를 띄우는 것과 같다. 메주는 콩의 단백질을 분해하기 위해 단백질 분해효소를 얻는 것이다. 술을 만드는 방법은, 우선 당화와 발효에 적절한 양의 누룩과 고두밥을 섞어 누룩의 효소에 의해 분해되어 나오는 당분을 발효한다. 알코올이 어느 정도 생성되면 여기에 다시 고두밥, 즉 전분질을 투여한다. 그러면 효모가 생리적인 장애를 받지 않고 발효를 진행하므로 비교적 높은 알코올(12% 정도) 농도를 얻을 수 있다.

발효가 진행되면 당분은 알코올로 전환되며 이와 함께 탄산가스가 발생된다. 최근 현대화된 대규모의 양조 과정에서 탄산가스는 중요한 발효의 지표로 사용된다. 발효는 온도가 높으면 빨리 진행되며, 발효 부산물로 여러 종류의 유기산과 향기 성분이 함께 생성되어 술맛을 결정한다. 따라서 박경준 박사는 발효를 어떻게 조절하는가가 술맛과 품질을 결정하는 핵심적인 요소라고 설명한다.†

최첨단 신기술, 막걸리

막걸리는 탁주(濁酒), 농주(農酒), 재주(滓酒), 회주(灰酒)라고도 부른다. 문헌상으로는 『양주방』에 '혼돈주(混沌酒)'라는 이름으로 등장하지만, 매우 오래 전부터 우리나라에서 제조되었다는 것은 틀림없는 사실이다. 『삼국사기』 『삼국유사』 등의 문헌에 술을 뜻하는 말이 자주 등장하며, 고려 시대 문헌에는 막걸리를 뜻하는 것이 틀림없는 '요례'라는 말이 나오는 것으로 미루어, 삼국시대 이전에 막걸리 또는 이와 비슷한 술을 빚는 방법이 알려졌을 것으로 보인다.

막걸리라는 이름은 '막(마구) 걸렀다' 또는 '함부로 걸렀다', 즉 '막되고 박한 술'을 뜻한다. 이렇게 마구 거른 술은 빛깔이 뜨물처럼 희고 탁하다는 뜻에서 '탁배기', 일반 가정에서 담그는 술이라는 뜻의 '가주(家酒)', 술 빛깔이 우유처럼 희다고 하여 '백주(白酒)'라고도 부른다.

막걸리는 쌀과 누룩 또는 고지(누룩은 원료인 밀이나 쌀겨, 밀기울, 조 등을 찌지 않고 자연 상태의 미생물을 증식시킨 것이고, 고지는 원료를 쪄서 식힌 다음 미생물을 인공적으로 배양한 것을 말함)로 술을 빚은 뒤 숙성되면 체에 받아 버무려 걸러내는데, 이때 쌀알이 부서져서 뿌옇게 흐려지는 것이다. 막걸리는 술이 발효된 상태에서 청주를 떠내지 않고 조잡하게 걸렀다는 뜻의 조여(粗濾)로서 알코올 성분이 적다.

여하튼 일반적으로 막걸리는 조잡하게 만들었다고 생각해서인지 매우

† 「술」, 박경준, 과학동아 1995. 10

저렴하게 팔리는 것을 당연하게 여긴다. 제조 원가가 아주 낮을 것이라고 생각하는데 그렇지 않다.

우선 막걸리는 우리나라의 특수한 여건에 맞는 독창적인 방법으로 제조된 술이라는 것을 염두에 둘 필요가 있다. 막걸리는 일반 발효주, 즉 맥주나 포도주보다 고도의 기술에 의해 만들어진다.

우리나라는 다른 나라처럼 술을 만드는 재료인 포도 등의 과일이 많지 않았기 때문에 쌀로 술을 만드는 방법을 개발하지 않을 수 없었다. 그러나 쌀에는 포도당의 원료인 전분(녹말)만 있기 때문에 술을 담글 때 전분을 포도당으로 전환시켜야 하는데, 여기에 누룩을 사용한다는 것은 앞에서 이야기했다.

맥주도 막걸리와 같은 복발효주이지만 누룩과 같은 물질은 첨가하지 않는다. 맥주는 싹이 조금 튼 보리 알갱이, 즉 맥아(麥芽)로 전분을 당분으로 바꾼 후 알코올로 발효시키는 것이다. 즉 맥주는 맥주의 원료인 보리로 분해와 발효가 이루어지도록 하는 데 비해, 막걸리는 제조 과정에서 맥주보다 한 번 더 손이 가야 한다는 것을 이제 이해할 수 있을 것이다. 한마디로 막걸리가 맥주보다 더 고난도의 기술로 만들어야 한다는 뜻이다. 막걸리는 우리나라보다 외국에서 그 진가를 인정 받고 있다. 막걸리의 장점은 맥주와 달리 전분의 분해와 발효를 동시에 수행한다는 데 있다. 따라서 곡류를 원료로 하는 우리나라의 술 빚는 방법을 '병행복발효(並行復醱酵)'라고도 부른다. 1970년 미국 등에서 최첨단 신기술로 만든 양조법이 개발되었다고 대대적으로 선전한 적이 있었다. 이를 '동시당화발효법(Simultaneous saccharification and fermentation process)'이라고 명명했는데, 우습게도 바로 막걸리를 만드는 방법과 동일했다. 우리나라에서 고대부터 전통적으로 만들어 온 막걸리 제조법이 외국인들에게는 최첨단 신기술로 보인 것이다.

건강 물질로서의 막걸리

기록을 보면 우리나라에는 금주령이 잦았다.

영조는 백성들에게 세 가지를 철저히 지키도록 했는데, 첫째는 소를 도살하지 말 것, 둘째는 술을 팔지 말 것, 셋째는 소나무를 베지 말 것 등이다.

그 가운데 술을 팔지 못하게 했던 것은 그해 흉년이 들어 쌀이 절대적으로 모자랐기 때문이다. 만약 이를 어겼다가 적발되면 귀향을 보냈다. 그럼에도 불구하고 이 명령이 제대로 시행되지 않자 암행어사를 각지에 보내 사정을 정탐하게 했다. 이이화 교수에 의하면, 암행어사 박문수는 왕명을 충실하게 받들어 금주령을 어기는 자를 많이 적발하여 후한 상을 받았다고 한다.

그래도 금주령이 지켜지지 않자 영조는 종묘에 단술을 제주(祭酒)로 올리도록 명했다. 단술도 쌀로 빚지만 술을 쓰지 않는다는 의지를 천명한 것이다. 그러나 예외는 있었다. 훈련이 끝난 후 군인들에게 내리는 탁주와 농부들이 마시는 탁주만은 금주령에서 빼도록 한 것이다. 정조도 영조의 뜻을 이어받아 금주령을 강력히 시행했다. 종묘 등의 제사에 단술을 쓰게 하는 것은 물론, 양반들의 제사에는 청수(淸水)를 쓰게 한 것이다. 그러나 농사일에는 막걸리가 빠져서는 안 된다고 대신들이 건의하자 막걸리만은 금주령에서 제외시켰다.

또 일제 강점기부터 해방 후까지 식량 부족 상태가 계속되자 1964년부터는 막걸리를 제조하는 데 쌀의 사용을 금지하고 밀가루와 옥수수로만 빚게 했다. 밀가루로 막걸리를 만드는 바람에 주질이 떨어져 위기를 맞기도 했으나, 1971년부터 쌀 생산량이 늘고 소비량은 줄면서 다시 쌀막걸리의 제조가 허가되었다.

우리나라의 전통 술로는 막걸리뿐만 아니라 청주, 소주가 있다.

청주는 탁주와 반대되는 개념의 주류이다. 전통주를 이야기할 때 '청주' 대신에 '약주'라고 부르기도 하는데, 이것은 일제 강점기에 시행된 전통 문화 말살 정책에서 비롯된 것이라고 박록담 교수는 설명했다.

일제 강점기 때 일본인들은 우리의 술을 청주와 탁주, 약주로 따로 분류하지 않고 청주와 약주를 조선주(약주)로 묶는 대신, 일본 술만을 청주로 분류했다. 그 영향으로 많은 사람들이 제사에 드리는 술은 정종(일본 청주)을 사용하며 음복(飮福)에는 정종을 데워서 마시기도 한다.

그러나 '밥은 봄과 같이 먹고, 국은 여름과 같이 먹고, 장은 가을과 같이 먹고, 술은 겨울과 같이 하라'고 『부인필지』에 적혀 있는 것처럼 따뜻한 밥과 뜨거운 국을 먹는 경우 술은 차게 해서 마셔야 음식궁합이 맞다는 지적이다.

소주는 엄밀한 의미에서 고대부터 내려온 술은 아니다(대중적으로 소비되는 희석식 소주와는 다른 것임). 소주는 쌀 등으로 발효시킨 술덧(숙성된 술을 말하며, 소주를 만들 때 증류 전의 상태를 뜻함)을 증류하여 만들기 때문에 증류식 소주라고 한다. 또 증류 과정에서 이슬처럼 받아내는 술이라 하여 노주(露酒)라고도 하며 화주(火酒), 기주(氣酒)라고도 불린다.

가장 원시적인 증류 방법은 가마솥에 술덧을 넣은 후 솥 중앙에 항아리를 놓고 불을 때면 알코올이 증발하면서 그 증기를 응축시키는 것이다. 이보다 좀더 발전한 소주 증류기로는, 비슷한 원리를 응용한 소주고리가 있다. 대부분 질그릇으로 만들지만 금속으로 만들기도 한다.

그러나 소주는 고려 때 몽고군에 의해 우리나라에 전래된 것으로 알려져 있다. 『동의보감』과 『본초강목』에도 소주는 원나라로부터 도입되었다고 적혀 있다.

『본초강목』에는 '소주는 예로부터 있었던 것이 아니고 원나라 시대에 비로소 만들어졌다. 소주를 화주(火酒), 아라길주라 한다'고 하였다. 소주

| 소주고리 |
상단부 중앙에 소주 증류기인 소주고리가 보인다.

는 아라비아어로 '아락'이라고 부르는데, 개성지방에서는 '아락주'라고 불렸던 기록이 있는 것으로 보아 소주의 발생지가 원나라가 아닌 아라비아로서, 원나라의 페르시아 정벌 때 몽고에 전해졌을 것으로 박록담은 추정했다.

물론 일부 학자들은 중국인들이 식물을 달여 원액을 얻어낸 최초의 민족임을 감안하여 증류주의 원조를 중국으로 보기도 한다. 그 후 그리스인들에 이어 아랍인들이 증류 기법을 활용했는데, 9세기에 이미 향수의 증류에 대해 기록도 있다. 이들의 기술이 몽고 시대에 한반도로 들어왔다는 추정도 가능하다는 뜻이다.

막걸리는 술이면서 건강 식품으로도 잘 알려져 있다.

배송자 교수는 막걸리가 암 예방과 암세포 증식 억제, 간 손상 치료, 갱년기 장애 해소 등에 탁월한 효과가 있다고 발표했다. 간 손상을 일으키게 한 쥐에게 막걸리 농축액을 투여한 결과 정상치보다 낮은 혈중 콜레스테롤을 보였고, 혈중 중성지방 함량도 막걸리 농축액을 투여하자 정상치에 가깝게 나타났다. 막걸리 농축액을 암세포에 가했을 경우 3.2배의 높은 암 예방 효과가 있었으며, 60% 정도의 암세포 증식 억제 효과를 보였다는 것이다.

막걸리는 거친 체로 거르기 때문에 소화되지 않은 원료 성분과 더불어 발효 과정에서 증식한 효모균체가 포함되어 있다. 특히 효모균체는 단백질과 각종 비타민의 함량이 높아 영양이 풍부하며, 젖산균과 같은 정장제로 이용된다. 막걸리를 통해 살아 있는 효모를 흡수하면 장내 유해 미생물의 번식을 억제하는 정장제로서의 작용을 얻는 것이다. 할아버지나 할머니들이 소화가 잘 안 될 때 막걸리를 마시면 괜찮아졌다고 한 것이 나름대로 근거 있는 이야기였던 것이다.

또한 막걸리에는 인체의 조직 합성에 기여하는 라이신과 간 질환을 예방하는 메티오라는 물질이 있다. 특히 톡 쏘는 맛을 내는 유기산에는 장수 효과를 갖는 성분이 들어 있다고 전해진다.

막걸리를 마실 때 흔들어 마실 것을 추천한다. 일반적으로 병 위쪽의 막걸리만 마시고 바닥의 찌꺼기(농축액)를 버리는데, 인체에 유익한 효과를 나타내는 성분은 바닥에 가라앉은 찌꺼기에 있기 때문이다.

숙취의 주범 아세트알데히드

술, 즉 알코올을 금방 산화시켜 이산화탄소와 물로 바꾸는 데 소질이 있는 사람이 바로 '타고난' 술꾼이다. 이들의 간에는 알코올 산화효소가 많다. 술을 마시면 얼굴이 빨개지는 까닭은 알코올이 혈관신경을 자극하여 혈관을 확장시키기 때문이다. 또한 얼굴이 화끈거리는 것은 실제로 체온이 상승하는 것이 아니라 다만 그렇게 느끼는 것이다.

과음하면 알코올은 완전히 산화되지 않고 중간 물질인 아세트알데히드(Acetaldehyde)의 형태로 남는데, 이것이 바로 음주 후의 두통과 숙취의 원인이 되는 물질이다. 숙취란, 술을 마시고 수면에서 깬 후에 느끼는 특이한 불쾌감이나 두통, 또는 심신의 작업능력 감퇴 현상 등이 1~2일간 지속되는 현상을 말한다.

알코올은 간에서 알코올 분해효소(Alcohol De-Hydrogenase, ADH)가 아세트알데히드로 분해되는데, 이 아세트알데히드가 미주신경, 교감신경 내의 구심성신경섬유를 자극하여 구토 및 어지러움, 동공 확대, 심장박동 및 호흡의 빨라짐 등 흔히 말하는 숙취를 일으키는 것이다. 여기에서 미주신경(Vagus Nerve)은 운동과 지각, 내장의 기능과 관련 있는 신경이고, 교감신경(Sympathetic Nerve)은 신체가 외부 환경으로부터 스트레스를 받았을 때 작용하는 신경이다.

결국 우리가 '숙취를 느낀다' 라는 것은 체내에 알코올 및 아세트알데히드가 남아 있어 지속적으로 신경을 자극하는 상태를 의미하며, '술이 깬다' 라는 것은 아세트알데히드가 분해되었다는 것을 의미한다. 대부분의 사람들은 다음날 아침이나 점심에 주로 숙취를 느끼게 되며, 심할 경우 1~2일간 숙취를 느끼는 사람도 있다.

아세트알데히드는 공장 폐수나 오염된 공기 중에 많이 포함되어 있는 대표적 유해물질이다. 새집증후군 및 암모니아와 함께 생활 냄새의 주범이기도 하다. 면역력이 약한 어린아이나 노약자에게는 두통, 구토, 알레르기 반응을 일으키기도 한다. 최근 인기가 있는 공기청정기의 기능 중 하나가 바로 이 아세트알데히드를 줄이는 것으로 보아 그 유독성을 알 수 있다.✢

우리나라 주당들의 대화를 듣다 보면, 양주는 많이 마셔도 머리가 아프지 않은데 우리나라의 막걸리나 청주를 마시면 머리가 아프다는 이야기들을 많이 한다. 아마 비싼 양주나 외국산 포도주를 마시는 것이 몸에 좋다는 뜻일 것이다.

그러나 이 말은 절반은 맞고 절반은 틀리다. 그것은 일반적인 발효법으

✢「숙취는 왜 생기는 것일까?」, 사이언스타임스, 2005. 1. 7

로는 8~16% 정도 농도의 에틸알코올만 얻을 수 있기 때문이다. 에틸알코올의 농도가 증가하면 효모균 스스로 자신이 만든 알코올에 중독되어 발효 활동을 정지한다. 따라서 모든 발효주에는 음주 후의 두통과 숙취의 원인 물질인 아세트알데히드가 들어 있다. 때문에 술을 마신 후 머리가 아프다고 호소하는 것이다. 막걸리나 청주 등 우리나라 술을 마셨기 때문에 숙취가 있고 머리가 아픈 것이 아니다. 아무리 비싼 프랑스산 포도주라도 많이 마시면 머리 아픈 것은 당연하다.

인간들은 이 골치 아픈 아세트알데히드를 제거하는 방법 또한 개발했는데, 그것이 바로 증류주다. 어느 정도 이상의 농도를 가진 주류를 만들기 위해서는 일반 발효에 의해 만든 알코올 용액을 증류하여 그 농도를 증가시키는데, 증류 과정에서 아세트알데히드가 사라진다. 위스키, 코냑, 아르마냑 등 거의 모든 양주가 증류 방식을 거쳐 만든 것이다.

증류주를 만드는 방법은 앞서 설명한 바 있다. 우리나라에서 생산되는 정통주인 소주도 마찬가지다. 일반적으로 증류주인 소주(燒酒 : 잘 알려진 희석식 소주를 뜻하는 것이 아님)는 농도가 20%를 넘으므로 양주와 마찬가지로 머리가 아프지 않은 것이 당연하다. 한국산 정통주의 가격이 만만치 않은 이유이기도 하다.

숙취를 제거하라

매년 연말년시가 되면 수많은 회합 등에 참석한 후 굳이 의도하지 않아도 많은 술을 마시게 되고 숙취에 시달리는 사람이 많을 것이다.

그렇다면 숙취를 없애는 방법이 있을까? 술을 마시는 사람들에게는 가장 중요한 노하우일 수 있다. 앞에서도 이야기했듯 증류주를 마시는 방법이 있는데, 이는 가격이 만만치 않아 항상 적용할 수 있는 방법이 아니다. 숙취를 없앤다는 것은 결국 아세트알데히드를 분해하는 것에 달려 있으므로, 간 기능을 향상시키거나 알코올 및 알데히드 분해효소의 생성에 도움을 주는 방법이 최선이라고 볼 수 있다. 《과학향기》 팀은 이 질문에 다음과 같이 대답했다.

우선 숙취로 고생하는 사람이 아침에 시원한 콩나물 해장국과 북어국 생각이 간절한 것은 충분히 설득력이 있다.
콩나물에는 아스파라긴산과 비타민C가 다량 함유되어 있는데 이 성분들은 알코올 분해효소의 생성을 촉진하고, 북어 속에 들어 있는 글루타치온 성분은 아세트알데히드에 의해 체내 세포의 지질과 단백질이 손상되는 것을 막아 준다고 하니 어느 정도 숙취에는 도움을 준다고 할 수 있다.
최근에는 시판되는 숙취 제거용 음료나 약품도 많이 있는데, 음료 자체에 아세트알데히드 분해효소를 넣은 제품도 있고, 아세트알데히드가 체내에 생성되는 것을 억제한다는 점을 이용해 호박산을 넣은 제품도 있다. 또 유산균을 이용해 알코올 및 아세트알데히드 분해를 돕는 요구르트도 개발되었다.
북한에서는 로열젤리가 숙취 제거에 좋은 것으로 널리 알려져 있는데, 이는 로열젤리에 들어 있는 트립토판이라는 아미노산이 아세트알데히드를 분해하는 역할을 하기 때문이다.
과학적인 근거를 차치하고서라도 나라별로 전통적인 숙취해소법은 다양하다. 몽골인들은 양의 눈알을 절인 뒤 이를 토마토에 섞어 먹는다고 하고, 이탈리아에서는 쌀·파스타·유가공제품 등 흰색 음식을 먹고, 러시아인들은 식초에 절인 오이나 양배추의 국물을 주로 애용한다. 핀란드에서는 절인 청어와 맥주를, 유럽 일부 국가에서는 보드카에 토마토 즙을 탄 칵테일을 해장술로 먹는다.

숙취 제거로 많이 알려진 사우나욕은 잘못 알고 있는 대표적인 숙취 제거법이다. 사우나에 가는 것은 혈관을 확대하여 결과적으로 알코올 분해에 도움이 되지 않고, 맵거나 뜨거운 해장국을 먹는 것은 술로 인해 손상된 위벽이나 장에 자극을 더할 뿐이기 때문이다. 또한 한두 잔의 커피는 이뇨 작용을 도와 숙취에 도움을 주나 너무 많이 마시는 것은 좋지 않다.†

한편 많은 사람들이 한국 사람들은 술을 많이 마시고 취한 후 길을 갈지자로 걷거나 구토를 하는 등 추태를 부리기 일쑤인데, 외국인들은 아무리 술을 많이 마셔도 취하거나 구토를 하지 않는다며 한국인들의 술 습성을 크게 비난한다.

그러나 이런 비난은 다소 옳지 않다.

박택규 교수는 한국인을 포함하여 동양인들의 대부분이 선천적으로 알코올을 분해하는 알코올 산화효소(알데히드탈수소효소-2(Aldehyde dehydrogenase-2 : ALDH2)가 거의 몸 속에서 분비되지 않는다고 설명한다. 또한 미국 캘리포니아 대학 마크 슈키트 교수는 한국인, 중국인, 일본인들의 40%가 알코올을 완전히 분해할 수 없는 효소를 갖고 있어 술을 조금만 마셔도 얼굴이 붉어진다고 발표했다. 또한 한국인, 중국인, 일본인들의 10%는 술을 조금만 마셔도 속이 메스껍고 두통, 구토 등을 느끼는 유전자를 갖고 있다고 설명했다.††

똑같은 술을 마시더라도 외국인들은 취하지 않는데 한국인들은 곧바로 취할 수 있다는 것이다. 그러므로 전문가들은 술을 잘 마시는 한국인들은 알코올 산화효소가 적게 분비되거나 분해하는 효소가 없는데도 술을 많

† 「숙취는 왜 생기는 것일까?」, 사이언스타임스, 2005. 1. 7.

†† 「술 마시고 얼굴 빨개지면」, 한겨레21, 2000 7. 20 (제317호)

이 마시므로 몸이 거꾸로 술에 적응한 결과라고 말한다.

이러한 특수 체질은 술에 관한 한 유리한 점도 있다. 대부분의 외국에서는 술을 마시고 갈지자로 걸으면 체포되기 일쑤이다. 외국인의 잣대로 볼 때 갈지자로 걷는 사람은 무조건 '알코올 중독자'로 인식하기 때문이다. 사실 외국인의 경우 술을 조금만 마셔도 알코올 중독자가 되기도 한다.

한국인들이 술을 이기지 못하여 구토를 하기 때문에 세계적인 술 소비 국가이면서도 알코올 중독자가 많지 않은 이유라는 설명도 있다. 외국인들은 마시는 술을 모두 몸에서 받아들이므로 알코올 중독자가 될 가능성이 많은 반면, 한국인들은 알코올을 흡수하지 못하므로 외부로 뱉어내기 때문에 중독자가 적다는 뜻도 된다. 물론 술을 많이 마시고 구토하는 것은 몸에 매우 나쁘다고 지적한다.†

ALDH2가 부족한 사람들이 술을 많이 마시면 침에 생긴 아세트알데히드를 제거할 수 없어 소화관 암에 걸릴 확률이 높다는 연구 결과도 발표되었다. 스웨덴 헬싱키 대학 미코 샐라스푸로 박사는 모든 사람이 술을 마실 때 침에 아세트알데히드가 생기는데, 그 농도가 높을수록 소화관 암에 걸릴 위험이 높다고 발표했다. ALDH2가 부족한 사람은 침의 아세트알데히드 수치가 2~3배 높았다.

침을 만들어내는 주요 기관은 양쪽 귀 옆에 있는 이하선(parotid glands)이다. 대부분 사람은 하루 1.5 l 정도의 알칼리성 침을 만들어내는데, 이것이 치아에서 음식물 찌꺼기를 제거한다. 또한 표피세포를 박테리아로부터 보호하고 소화를 돕기 위해 약간 끈적끈적하다. 그런데 알코올이 이하선에 들어가면 암을 유발하는 아세트알데히드로 대사한다는 것이다. 그러므로 ALDH2 유전자가 없는 사람은 소화관 암을 막기 위해서라도 술을 줄이고 입 안을 청결히 할 것을 권장한다. 이것은 흡연자이거나 구강 위생이 좋지 않은 사람에게 더욱 위험한 것으로 나타나기 때문이다. 음

† 「한국인·유대인이 알코올 중독에 빠지지 않는 이유는?」, 연합뉴스, 2006. 9. 7.

주를 즐기는 사람이 흡연까지 한다면 소화관 암에 노출될 가능성이 높아진다는 뜻이다.††

여하튼 한국인이 알코올 소화 능력에 문제가 있다는 것은 장단점이 있으므로 술을 슬기롭게 마시는 것이 좋다는 데는 이론의 여지가 없다.

『국민건강지침』에 의하면 '덜 위험한 음주량'은 막걸리 2홉(360cc), 소주 2잔(100cc), 맥주 3컵(600cc), 포도주 2잔(240cc), 양주 2잔(60cc) 정도다. 이는 하루에 간이 해독할 수 있는 수치보다 약간 적은 숫자이며, 그 이상을 '과음'으로 간주한다.†††

알코올 중독이란 말은 1849년 스웨덴의 의사 마뉴스 후스가 처음으로 사용했다. 그는 간·심장·신경질환을 앓고 있는 남녀 환자를 진찰하면서 그들이 앓고 있는 여러 질병이 스웨덴의 아콰비트를 지나치게 마시는 것과 관계가 있음을 발견했다. 그 후 그는 서로 다른 임상적 증상들을 하나의 병명, 즉 '알코올 중독'으로 통합해 명명했다.

알코올화의 정의는 음주자에게 어떤 악영향을 주지 않고 사회적으로 용납되는 범위 내에서 하는 음주 행위를 말한다. 대부분의 음주자들이 바로 이처럼 건강에 전혀 해를 입지 않는 정도의 음주를 즐기고 있다. 반면에 알코올 중독이란 알코올화의 특수한 현상이다. 술은 선용할 경우 인간의 편이 될 수 있지만 남용하면 독이 된다는 뜻이다.

상습적인 음주는 간의 지방이 굳어지는 간경변을 일으키며, 또 간의 기능이 떨어져 혈관과 심장 등에 지방이 축적되기도 한다. 한국인의 체질을 연구한 바에 의하면, 한국인은 대체로 1일에 25% 도수 360ml의 용량을 갖는 소주 한 병 정도를 소화시킬 수 있다고 한다.

이는 12~17%의 청주로 따지면 대체로 600~700ml가 되며, 막걸리의 경우 1000~1500ml가 된다. 이 정도를 초과하여 술을 마신다면 초과한 주량만큼 비례하여 휴식이 필요하다. 의학적으로 알코올 중독이란 급성

†† 「술 마시고 얼굴 빨개지면」, 한겨레21, 2000. 7. 20. (제317호)
††† 「술 마신 후 2~3일은 쉬자」, 민태원, 과학과 기술, 2003. 12

중독상태를 가리키며, 만성 중독상태는 '알코올 의존증'이라고 부른다.

요컨대 알코올 의존증이란 술을 무절제하게 마시는 데서 오는 병이다. 가톨릭 의과대학의 김대진 박사는 알코올 의존증이 폭식증이나 거식증 등 섭식장애 환자처럼 식욕촉진 호르몬 분비의 이상 때문에 생긴다는 것을 밝혔다.

인간의 몸에는 그렐린(Ghrelin)이라는 식이조절호르몬이 존재하는데, 이는 렙틴과 길항작용을 함으로써 식욕 및 체중 조절에 중요한 역할을 한다. 즉 정상인에게서는 배가 고프면 분비가 늘어나고 식사 후에는 줄어들지만, 폭식증이나 거식증 등 섭식장애 환자나 비만인인 경우 그렐린이 불규칙하게 분비된다는 것이다.

이는 알코올과 관련된 새로운 약물치료법이 개발될 수 있는 가능성을 보여 준다는 데 큰 의의가 있다는 설명이다.✤

알코올을 마약과 같은 차원에서 다루지 못하는 이유는, 알코올에 의한 신체에 대한 영향이나 알코올 중독이 되는 것은 개인의 성격과도 관계가 있기 때문이다. 술에 취하는 정도도 사람에 따라 다르다.

알코올과 약간 다르기는 하지만 마약도 인간이 어떻게 이용하느냐에 따라 평가가 달라질 수 있다. 현재도 남아메리카에서는 마약을 시장에서 마음대로 사고팔고 있지만, 그곳에서 마약으로 인한 부작용은 그다지 크지 않다는 지적이 있다. 유럽의 일부 국가에서도 공인된 경우에 한하여 마약을 자유롭게 구입할 수 있도록 하고 있다. 마약을 엄격히 규제하기 때문에 가격이 비싸지고, 그 비싼 마약을 사기 위해 범죄를 저지르므로 마약의 가격을 떨어트리는 것이 범죄를 줄이는 데 도움이 된다는 것이다.

같은 물질을 선용하고 악용하고는 인간에게 달려 있다. 그것 역시 인간이 오묘한 동물이라는 것을 뜻한다. 학자들이 인간을 연구할 때마다 골머리 아파하는 것은 이해할 만한 일이다.

✤ 「알코올 의존증은 식욕촉진 호르몬 분비 이상」, 김대진, 과학과기술, 2005. 2

아이스크림
Icecream

평소에 편두통으로 고생하는 사람들은 여름철에 아이스크림을 주의해야 한다.
편두통을 가진 사람이 아이스크림처럼 찬 것을 먹으면
갑자기 머리가 띵해지며 1~5분까지 고통이 지속되는 '아이스크림 두통'이 발병할 수 있다.
찬 음식의 영향으로 뇌 주위 혈관이 수축돼 산소 공급이 부족해지기 때문에
젖산이 쌓이면서 혈관을 더욱 수축시켜 통증을 일으키는데,
편두통 환자들은 통증을 더 심하게 겪는다는 것이다.

- 본문 중 -

아이스크림

세계의 수많은 사람들이 좋아하는 아이스크림에 대해 알아보자.

 언제부터 아이스크림을 만들어 먹었을까? 고대 중국인들이 기원전 3천 년경부터 눈과 얼음에 과일즙을 섞어 먹었다는 것이 가장 오래된 기록이다. 옛 이집트나 바빌론에서도 설탕을 친 과일을 얼려 먹었다는 기록이 있다. 기원전 4세기경, 알렉산더 대왕은 동굴에 눈과 얼음을 보관했다가 음료수를 차갑게 하여 병사들에게 주었다고 한다. 1세기경, 네로 황제는 포도주에 과일 섞은 것을 알프스 산에서 가져 온 얼음에 얼려 먹었다.

 1292년 마르코 폴로는 중국에서 돌아와 물과 우유를 얼려 만드는 법을 유럽에 전했다. 프랑스 왕 앙리 2세의 왕비 카트린느 드 메디치는 아이스크림 요리사를 자신의 고향인 이탈리아에서 프랑스로 데려왔고, 1685년 헨리 4세의 딸이 영국 찰스 1세와 결혼하여 도버 해협을 건너가 라스베리·오렌지·레몬 등을 넣어 영국의 아이스크림을 만들었다. 1789년 바스티유 감옥 습격 당시 혁명 지도자들은 프로코프 아이스크림 가게를 본거지로 삼았는데, '냉철한 이성을 유지하기 위해' 아이스크림을 먹었다.

| 아이스크림 |
편두통을 가진 사람이 아이스크림처럼 찬 것을 먹으면 뇌 주위 혈관이 수축돼 산소 공급이 부족해지기 때문에 젖산이 쌓이면서 통증을 더 심하게 겪는다고 한다.

　　1670년에 시실리 사람인 콜테리가 프랑스 파리에 '프로코프'라는 카페를 열고 휘핑크림을 얼려 '그라스·아·라·샹디'를 만들어 팔았는데, 이것이 세계 최초의 근대적인 아이스크림이었다. 영국을 거쳐 미국에 전해진 아이스크림은, 1851년 미국 볼티모어의 우유 상인 야콥 후셀이 세계 최초로 대량 생산하여 산업화되었다. 후셀은 아이스크림의 아버지로 불린다. 1904년 아이스크림 제조기와 아이스콘의 폭발적인 인기로 아이스크림은 전 세계에 보급되기 시작했다.

　　아이스크림 역사에서 가장 중대한 발전은, 한쪽 끝에다가 재료를 넣으면 다른 한쪽 끝에서 계속 되어 나오는 '지속 제조기'(Continuous Freezer, 1925)와 '즉석 소형 제조기'의 발명(1939)이다. 그 전까지는 한 번 얼려서 한 번 만드는 일회적인 생산 방식이었으나, '지속 제조기'가 나와 연속적인 대량 생산이 가능해졌고 아이스크림의 대중화가 이뤄질 수 있었다. 이 아이스크림의 비결이 바로 노벨상의 역작이다.

조선의 멋쟁이 향낭 차용

오토 발라흐(Otto Wallach, 1847~1931)는 테르펜 및 캠퍼 연구로 1910년에 노벨 화학상을 받았다. 또한 스위스에서 강의를 하던 크로아티아의 화학자 루지치카(Leopold Ruzicika)는 폴리메틸렌과 테르펜에 관한 연구로 1939년에 노벨 화학상을 받았다.

| 오토 발라흐 |
독일의 화학자 발라흐는 식물성 오일로 만든 방향제를 인공으로 합성하여 인공 향료 시대를 열었다.

화학에 대한 전문가가 아니라면 이 내용만 보고는 그가 무엇을 연구하여 노벨상을 받았는지 거의 알지 못할 것이다. 그러나 이들이 합성 향료를 연구했으며, 특히 루지치카가 향수의 중요한 성분인 사향의 냄새를 처음으로 합성하였다면 이들이 무엇을 연구했는지 금방 이해할 수 있을 것이다.

사향은 '사랑의 묘약'으로 로마의 시저와 안토니우스를 유혹했던 이집트의 클레오파트라가 사용한 비장의 무기로 알려져 있으며, 조선시대 황진이가 허리춤에 숨겨두었던 것도 사향이었던 것으로 전해진다. 향수가 단지 향기를 내는 차원을 넘어 인간의 본성을 자극하며, 그것이 결국 인류사의 역사를 바꾸는 데도 큰 공헌을 할 만큼 매우 중요하다는 것을 알려 주는 실례이다. 이제 사향과 같은 물질을 연구한 루지치카가 노벨상을 받았다는 것을 이해할 수 있을 것이다.

이 세상에는 수많은 향기가 있는데 왜 특수한 향기들만 유달리 향수, 향료로 불리며 인간의 사랑을 받을까? 지구상에 존재하는 화합물은 약 2백만 종으로, 이 중 약 40만 종의 물질이 냄새를 갖고 있는 것으로 추정된다. 냄새를 갖고 있다는 것은 이 물질들이 공기를 통해 날아갈 수 있을 정도의 미세한 입자로 쪼개질 수 있으며, 특히 수분이나 기름에 녹을 수 있다는 것을 말한다. 금속에 냄새가 없는 것은 금속의 구조 결합이 매우 단단해 입자화가 불가능하고, 먼지에 냄새가 없는 것은 코에 달라붙어도 점막 내에서 화학 반응을 일으키지 않아 후각 신경이 이를 파악할 수 없기 때문이다.

사람이 코로 맡는 냄새의 향기가 좋고 나쁨은 대체로 일치한다. 된장이나 김치 냄새의 경우 외국인들이 대부분 싫어하는 대신 우리나라 사람들은 좋아하는데, 엄밀히 따져 볼 때 된장이나 김치는 발효 과정, 즉 썩는 과정을 거친 것이므로 냄새로만 따지면 좋지 않은 것이 틀림없다. 다만 우리나라 사람들은 특유한 식생활 때문에 이를 의식적으로 좋은 냄새로 분류하고 구수하다고 표현하는 것이다.

그렇지만 된장 냄새나 김치 냄새가 한국인들에게 익숙하다고 하여 향수를 만들었다가는 파산하기 십상이다. 막걸리의 경우도 싫어하는 사람이 많은데 그것도 발효주이기 때문이다.

향수의 기원은 원래 수렵인들이 신에게 동물을 바칠 때 살이 타는 냄새를 숨기기 위해 시체에다 뿌리던 탈취제에서 시작되었다. 시간이 가면서 연기가 나는 향 자체가 동물의 시체를 대신하게 되었다. 고대에 유향, 몰약, 계피, 감송 등의 수지 고무를 태우는 것은 인간이 신에게 바칠 수 있는 최대의 경의였다.

탈취제에서 향수로의 발전은 6천 년 전 극동과 중동에서 일어났고, 기원전 3천 년경의 메소포타미아 지역의 수메르인들과 나일강 유역의 이집트인들은 재스민·히야신스·붓꽃 등으로 만든 기름과 주정으로 목욕을 했다.

이집트인들은 몸의 각 부분마다 다른 향수를 발랐고, 고대 그리스인들은 화장품은 사용하지 않았지만 향수는 풍부하게 사용했다. 아테네 민주주의의 토대를 놓았던 정치가 솔론은 아테네 남자에게 향수 판매를 금하는 법을 반포하기까지 했다. 로마인들은 적당한 향수를 바르지 않으면 전쟁터로 출정할 준비가 안 되었다고 여겼다.

이렇게 향수를 남용하는 것이 교회의 비위를 거슬려 급기야 향수는 타락과 사치의 동의어가 되었고, 교회는 기독교인들이 향수를 사용하는 것을 금지했다. 유럽에서 향수와 향수 제조에 대한 관심을 다시 일깨운 것은 십자군 전쟁이었다. 십자군이 동양으로부터 수입한 것 중 가장 비싼 것은 '장미 향수'였는데, 그것은 장미 꽃잎의 정수만을 짠 것이었다. 식물성 천연 향수만 유럽인들의 눈길을 끈 것은 아니었다. 그들은 네 가지의 동물 기름이 사람을 취하게 하는 효과가 있는 것을 알았다. 그것은 사향, 용연향, 영묘향 그리고 해구향인데, 오늘날 향수에서 없어서는 안 될 기본적인 요소들이다.

사향은 성숙한 수놈이라도 10kg밖에 되지 않는 사향노루에서 채취하는데, 수렵꾼들은 숲에서 풍기는 달콤하고 진한 향기의 근원이 사향 노루라는 것을 알고 있었다. 사향은 0.000000000000095cc의 미량까지 검출이 가능할 정도로 향기가 진하다. 용연향은 향유고래에서 분비되며, 영묘향은 아프리카나 극동에 서식하는 사향고양이가 분비한다. 해구향은 러시아와 캐나다 해구의 하복부에 있는 두 개의 주머니에 모이는 분비물이다.

향기의 진액과 알코올 성분의 비율에 따라 향수는 각각 다른 이름을 지니고 있는데, 퍼퓸(perfume)은 한 가지 이상의 원액 비율이 15~25%로 매우 진한 향수를 말한다. 특히 비싼 향수의 경우 원액을 42%나 함유하고 있는 경우도 있다. 향수란 말은 'per'와 'fumus'가 합쳐진 복합어로서 라틴어로 '연기를 통하여'라는 뜻이다. 오드퍼퓸(eau de perfume)은 향료 비율이 9~12%로 퍼퓸보다는 다소 약하지만 여전히 강한 향기를 띠는 향

| 사향노루 |
사향노루는 러시아의 알타이, 시베리아, 사할린 및 우리나라와 중국, 인도 등에 널리 분포한다. 사향은 예로부터 많은 여성들에게 '사랑의 묘약'으로 사랑 받았는데, 현재는 거의 대부분 인공적으로 생산한다.

수이다. 반면에 오드투알레트(eau de toilette)는 약 5~7%의 향료를 포함한 향수를 말한다. 대중용으로 많이 사용되는 오드콜로뉴(eau de cologne)는 이보다 약해 2~7%의 향료만 포함하고 있는데, 이것은 독일의 쾰른 지방에서 처음 등장했다고 해서 붙여진 이름이다.

일반인들에게 많이 알려진 '샤넬 No. 5'는, 미국의 유명 영화배우 마릴린 먼로가 잠자리에서 무엇을 입느냐는 기자의 질문에 "샤넬 No. 5"라고 대답해 전 세계 여인들의 잠옷을 바꾸고 말았다. 그러나 '샤넬 No. 5'가 당시에 폭발적으로 유행했던 이유는, 여성적인 꽃 향내가 없다는 점에서 다른 제품들과 구분이 되었기 때문이다.

한편 우리나라의 경우 향수는 주로 남자들이 사용한 것으로 추정한다.

멋쟁이 한국 남자들은 향낭(香囊), 즉 향기주머니를 차고 다녔는데, 이 향낭은 삼국시대부터 조선시대까지 꾸준히 유행했다. 고구려와 백제의 기록은 남아 있지 않지만, 신라의 남자들은 나이와 신분에 관계없이 향낭을 차고 다녔다. 종교 행사나 제사 때 향료를 사용한 것은 물론이고 기도나 맹세, 그리고 부부가 함께 침실에 들 때도 향료를 사용했다.

신라 진지왕은 도화녀와 7일 동안 방에서 사랑을 나눴는데 내내 향을 살랐다고 한다. 향료는 향기가 진한 식물을 그늘에서 말린 후 가루로 만들거나 향나무 조각, 사향노루 같은 동물의 분비물을 향료주머니 등으로 만들었다. 신라 사람들은 이 향료를 옷고름이나 허리춤에 차고 다녔다.

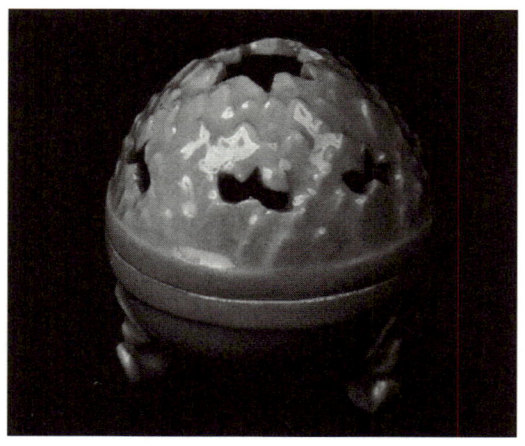

| 백자박산향로 |
선조들은 향내를 오래가게 하기위해 '박산로'라는 화로를 사용했다.

고려 사람들의 멋내기는 기본적으로 신라를 계승했다. 향을 사용하는 기술도 개발되었는데, 향료를 끓는 물에 담그고 거기서 나오는 향을 옷에 쐬기 위해 '박산로'라는 화로를 만들어 사용했다. 향료에서 나오는 향기를 습기와 접합시킴으로써 옷에서 나는 향내를 더 오래 가게 한 것이다. 여자들도 비단 향낭을 많이 가질수록 자랑으로 여겼다.

조선시대에는 양반 중에서도 벼슬아치들이 향낭을 패용했다. 특히 임금과 자주 만나는 승지들은 의무적으로 향낭을 차고 다녔다. 사람들은 침실에서 사향을 사르고, 책을 읽거나 시를 지을 때 그리고 손님이 왔을 때나 차를 마실 때에도 향로를 피웠다.

한국 남자들이 이렇게 향료를 많이 사용하게 된 이유는 비누의 날비린내를 제거해야 했기 때문이라고 김경훈은 설명한다.

신라인들은 물론 조선시대에 쓰던 비누는 조두(澡豆)였다. 조두는 팥·녹두·쌀겨 등을 곱게 빻아 만든 것으로, 물로 몸을 씻고 나서 가루를 묻혀 문질렀다. 그러나 날곡식으로 만들었기 때문에 씻고 난 후에 날비린내가 났고, 이를 가시게 하기 위해 향수를 바르고 향료를 몸에 차고 다녔다는 설명이다.

양반이 조두를 사용한 반면, 평민들은 콩깍지 삶은 물이나 창포 우려낸 물, 쌀겨를 주머니에 담아 사용했다. 그러나 이것들도 날곡식으로 만들었기 때문에 날비린내가 나므로 역시 향료를 뿌리거나 차고 다니지 않을 수 없었다.

우리나라의 화장품 역사상 가장 획기적으로 여겨지는 연분(鉛粉)은 신라시대의 발명품이다. 연분이란 백분(곡식이나 분꽃씨, 조개껍데기 등을 태워 빻은 분말)에다 납을 화학 처리한 화장품이다. 백분은 얼굴에 잘 붙지 않고 고루 펴지지 않아 얼굴의 털을 일일이 뽑거나 깎은 다음에 발라야 했고, 또 바른 다음에도 20~30분씩 잠을 자야 하는 등 대단히 불편했는데, 연분이 발명되면서 이런 불편이 한꺼번에 해결되었다.✝

후각의 비밀

인간은 오감을 지녔다. 그 중 3가지, 즉 시각·청각·촉각이 물리적 감각이고, 나머지 2가지인 후각과 미각은 화학적 감각이다. 그런데 흥미롭게도 이들 중 시각과 청각만이 지성과 예술의 영역에서 받아들어져 왔다. 책을 읽고 강의를 듣는 지적인 행위와 그림을 보고 음악을 감상하는, 또는 발레를 보고 들으며 예술적 감흥을 맘껏 누렸다.

시각과 청각이 지성적인 감각으로 받아들여진 데는 이들이 적어도 원리상으로는 간단한 수학 방정식으로 환원될 수 있기 때문이다. 시각을 보자. 눈의 망막에는 간상세포와 추상세포로 나뉘는데 간상세포는 빛의 밝기 정보를, 추상세포를 빛의 색상 정보를 처리한다. 추상세포는 3원광에 해당하는 빨강·초록·파랑에 각각 민감한 세포로 이뤄져 있다. 그 결과

✝『뜻밖의 한국사』, 김경훈, 오늘의 책, 2004

시각 정보는 항이 4개인 다항식으로 깔끔하게 정리할 수 있다.

그래프로는 X·Y축이 색상, Z축이 밝기인 3차원 그래프의 반쪽(마이너스 밝기는 없으므로)으로 모든 정보의 좌표를 결정할 수 있다. 청각 정보 역시 불과 수백 개의 감지세포로 다양한 음원을 처리한다.

이런 수치화는 놀라운 재현성으로 이어진다. 시청각 정보를 디지털화하면 언제 어디서나 장치만 있으면 재현할 수 있기 때문이다(물론 100% 동일하지는 않지만).

그러나 후각과 미각은 축축한, 즉 관능적인 감각이다.

여성이 후각에 민감하다는 말 속에는 '지성은 좀 떨어진다'라는 뉘앙스가 풍겨 있기도 하다. 두 감각은 접촉하지 않고서는 기능할 수 없다. 아무리 향기로운 장미라도 밀봉한 유리병 안에 들어 있다면 그 모양과 색은 감상할 수 있을지언정 향기는 알 수 없다. 향기 분자가 공기를 타고 콧구멍 안으로 들어와 후각세포와 '접촉'해야 하기 때문이다.

후각을 연구하는 학자들은 후각 정보 역시 시각 정보처럼 몇 가지 기본값의 조합으로 해석할 수 있을 것으로 기대했다. 아무어 박사는 38개의 원취를 분석하기도 했다. 그러나 이러한 과학자들의 시도는 실패했다. 간단한 예로 새콤한 레몬 향기는 다른 어떤 과일 향기를 섞어도 재현할 수 없기 때문이다.

더구나 후각을 연구한다는 것이 간단한 일은 아니다.

인간의 경우 코 점막에는 약 1천 종류의 유전자에 의해 형성된 후각수용체들이 500만 개나 되며, 개의 후각세포는 약 2억 2천만 개나 된다. 개가 특별히 냄새를 잘 맡는 것은 인간과 비교할 수 없을 만큼 후각세포를 많이 가지고 있기 때문이다. 인간이 다른 동물보다 후각 능력이 떨어지는 것은, 인간이 두 발로 서서 걷게 되면서 코가 땅 위에서 떨어진 만큼 인간의 후각도 쇠퇴했기 때문이라는 설명도 있다.

공기 중의 화학물질 농도(자극의 강도)와 우리가 느끼는 감각의 세기에는 '베버-페크너 법칙'이 적용된다. 베버-페크너 법칙이란 우리가 느끼는 감각의 세기(S)와 외부적인 자극 강도(X)사이에 지수관계가 있다는 것이다(S = alogX). 예를 들어 악취 물질을 99% 제거하더라도 1%의 악취물질은 30%의 악취 강도를 느끼게 한다는 것이다.

이것은 우리의 감각기관이 지니고 있는 고유의 특성이므로, 냄새에 대한 환경을 평가할 때는 화학물질의 농도만 평가하는 것이 아니라 실제로 몇 퍼센트의 사람들이 얼마만큼 냄새에 대해 불평하는가를 측정하는 것이 보다 정확한 방법이라는 것을 의미한다.

더욱이 후각은 '선택적 피로 현상'이란 특성을 갖고 있어 동일한 냄새를 맡고 있으면 매초 2.5%씩 후각의 민감성이 감퇴해 1분 이내에 약 70%의 민감성을 상실한다. 물론 후각이 둔감해지긴 하지만 30%의 민감성은 남아 있기 때문에 완전히 못 느끼는 것은 아니라고 이남식 박사는 말한다.

외국에서 살아본 사람들은 평소에 김치를 먹고 살기 때문에 항상 주위에 냄새가 퍼지지 않도록 유의한다. 특히 손님을 초청이라도 하는 날엔 며칠 전부터 김치 냄새 등을 제거하기 위해 부산을 떨기도 한다.

그럼에도 불구하고 외국인들은 곧바로 김치 냄새를 알아챈다. 그것은 여행을 떠났다가 며칠 만에 집에 들어와도 김치 냄새를 느끼는 이유와 같다. 바로 후각의 선택적 피로 현상 때문이다.

냄새의 존재를 파악하는 후각의 능력은 매우 뛰어나 썩은 계란에서 나는 냄새는 공기 1 l 당 0.00018mg만 들어 있어도 감지한다.

냄새에 대한 민감성은 개인에 따라 큰 차이를 보이며, 일반적으로 여자가 남자보다 냄새에 민감하다고 알려져 있다. 선천적으로 특정 냄새를 맡지 못하는 사람도 약 5~10%에 달하는데, 이는 남자가 여자보다 4배 정도 많은 것으로 알려져 있다.✝

✝「레몬향은 심장박동수를 증가시킨다」, 이남식, 과학동아, 1995. 11

친구와 함께 애인을 만났는데, 어느 날 보니 애인이 자신을 버리고 친구에게 가는 사례에 대한 이유가 최근 밝혀졌다. 한마디로 우리의 코와 뇌에서 일어나는 생리적 반응이 '잘못된 만남'을 주선한다는 것이다.

미국 샌프란시스코 캘리포니아 대학의 니라오 슈아 교수는 암컷 생쥐를 교미시키기 위해 수컷 생쥐가 있는 우리 안에 넣었다. 그런데 수컷이 희한한 행동을 보였다. 암컷에게 다가가더니 먼저 냄새를 맡은 다음 교미를 한 것이다.

슈아 박사는 유전자를 조작해 콧속에 있는 주후각상피(MOE) 영역이 파괴된 돌연변이 수컷을 만들었다. MOE는 냄새를 감지해 뇌로 전달하는 후각신경세포가 모여 있는 곳이다. MOE가 파괴된 수컷은 암컷의 냄새도 맡지 않고 교미도 하지 않았다. 슈아 교수는 "생쥐가 배우자감을 가려낼 때 후각을 활용한다는 사실을 보여 주는 결과"라고 설명했다.

미국 록펠러대 도널드 파프 교수팀은 암컷 생쥐를 두 그룹으로 나눠 한 그룹에게는 혼자 있던 수컷 생쥐의 냄새를, 다른 한 그룹에게는 발정기인 다른 암컷 생쥐와 함께 있던 수컷 생쥐의 냄새를 맡게 했다. 그 결과 암컷은 특이하게도 다른 암컷과 함께 있던 수컷의 냄새를 더 좋아했다.

파프 교수는 "수컷에게 다른 암컷의 냄새가 섞여 있다는 것은 이미 다른 암컷이 접근했었다는 일종의 '정보'가 된다"며 "이로써 암컷은 다른 암컷이 눈독을 들일 만큼 이 수컷이 '검증된' 배우자감이라는 사실을 간파하는 것"이라고 설명했다. '얼마나 괜찮은 수컷이기에' 하고 관심을 가진다는 얘기라고 《과학동아》의 임소형 기자는 설명한다.

슈아 교수와 파프 교수는 "쥐와 사람은 신경해부학적으로 매우 유사하다"는 점을 들어 "사람이 배우자를 결정하는 행동에도 후각이 유용하게 쓰일 것"이라고 추측했다. 자신도 모르게 친구 애인의 체취를 맡아 검증된 배우자감이라고 생각할지 모른다는 뜻이다.

서울대의 강봉균 교수도 "일반적인 감각 정보가 복잡한 경로를 거쳐 대뇌로 들어가는 것과 달리 후각 정보는 코에서 감정을 담당하는 대뇌 변연계 영역으로 직접 전달되는 원초적인 감각"이라며 "동물이 배우자를 선택할 때 냄새를 맡는 것도 이 때문일 것"이라고 말했다.

영국 리버풀대 앤서니 리틀 박사는 낯선 얼굴보다 익숙한 얼굴에 더 매력을 느끼는데, 이것은 이미 봤던 얼굴에서 '안전하다'거나 '접근하기 쉽다'는 생각을 하기 때문이라고 설명했다.

친구의 애인은 처음 보는 이성에 비해 볼 기회가 많을 것이기 때문에 호감을 쉽게 가질 수 있다는 뜻이다.✝

노벨상위원회에서 인정

인간의 후각에 대한 연구는 다른 분야에 비해 크게 진전되지 않았다고 볼 수 있다.

그것은 후각에 대한 연구가 간단하지 않다는 것을 의미하는데, 드디어 2004년 노벨 의학상이 후각, 즉 코를 연구한 리처드 액설(Richard Axel)과 린다 B. 벅(Linda B. Buck)박사에게 수여되었다. 그들의 노벨상 수상은 후각에 대한 중요성이 다시금 인식되기 시작했다는 것을 의미한다. 그들의 수상 내용은 〈후각수용체와 후각 메커니즘 발견〉이다.

후각을 가장 원시적인 감각이라고 부르는데, 이것은 인간이 태어날 때 가장 발달해 있는 감각인 동시에 가장 하등한 동물들도 가지고 있는 감각이기 때문이다. 가장 하등한 생물체인 박테리아조차도 특정한 화학물질을 구별하여 반응하는 것으로 알려져 있다.

예를 들어 짚신벌레는 진한 식염수를 떨어뜨리면 피하고 묽은 아세트산

✝「친구의 애인에게서 내 남자의 향기가」, 임소형, 동아사이언스, 2006. 5. 19

◀◀ 리처드 액셀 박사
◀ 린다 B. 벅 박사

쪽으로는 몰려드는 것으로 알려져 있는데, 이는 짚신벌레가 식염수와 아세트산 용액 속에 든 분자들을 인식할 수 있는 능력이 있다는 것을 의미한다. 물론 이런 행동은 후각기관을 사용해 냄새를 구별하는 고등동물의 경우와는 조금 다른 형태를 띠지만, 기본적으로 화학 분자를 인식해 구별하는 능력이라는 점에서는 같다고 볼 수 있다.

'냄새를 맡는다'라는 행위는, 어떤 물질의 분자가 확산되었을 때 이를 인식하고 구별하는 반응이다. 미생물의 화학물질에 대한 이런 반응을 '주화성(chemotaxis)'이라고 하는데, 세포 하나에 불과한 단세포 생물조차도 냄새를 맡을 수 있다는 것을 볼 때 후각이 가장 원시적인 감각이라고 부르는 것은 무리한 일이 아니다. 생명체에게 있어서 냄새를 인지한다는 것은 결국 각종 화학물질들을 인식하고 구별할 줄 안다는 뜻이다. 이것은 생존, 특히 섭취 가능한 먹이를 인식하는 가장 기본적인 방법이기 때문에 매우 중요하다.

사람이 냄새를 맡으려면 냄새를 구성하는 각각의 화학물질이 그 냄새만 맡을 수 있도록 특수하게 디자인된 후각 수용체와 1대1로 결합해야 한다. 액설 박사와 벅 박사는, 인간에게는 1천 가지 종류의 후각 수용체가 존재한다는 사실과, 한 종류의 후각 수용체는 각각 2~3가지의 냄새를 구별할 수 있다는 것을 발견했다. 한국 사람들조차 냄새가 강하다고 생각하는 된장 냄새를 맡으려면 된장 냄새를 구성하는 수많은 화학물질이 그 물질만 맡을 수 있는 특별한 수용체들에 달라붙어야 한다.

이때 화학물질과 수용체 사이는 마치 열쇠와 자물쇠 구조와 같아서 어떤 화학물질이 어떤 수용체에 달라붙을지는 그 화학물질과 수용체의 구조에 달려 있다. 예를 들어 '■' 모양의 화학물질은 '口' 모양의 구멍이 뚫린 수용체에만 달라붙을 수 있다고 설명된다.

이렇게 하나의 화학물질이 특정한 수용체에 달라붙게 되면, 후각 수용체는 활성화되어 후구(olfactory bulb)에 신호를 전달한다. 후구는 대뇌의 앞쪽 아랫부분에 위치하는 납작한 타원체 모양의 기관이다. 인간의 경우 길이 약 11mm 정도로 전체 뇌에서 차지하는 부분이 매우 적지만, 쥐 등의 하등동물의 경우 이 후구 부분이 상당히 발달해 있다.

이 후구는 여러 개의 층상구조로 되어 있는데, 후각 수용체에서 온 신호는 후구의 사구체(glomerulus) 부분으로 모여서 다시 대뇌로 전달된다. 대뇌에서 이 신호를 받아 냄새를 인식하고 '된장'이란 냄새를 인지하게 된다. 처음엔 복잡한 경로를 통해 냄새가 인지되지만, 뇌는 한번 인지된 냄새를 기억하고 있기 때문에 다음에 비슷한 냄새가 날 때는 즉시 기억하게 된다는 것이 엑설과 벅 박사가 밝혀낸 후각 메커니즘이다. 뿐만 아니라 엑설과 벅은 어떤 화학 성분이 어떤 수용체와 결합돼 활성화되는지 등을 분자생물학적 방법으로 증명해 냈다.

후각의 체계가 중요하게 인식되는 것은 삶의 질을 높이는 데 활용될 수 있기 때문이다. 무엇인가 정말로 좋은 맛이 느껴지는 것은 후각기관의 활성화 때문이라고 《사이언스 타임스》의 하리하라는 적었다.

성균관 의과대학의 정승규 교수는 "독특한 냄새는 인생에서 한참 뒤 우리 유년기 또는 감정적인 순간으로부터 긍정적 또는 부정적인 중요한 기억을 이끌어낼 수 있다"며 "신선하지 않고 불쾌감을 주는 하나의 대합(조개)은 몇 년 동안 우리의 기억에 남아 있을 수 있다"고 설명한다.

한편 일반적으로 노화가 일어나면서 후각도 상실된다. 80세가 되면 건강한 사람 중 4분의 3이 냄새를 잘 맡지 못한다. 65~80세 인구의 절반이 심각한 후각 상실을 나타내는 것이다. 노인들이 음식을 '맛있게' 먹지 못하는 이유이다. 맛을 느끼는 데는 미각뿐 아니라 후각도 중요한 역할을 하기 때문이다.

향기요법 치료

후각세포는 '두뇌의 작은 가지'라고 불릴 만큼 반응 속도가 빠르며 인체에 미치는 효과가 큰 것이 특징이다. 예를 들어 향긋한 냄새를 맡으면 식욕이 자극돼 침이 입에 고이거나 특정한 냄새를 맡으면 과거의 한순간이나 사랑했던 사람을 연상시키는 것은, 냄새가 후각세포를 자극해 곧바로 뇌로 전달되기 때문이다.

이때 뇌에서 자극을 받는 부위는 기억력이나 감정 상태를 조절하는 중추인 변연계이다. 변연계는 심장박동이나 혈압, 호흡, 기억력, 스트레스 정도, 호르몬 밸런스 등에 직접적으로 영향을 미친다.

이러한 후각신경의 반응을 이용한 향기요법(방향치료)이 있다.

1928년 프랑스 화학자 가트포스(R. Gattefosse)는 실험에 열중하던 중 사고로 팔에 불이 붙었다. 그는 급히 주변의 찬 액체에 팔을 담갔다. 그러자 상처는 붉어지지도 않았고, 염증·물집도 생기지 않았으며, 흉터도 남지 않았다. 라벤더유로 추정되는 그 액체가 자신의 화상을 치료했다는 것에 착안한 가트포스 박사는 방향물질을 이용한 치료의 가능성을 역설했다.

이후 1937년 향기요법을 의미하는 아로마테라피(aromatherapy)라는 말이 만들어졌는데, 이는 향을 내는 식물에서 식물의 호르몬 성분인 정유(essential oil)를 추출해 흡입·마사지·목욕 등을 통해 몸에 투여하면서 건강과 아름다움을 증진하는 방법을 말한다.

라벤더 향은 중추신경을 진정시키는 효과가 있는데 반해 재스민 향은 흥분시키는 효과가 있다고 알려져 있다. 레몬 향은 심장 박동수를 증가시키고 '알파파'를 감소시킨다. 향기 요법은 이런 향의 특성을 이용하는 것이다.

1990년대에 일본 츠쿠바 대학에서는 냄새가 임산부의 분만진통을 줄일 수 있는지의 여부를 실험했다. 임신 중반기를 넘긴 임산부 7명에게 자연산 레몬유와 라벤더유 냄새를 규칙적으로 맡게 한 뒤, 분만 전후 산모의 혈압, 호흡률, 심장박동률, 체온 그리고 태아의 심장박동 등을 비교 측정했다.

실험 결과 생리적 변화는 관찰되지 않았지만 임산부 중 6명이 심리적으로 도움을 받았다고 말했고, 3명은 물리적 효과를 '본 것 같은' 느낌을 받았다고 했다. 물론 이것만으로는 향기의 효과가 입증된 것은 아니다.

향기요법의 문제 중 하나는 순수한 정유를 추출하기가 매우 어렵다는 점이다. 예를 들어 장미유는 순수한 장미 꽃잎 1t에서 단 520g만이 추출된다. 향기요법에서 가장 널리 쓰이는 향인 라벤더도 1t의 식물에서 겨우 2kg의 정유가 추출된다. 더욱이 정유는 추출 시기를 놓치면 효과가 사라지므로 희소가치가 높아진다. 일례로 재스민유를 얻으려면 해가 뜨거워지기 전에 꽃을 따야 한다.

현재까지 알려진 바에 의하면, 인체에서 사용이 가능한 정유는 100여 종에 이른다. 필요에 따라 단일 향을 사용하기도 하고, 2~3종류의 정유를 증상에 맞게 혼합해서 사용한다고 손숙영 박사는 설명한다.

손숙영 박사가 추천하는 정유 사용은 크게 세 가지이다.

첫째는 목욕법으로, 불면증에 시달리거나 피로가 누적되었을 때 정유를 떨어뜨려 목욕을 하면 머리가 안정된다고 한다. 둘째는 흡입법으로, 감기에 걸려 코가 막히거나 기관지염과 두통에 시달릴 때 효과가 있다고 한다. 마지막으로는 마사지가 있다. 정유를 식물성 기름에 3~5%의 비율로 섞어 전신에 마사지를 하면, 피부병이 있거나 쑤시고 결리는 통증이 있는 환자들에게 특히 효과가 있다고 한다.

향기를 이용한 정유가 자연요법에서 주목을 받는 것은, 모든 정유가 소독과 방부 효과를 갖고 있기 때문이다. 그러나 정유는 고농축 상태이기 때문에 특별한 경우를 제외하고 피부에 직접 접촉하면 몸에 손상을 입히므로 항상 식물성 기름이나 물, 공기 등과 섞어 정유의 농도를 희석시켜야 한다고 손숙영 박사는 덧붙였다.✢

합성 향료가 인간의 미각을 담당

현재 우리들의 식생활에 관련되는 수많은 향료들은 인공으로 만든 것이다. 매년 나오는 새로운 음료수도 역시 인공 향료로 만든 것이 대부분이다. 이제 학자들은 사과, 파인애플, 살구, 바나나, 오렌지는 물론 천연에서 나는 거의 모든 과일이나 식물들의 맛을 인공적으로 만들 수 있는데, 바로 그 토대를 만든 것이 노벨상 수상자들이다.

그 중에서도 가장 많이 인간들의 입맛에 사용되는 것이 아이스크림이

✢「코와 피부로 흡수하는 식물호르몬」, 손숙영, 과학동아, 1997. 7

카트린드 메디치와 앙리 2세의 결혼식

유럽에서의 아이스크림은 이탈리아의 카트린드 메디치가 앙리 2세와 결혼식때 프랑스로 갖고온것으로 알려진다

다. 한여름 입 안에서 사르르 녹으며 더위도 달래 주는 아이스크림. 아이스크림의 인기 비결은 뭐니뭐니해도 차가우면서도 부드럽고 향이 다양하다는 것인데, 이것이 노벨상의 업적이 없으면 불가능했다는 것을 앞에서 설명했다.

아이스크림의 독특한 특징은 크림이나 버터에서 얻을 수 있는 유지방과 탈지분유에서 얻는 무지고형분(지방을 뺀 고형성분) 덕분이다. 유지방은 2μ (1μ=100만 분의 1m) 이하의 크기로 입 안에서 쉽게 녹고 크림과 같은 부드러운 조직을 갖도록 한다. 대체로 고형성분은 지방과 같이 아이스크림의 조직을 매끄럽게 유지시키면서 저장 중 온도가 변하더라도 아이스크림 내부입자들이 서로 결합해 커지는 것을 막는다.

유지방 덕분에 사르르 녹는 아이스크림일지라도 너무 쉽게 녹아 버리면 곤란하다. 이때 두 마리의 토끼를 잡도록 해결해 주는 것이 수용성 고분자인 안정제이다. 이것은 수분과 결합해 쉽게 녹아 흘러내리는 것을 막아주고, 아이스크림의 부드러운 맛을 유지시켜 준다. 고분자라면 이미 노벨상을 탄 분야임을 알았을 것이다.

안정제가 없으면 얼음 결정이 빨리 자라기 때문에 부드러운 조직 대신에 거친 조직이 만들어진다. 흔히 녹았다가 다시 얼린 아이스크림을 먹으면 모래같이 딱딱한 얼음알갱이가 들어 있는 느낌을 받는데, 이는 아이스크림 내부의 얼음과 유당의 결정이 자랐기 때문이다.

그러므로 아이스크림 보관 온도는 대체로 영하 20℃ 이하이다. 이보다 온도가 더 높은 상태에서는 아이스크림의 얼음 결정이 서서히 자라게 된다.

크림과 버터 등 지방 성분을 물에 잘 유화시킨 유화제도 아이스크림의 조직을 부드럽게 만드는 데 기여한다.

아이스크림 재료로 보기는 다소 이상하지만 아이스크림을 부드럽게 하는 1등 공신은 사실상 공기다. 우유 · 크림 · 분유 · 설탕 등을 섞어 얼릴 때 조직을 부드럽게 하기 위해 공기를 주입하는데, 이때 들어가는 공기의 양에 따라 아이스크림은 부드럽거나 진한 맛을 띤다.

만약에 아이스크림에 공기가 없다면 딱딱한 우유덩어리를 깨서 먹는 것이나 마찬가지이다. 보통의 아이스크림은 재료 부피의 80~100%에 해당하는 공기를 넣는다. 예를 들어 우리가 먹는 1l의 아이스크림에는 0.5l, 즉 절반 정도의 공기가 들어 있다.

아이스크림이 부피에 비해 가벼운 것도 공기 때문이다. 근래 등장한 유지방 15% 이상의 고급 아이스크림이 진한 맛은 내지만 다른 것에 비해 단단하게 느껴지는 것은 공기의 함량이 20~30%밖에 되지 않기 때문이다.

마지막으로 아이스크림은 사람들이 좋아하는 만큼 신경 써서 먹어야 할 음식이기도 하다. 아이스크림에 대한 상식 세 가지.

첫째, 다이어트 하는 사람에게 아이스크림을 먹지 말라고 충고하는 것은 분량에 비해 엄청나게 많은 열량을 갖고 있기 때문이다. 유지방이 8%인 일반 아이스크림은 100g당 180kcal의 열량을 낸다. 여기에 초콜릿이나 과자가 들어가면 열량은 더 늘어난다. 그런데 성인 남자의 1일 소요 열량은 2500kcal이다. 그러므로 아이스크림 컵 한두 개나 아이스크림 바 몇 개만 먹어도 하루 열량을 모두 채울 수 있는 양이고, 추가로 먹는 음식은 모두 비만의 요인이 된다는 것이 열량학자들의 추정이다. 비만이 되는 요인은 열역학적으로 따지면 매우 간단하다. 자신이 하루에 소비하는 열량보다 섭취하는 열량이 많기 때문이다.

둘째, 평소에 편두통으로 고생하는 사람들은 여름철에 아이스크림을 주의해야 한다. 2004년 4월 터키 코카엘리 대학의 마지트 셀레클레르 박사는 편두통을 가진 사람이 아이스크림처럼 찬 것을 먹으면 갑자기 머리가 띵해지며 1~5분까지 고통이 지속되는 '아이스크림 두통'이 발병할 수 있다고 발표했다. 그 원인은 찬 음식의 영향으로 뇌 주위 혈관이 수축돼 산소 공급이 부족해지기 때문에 젖산이 쌓이면서 혈관을 더욱 수축시켜 통증을 일으키는데, 편두통 환자들은 통증을 더 심하게 겪는다는 것이다. 실험에 의하면 편두통환자의 70%가 통증을 크게 느낀 반면 일반인들은 8%만이 통증을 느꼈다.

마지막으로 아이스크림은 날씨가 덥다고 잘 팔리는 것은 아니다. 아이스크림은 온도가 25~30℃일 때 가장 많이 팔린다. 온도가 30℃가 넘어서면 사람들이 아이스크림보다는 얼음이 많이 섞인 빙과류나 음료를 더 선호하기 때문이다.✝

여하튼 여러 가지 아이스크림의 맛은 이미 이야기한 노벨상 수상자의 업적이라고 해도 과언이 아니다. 합성 향료를 연구한 선구자들의 공로에 의해 많은 향료들이 개발된 것을 생각하면, 현대인들이 노벨상 수상자들에게 입은 혜택이 얼마인지 이해가 될 것이다. 물론 자연에서 생산되는 천연물만 고집하는 사람은 예외겠지만…….

✝「아이스크림엔 엄청난 과학이 있다」, 10대들의 신문, 2004. 6. 16

진통제
Anodyne

마약 성분을 가진 진통제를 특수 환자에게 사용하고 있는 것은 여러 가지 의미가 있다.
이런 진통제는 주로 고통이 심한 암 말기 환자나 중상을 입은 환자에게 사용하는데,
그것은 환자가 의식이 있는 상태에서 고통을 줄여 주므로
자신의 사망에 대비하여 여러 가지 업무를 처리하게 할 수 있기 때문이다.
일부 학자들은 중독성과 마취제로서의 효과를 혼동해서는 안 된다고 주장하고 있다.
통증 치료를 위해 투여되는 마약 성분의 진통제는 일시적으로만
신체의 마약 의존성을 낳을 뿐이며 중독성이 심하지 않다는 것이다.

- 본문 중 -

진통제

　　　　　　　　　　　죽음을 앞둔 환자를 살리기 위해 당대 최고의 의사들이 모두 모였다. 의사들은 모든 지혜를 짜내어 의논하였으나 수술하는 것만이 환자의 생명을 연장시킬 수 있는 유일한 방법이었다.

　의사들은 환자의 혈관을 절개하여 열두 시간 동안 80~90온스의 피를 뽑아낸 후 입과 주사를 통하여 환자에게 독성이 매우 강한 수은 화합물을 대량 투입하였다. 그 다음에는 발한과 구토를 유발하는 토주석(吐酒石)을 투입한 후 물집을 유발하는 자극성이 강한 찜질약을 신체 여러 곳에 발랐다. 그 후 식초 증기를 들이마시도록 했더니 환자는 말을 하려고 애쓰면서 조용히 죽게 해달라는 의사를 표시했다.

　그의 소원대로 환자는 얼마 후에 죽었다. 그 당시 최고 수준의 의료 기술이 현대 의학으로 볼 때는 환자의 죽음을 재촉한 것이다. 1799년에 사망한 이 환자는 미국의 초대 대통령 조지 워싱턴이었다.

　이러한 불명예스러운 시대를 거쳐 인류의 수명은 20세기에 급격히 늘어났다. 20세기 초까지만 해도 60살을 넘기기 어려웠기 때문에 환갑이 매우 중요한 행사였지만, 현재는 70살을 먹은 사람도 젊은이로 칠 정도가 되었다. 이렇게 인류의 수명이 크게 늘어난 데에는 전반적인 의식주 생활의 향상도 한 원인이지만, 현대 의학의 발전이 가장 큰 기여를 했음은 누구도 부정할 수 없다.

관우의 놀라운 능력

의학이 오늘날 같은 모습으로 크게 발전한 것은 해부학적, 생리학적, 병리학적 지식의 향상과 거기에 바탕을 둔 외과 기술의 발달 때문이다. 그중에서도 외과 기술의 발전은 매우 늦게 이루어졌는데, 그것은 외과 수술을 위해서는 몇 가지 해결되어야 할 문제점이 있었기 때문이다.

해결되어야 할 문제점의 첫째는 마취술의 개발과 발전이며, 두 번째는 수술 부위에 생기는 염증을 방지하는 것이었다. 그것 때문에 크게 고생하거나 심지어는 죽는 일도 비일비재했기 때문이다.

세 번째 장벽은 수술로 인한 출혈을 멈추게 하는 일이었다. 아무리 실력이 있고 솜씨 좋은 외과의사라 하더라도 수술을 할 때 출혈은 거의 필연적이었다. 사소한 출혈이야 문제가 없지만 어느 정도 이상이 되면 환자는 쇼크 상태에 빠지게 되고 심지어는 생명까지 위협을 받게 되므로 과거의 수술은 단편적일 수밖에 없었다.

여기에서는 마취에 대해 설명하고, 출혈에 따른 수혈에 대해서는 다음 장에서 살펴보자.

우리 몸은 손톱·발톱·이빨·털을 제외하고 바늘로 찔러서 통증을 느끼지 못하는 부위가 거의 없을 만큼, 몸의 감각점 중에는 통점이 가장 많다. 감각신경의 끝이 통점이기 때문이다. 통점이 없거나 적어서 통증을 느끼지 못한다면 유리할 것이라고 생각하는 사람도 있겠지만 현실적으로는 그 반대이다. 한센병에 걸리면 신경이 손상되어 거의 통증을 느끼지 못하기 때문에, 손끝과 발끝에 상처가 생겼을 때에 치료를 하지 않게 되어 손끝과 발끝이 썩어서 떨어져 나가게 된다는 것이 통설이다. 통점은 일종의 경보 장치이고, 통증은 일종의 경보 신호인 것이다.

환자의 근육이 긴장되거나 반사운동을 하지 못하도록 하고, 환자의 의식을 상실시켜서 통증을 느끼지 않도록 하는 약물을 마취제라고 한다. 마취제에는 중추신경계(뇌, 척수)의 작용을 억제시켜 의식이 없게 하는 전신마취제와 의식과 관계없이 신체의 말초신경(운동신경, 감각신경)만을 마취하는 국소마취제가 있다.

마취제가 사용되기 이전에는 대마초나 아편과 같은 마약이나 럼과 브랜디 같은 술로 환자를 취하게 하거나 혼수상태에 빠뜨려서 수술을 하곤 하였다. 그러나 의식을 완전히 잃는 것이 아니기 때문에, 통증으로 인한 쇼크로 환자가 사망하는 경우가 많았고, 영화에서 자주 나오는 수술 장면은 이런 경우를 보다 극적으로 만든 것이다.

『삼국지(三國志)』에서 관우의 담력이 대단하다는 것은 팔에 있는 독을 제거할 때의 장면으로 알 수 있다.

형주에 있던 관우는 조조의 용맹한 장수인 방덕의 군대와 전투를 치르는 중 팔에 독화살을 맞아 상처가 심해지는 위중한 상황을 맞게 된다. 상처에서 나는 열로 인해 말에서 떨어져 정신을 잃을 정도로 상처가 악화되기 시작한 것이다. 관우가 위중한 병에 걸렸다는 소문을 듣고 그를 치료하고자 달려온 사람이 전설 속의 신의(神醫)로 소문난 화타(華陀)였다. 화타는 관우의 상처를 살펴보고 독이 뼈까지 침투했으니 오염된 살을 도려내고 독이 침투해 있는 뼈를 긁어내면 완치할 수 있을 것이라 설명했다. 관우는 화타에게 곧바로 수술하도록 명했다.

이에 화타는 시술하는 동안 관우가 고통을 참지 못할 것으로 생각해 관

| 삼국지 |
화타가 관우의 상처 부위를 시술하는 장면

우의 몸을 먼저 묶으려 하나 관우가 이를 제지하며 바둑판과 술을 대령하게 한다. 그리고 화타가 한 팔을 치료할 동안 다른 한 팔로 자신의 진영에 있던 마량과 바둑을 둔다.

화타가 이마에 땀을 흘리며 상처를 째고 독에 오염된 뼈를 긁는 소리가 사방에 울렸다. 화타가 오염된 뼈를 모두 긁어내고, 상처에 약을 바르고 붕대를 감을 무렵, 관우가 두던 바둑도 거의 종국이 되었다고 한다.

완치되자 관우는 화타에게 큰 상을 내리려 했으나 화타는 거절하였다. 화타는 "장군 같은 환자는 처음 보았으며, 명환자가 있기에 명의가 존재할 수 있었다"며 유유히 길을 떠난다.

이와 같은 일은 결코 일어날 수 없다고 〈한국과학기술정보연구원〉의 《과학향기》는 지적한다. 뼈를 깎는 시술에 마취제도 없이 버티기는 힘든 일로, 중국 특유의 과장이 심한 점을 감안한다면, 시술이 대단치 않은 정도였거나 화타가 요즘의 마약류에 해당하는 약제를 분명 국부의 마취제로 썼을 것임에 틀림이 없다는 것이다.✞

최승일은 관우와 같은 경우는 소설에만 나오는 특수한 예에 불과하고, 만약에 정말로 그렇게 수술했다면 관우는 분명 사망했을 것으로 추정했다.✞✞

여하튼 관우의 수술이 사실이든 아니든, 수술할 때의 고통이 심했기 때문에 안전하고 효과적인 마취제가 발명되기 전에는 대규모 수술은 상상도 할 수 없었다. 술과 아편 등을 진통제로 사용하기도 했지만, 그것으로

✞「외과수술을 가능하게 한 마취」, 과학향기편집부, Sci-Fun, 2005. 4. 1.

✞✞「관우에게도 마취제가 필요했다」, 최승일, www.sciencetimes.co.kr, 2004. 2. 18

는 시간이 오래 걸리고 까다로운 수술을 할 수는 없었다.

중세시대의 진통제 없는 수술장면

그러므로 아무리 왕후장상이라도 수술을 할 때는 정말로 잔인한 방법을 사용하지 않으면 안 되었다. 수술대 위에 환자를 올려놓고 밧줄로 꽁꽁 묶은 다음 보조원이 환자를 붙잡은 사이에 의사가 톱이나 칼로 환부인 다리나 팔을 절단하는 것이 고작이었다. 수술이 끝난 후에는 벌겋게 달구어진 인두로 환부를 지져 피를 멎게 하고 세균이 침범하지 못하게 했다. 고대의 수술 장면을 그린 그림이나 사진을 보면 수술대 옆 화로에 뜨거운 불과 인두가 꽂혀 있는 모습을 볼 수 있는데, 이는 출혈을 멎게 하는 용도로 쓰인 것이었다.

1800년대 중반만 해도 규모가 큰 의학교육기관들은 전직 하역인부이거나 복싱선수였던 힘 세고 덩치 좋은 사람들을 '수색대'로 고용했다. 그들의 임무는 수술을 받다 도망치는 환자를 잡아서 다시 공개 수술대로 끌고 오는 일이었다.✝

그 고통이 어느 정도였는지는 상상에 맡긴다. 실제로 수술 후의 후유증보다도 수술 당시에 사망하는 사람이 많았을 정도였다. 현재는 양다리의 절단수술도 마취를 사용하여 통증 없이 수술할 수 있으며, 장기 이식도 가능한 것을 생각하면 과학이 얼마나 발전했는지를 알 수 있다. 각 병원마다 마취를 전공한 전문 의사가 있어 환자의 환부 부위에 따라 마취를 시키며, 집도 의사는 편안한 마음으로 수술에 임하는 것이다.

✝ 『일렉트릭 유니버스』, 데이비드 보더니스, 생각의나무, 2005

마취 효과 발견

1772년에 프리스틀리(Josph Priestley)는 아산화질소(N_2O)라는 무독성 기체가 묘한 효과를 갖고 있다는 것을 발견했다. 이것을 흡입한 사람은 노래를 부르거나 싸움을 하거나 웃는 등 광태를 보였다. 그래서 아산화질소를 속칭 '웃음 가스'라고도 부르기도 했다.

영국의 험프리 데이비(1778~1829)는 아산화질소를 좀더 오래 흡입하면 일시적으로 의식을 잃는다는 사실을 발견했다. 데이비는 아산화질소를 외과수술에 사용할 수 있을지도 모른다고 생각했으나, 그 역시 마취제로 사용하는 방법을 강구하지 않고 오락을 위한 용도로만 사용하였다. 그가 더 이상 마취제에 관심을 기울일 수 없었던 것은, 1803년 영국왕립협회회원이 되었고 1810년에는 경의 칭호를 받았으며 1829년엔 회장이 되는 등 외부 일에 바빴기 때문이다. 유명한 물리학자 마이클 패러데이도 그의 제자이다. 여하튼 마취를 외과수술에 최초로 활용한 사람은 미국의 의사 크로퍼드 롱(Craford Willamson Long, 1815~1878)이다.

롱은 미국 조지아 주 대니얼스빌에서 태어나 켄터키 주의 트랜실베니아 대학과 필라델피아의 펜실베니아 대학에서 의학 학위를 받고, 1841년 조지아 주의 시골 마을인 제퍼슨에서 개업했다. 롱은 대단히 열정적이고 친절하여 환자의 요청이 있으면 하루가 걸리더라도 왕진을 했으므로 지역에서 평판이 높았다.

그가 마취제를 사용하려는 아이디어를 얻은 것은 그의 결혼식에서였다. 1842년 일 때문에 자기의 결혼식에 늦는 바람에 많은 사람들을 당황하게 만든 그에게 친구들이 파티용으로 아산화질소를 만들어 달라고 했다. 당시에 아산화질소를 흡입하면 술에 취한 것처럼 약간의 자극을 받아도 울거나 웃었으므로 파티에서 종종 사용하곤 했기 때문이다.

친구들로부터 파티용 아산화질소를 만들어 달라는 부탁을 받은 롱은 에테르(에틸에테르, $C_2H_5OC_2H_5$)도 똑같은 작용이 있으므로 에테르를 만들어 주었다. 에테르는 2개의 탄화수소기가 산소 원자 1개와 결합하여 생기는 화합물로, 일반적으로 중성이고 방향이 있는 휘발성 액체로, 아산화질소와 거의 마찬가지로 파티에 널리 사용되었다.

| 험프리 데이비 |
데이비는 아산화질소에 마취 작용이 있다는 것을 처음으로 발견했다.

또한 에테르와 아산화질소의 성질을 잘 알고 있는 치과의사나 외과의사가 환자들의 통증을 누그러뜨리는 데 사용했다. 그의 결혼식날에도 에테르 파티에서 지나치게 날뛰어 가벼운 상처를 입은 사람이 있었는데, 상처가 나도 그 통증을 거의 느끼지 않는 것을 보고 롱은 에테르를 외과 수술에 사용할 수 있지 않을까 생각했다.

한편 그의 친구인 베너블은 고름이 든 종기 2개가 이마에 있어 수술을 예약했지만 수술하는 도중 겪어야 할 고통이 두려워 매번 예약을 취소했다. 롱은 베너블을 설득하여 에테르 파티에서 상처가 나더라도 통증을 전혀 느끼지 못하는 것을 경험하게 한 후 1842년 3월 30일 베너블의 종기를 제거했다. 그의 수술은 대 성공을 거두었고, 1842년 7월에는 남자의 발가락 끝을 통증없이 절단했으며, 1845년 12월에는 마취를 사용한 무통 출산에도 성공했다.✝

1844년 치과의사인 웰즈도 아산화질소를 흡입한 후 자신의 충치를 뽑도록 부탁했는데, 그가 의식을 잃은 동안에 수술이 진행되었고 의식을 회복했을 때 통증을 느끼지 않았다. 1846년 윌리엄 모톤은 아산화질소보다는 에테르가 보다 효과적이라는 말을 듣고, 에테르 마취약을 사용해서 통

✝「크로퍼드 롱」, 모리 이즈미, 뉴턴, 2004. 12

여자에게 아산화질소를 마시게 하는 장면
오른쪽 여자는 아산화질소의 작용으로 웃고 있는 것처럼 보이는데, 아산화질소를 마시면 술에 취한 것처럼 자제력이 없어지며 약간의 자극을 받아도 울거나 웃거나 한다.

증 없이 환자의 치아를 뽑았다. 마취제인 아산화질소나 에테르의 발견처럼 인류에게 기여한 물질은 많지 않다.

외과의사인 제임스 심프슨은 에테르를 이용하여 여자들이 고통 없이 분만할 수 있는 방법을 연구하였지만 많은 부작용이 있음을 발견하였다. 이때 등장한 것이 클로로폼(트리클로로메탄, $CHCl_3$)이다. 동물실험을 통해 이 약은 마취 효과가 있으며 무통 분만에 이용될 수 있음이 발견되었다.

그러나 일부 성직자들은 마취제를 사용하여 신에 의해 인간에게 가해지는 고통을 피하고자 하는 것은 신성 모독이라고 여겼다. 당시 많은 사람들은 신은 인간이 때에 따라서 고통을 받도록 의도했을 것이며, 그렇지 않다면 신은 인간을 지금과는 다른 것으로 만들었을 것이라고 믿었다. 특히 인간이 태어날 때 꼭 받아야 할 분만의 고통을 없애는 것을 성서의 근본에도 위배된다고 크게 공격하였다(구약성경 창세기 3장에는 '네가 수고하고 자식을 낳을 것이며……' 라는 구절이 있다).

이와 같은 종교계의 강력한 반대에 부딪혀 클로로폼은 보급이 되지 않다가 1853년에 영국의 빅토리아 여왕이 여덟 번째 왕자인 레오폴드 왕자를 분만할 때 클로로폼을 사용하였다. 그 후 1857년에 베아트리스 공주를 낳을 때 다시 클로로폼을 사용하면서 공개적으로 사용되기 시작했다.

| 제임스 심프슨 |

현대 마취에서 가장 많이 사용하는 방법 중의 하나인 기관에 관을 넣어 기도를 유지하는 전신마취는 제1차 세계대전 직후에 비로소 시작됐다.

전신마취가 현실적으로 가능해지자 마취 분야는 급속도로 발전을 거듭했다. 그럼에도 불구하고 그 당시의 의사들은 환자들이 어느 정도 고통을 감내해야 한다고 생각했고, 특히 어린아이들에 대한 강력한 진통제 사용을 기피했다. 어린아이에게는 진통제를 허용할 때 각별한 주의를 기울였고, 유아의 경우에는 아예 진통을 위한 어떤 처방도 내리지 않는 것이 관례였다.

그러나 현재는 많은 의사들이 환자들에게 진통제를 투여하는 데 보다 적극적인 입장을 취하고 있다. 그것은 통증에 대한 이해가 높아지고 통증을 줄이기 위한 새로운 기술들이 개발되었기 때문이다.

마취제의 중독성

마취제가 인간 질병 치료에 혁혁한 공을 세운 공신임에도 불구하고 학자들이 다루기를 다소 꺼려하는 것은, 마취제가 '중독성'이라는 커다란 단점

제임스 심프슨의 자가 마취 실험 장면
심프슨은 클로로폼 마취에 의한 무통 분만법을 개발했고, 나중에 빅토리아 여왕의 시의로 임명되었다.

을 갖고 있기 때문이다.

마취제에는 이미 말한 아산화질소나 에테르, 그리고 클로로폼 외에도 여러 가지가 있는데, 그 중에서 가장 유명한 것이 아편이다. 아편은 양귀비꽃에서 나오는데, 말리거나 가루로 만들어 담배처럼 피우거나 씹으면 여러 가지 효과가 나타난다. 아편의 파생물인 모르핀과 코데인의 가장 잘 알려진 효과는 진통제로서의 탁월한 성능이다. 모르핀은 그리스 신화에 나오는 꿈의 신인 'Morpheus'를 'opium'과 합성한 'morphium'에서 유래한다. 통증이나 기침 때문에 잘 수 없었던 환자에게 투여해 잠을 잘 수 있도록 한 데서 비롯되었다고 추정한다.

그러나 탁월한 진통제로서의 효과가 있음에도 불구하고, 중독될 우려가 있으며 진통제가 환자들의 호흡의 속도를 위험할 정도로 낮출 수 있다는 우려 때문에 모르핀의 사용은 철저하게 제한되었다. 모르핀은 통증을 없애 주는 것뿐만 아니라 행복감을 부르고 때로는 깊이 잠들게도 한다.

문제는 이 행복감에 한번 취해 본 사람들은 그것을 다시 경험해 보고 싶은 유혹을 강하게 갖게 된다는 점이다. 게다가 모르핀을 계속 복용하다 보면 몸이 약물의 효과에 습관화되기 때문에 전에 느꼈던 기분의 변화를 일으키기 위해 점점 다량의 약물이 필요해진다.

모르핀 상용자는 계속 긴장과 불안에서 벗어나려고 하지만 신체가 그 약물에 대한 내성을 갖고 있으므로 점점 다량의 약물을 요구한다. 모르핀 중독자는 정상인의 경우 치사량이 되는 모르핀도 예사처럼 먹어 버린다.

중독자는 신체적으로나 심리적으로도 약물에 의존하게 되고, 마침내 마약을 끊어야겠다는 생각조차 공포감으로 변하여 약물 복용을 하지 않으면 안 되는 것이다. 이런 부작용은 결국 범죄와 연결되기 쉽기 때문에 각 국에서 철저하게 규제하고 있다.

헤로인(heroin)은 모르핀에서 조금 구조를 바꾼 것으로, 1874년 모르핀의 부작용을 제거하기 위해 찾아낸 물질이다. 이 물질은 모르핀에 비해 통증에 대한 효능이 떨어지지 않으면서도 탐닉성이 없어 보였다. 그래서 이름도 헤로인이라 불렀다.

그런데 얼마 가지 않아서 헤로인이 몸 속에 들어오면 곧 아세틸기를 잃어버려 모르핀이 된다는 사실이 발견되었다. 결국 헤로인도 1920년부터 모르핀과 같은 취급을 받았다.✝

한편 아편 외에 마취제로서 잘 알려져 있는 것 중의 하나로 코카나무 잎에서 나오는 코카인이 있다. 코카인은 질소가 포함된 천연 생성물인 알칼로이드로서, 적은 양으로도 사람에게 생리적인 영향을 미치는 특성을 갖고 있다. 알칼로이드는 복용량에 따라 사람을 치료할 수도 있고 죽게 할 수도 있는데, 알칼로이드로 죽은 사람 중에서 가장 유명한 사람은 소크라테스이다. 그는 '헴록'이라는 풀에서 뽑은 코닌 때문에 죽었다.

유럽에 코카인이 알려진 것은 1500년대로 스페인이 페루를 점령한 후부터이다. 페루인들은 코카 나뭇잎을 씹는 습관이 있었다. 담배와 코카인이 동시에 유럽에 전해졌지만 코카인은 담배처럼 주목을 받지 못했다. 다만 이를 복용하면 식사를 하지 않아도 된다고 알려졌을 뿐이다.

1860년대에는 프랑스와 이탈리아에서 포도주에 코카인을 넣어 팔기도 했다. 또한 'French Wine Cola'라는 음료수가 발매되었는데, 초창기에는 인기가 없었다. 이 음료에서 술 성분을 빼고 코카인과 카페인으로 새로 만든 음료가 바로 유명한 코카콜라(Coca-Cola)이다. 코카인이 의존성

✝ 「마약, 그 뒤에 숨은 이야기」, 이윤성, 과학동아, 1996. 7

을 일으킨다는 사실이 알려지자 1920년부터는 코카인이 포함되지 않도록 규제했지만 상표는 그대로 유지하여 오늘날에 이른다. 코카인은 초콜릿을 만드는 코코아와 아무 관계가 없다.

여하튼 코카인이 단순하게 기분을 좋게 할 뿐 아니라 신체의 통증을 일시적 또는 국부적으로 없애 준다는 것을 알게 되었다. 1884년 미국의 콜러는 코카인을 눈 주위의 점막 안에 넣어 진통제로 사용할 수 있음을 발견했다. 또한 고통 없이 치아를 뽑는 데 이용되기도 했다. 코카인을 의학용으로 사용할 수 있다는 발표가 있자 코카인은 곧바로 유럽인들의 주목을 받기 시작했다. 더욱이 그 보고의 당사자가 유명한 정신분석학의 아버지라 불리는 지그문트 프로이드였으므로 더욱 유명세를 탔다. 그때까지 코카인은 주로 국소 마취제 또는 모르핀의 의존성에 대한 치료제로 사용되었다.

코카인의 특징은, 에테르와 같은 일반 마취제와는 달리 무의식 상태가 되지 않고 감각의 상실 없이도 고통을 감소시키는 국소 마취제라는 것이다. 그러나 코카인은 부작용도 만만치 않은데, 그것은 다른 마취제보다 쉽사리 중독이 된다는 점이다.

또한 코카인은 혈관을 좁히는 효과가 있기 때문에 심장혈관계에 영향을 주어 심장박동이 빨라지고 혈압이 갑자기 높아지며, 잠재적으로 치명적인 심장박동 리듬을 가져 올 수 있다. 이런 효과들은 모두 심장이 근육세포에 영양을 공급하기 위해서 산소가 풍부한 혈액을 더 많이 요구하기 때문에 생기는 것으로, 코카인은 지방질이 많은 퇴적물로 관상동맥이 좁아진 사람들에게 매우 위험하다.

마약 성분을 가진 진통제를 특수 환자에게 사용하고 있는 것은 여러 가지 의미가 있다. 이런 진통제는 주로 고통이 심한 암 말기 환자나 중상을 입은 환자에게 사용하는데, 그것은 환자가 의식이 있는 상태에서 고통을 줄여 주므로 자신의 사망에 대비하여 여러 가지 업무를 처리하게 할 수 있기 때문이다. 일부 학자들은 중독성과 마취제로서의 효과를 혼동해서는 안 된다고 주장하고 있다. 통증 치료를 위해 투여되는 마약 성분의 진통제는 일시적으로만 신체의 마약 의존성을 낳을 뿐이며 중독성이 심하지 않다는 것이다. 수주일 동안 모르핀 투여를 받은 암 환자들도 통증이 완화되자마자 즉시 약을 끊을 수 있었다는 것이다.

양면성을 갖는 진통제

양면성을 갖고 있는 특별한 물질을 학자들이 연구하지 않을 리 만무하다.

코카인은 1902년 노벨 화학상을 수상한 피셔(Hermann Emil Fischer)가 처음으로 실험실에서 합성하였고, 후에 대량으로 제조되었다. 특히 그는 바르비투르산염 유도체를 합성하였는데, 그것은 환자의 불안을 진정시키는 약물로 포수(抱水)클로랄이나 브롬화물보다 효과가 뛰어나 동물의 마취제로도 쓰였다. 또한 그는 심장마비에 아주 중요하고 지금도 간질을 진정시키는 데 사용하는 페노바르비탈을 페닐에서 추출하였다.

피셔는 매우 특이한 사람이다. 그는 특정 효소가 특정한 기능을 한다는 자물쇠-열쇠 접근법을 내놓아 효소 화학을 위한 초석을 닦아 놓았다. 산업계에서는 피셔의 연구 결과의 중요성을 파악하고 그를 영입하려고 많은 공을 들였는데, 그는 그런 제의를 모두 거절하였을 정도이다.

1915년에 엽록소 연구로 노벨 화학상을 받은 빌슈테터(Richard Martin Willstater)도 1923년에 코카인과 같은 성질의 물질을 합성했다. 부작용이 거의 없고, 안정되고 합성하기 쉬운 이 간단한 분자는 자연계에는 존재하지 않는 것이었다. 이것을 '프로카인'이라고 하는데, 상품명인 '노보카

| 빌슈테터 |

인'으로 더 잘 알려져 있다.

영국의 화학자 로빈슨(Sir Robert Robinson)은 천연물질의 합성, 특히 계통적으로 알칼로이드의 구조를 밝혔다. 그는 1925년에는 모르핀, 제2차 세계대전이 일어날 때까지는 안도자멘(anthoxamin)과 안도시아멘(anthocyamin)에 관한 것과 스테로이드 합성에 관한 연구에 집중하였다. 또한 전쟁이 끝난 후인 1946년에는 알칼로이드 스트리키닌과 brucine의 구조를 밝혔고, 1947년 노벨 화학상을 받았다.

코카인의 또 다른 문제는, 혈중 농도와 증상이 반드시 비례하는 것이 아니라는 사실이다. 낮은 농도에서 독성을 보이기도 하고 높은 농도에서 증상이 약할 수도 있다. 특히 특별히 높지 않은 혈중농도에서도 사망하는 예(심장에서 독성과 혈압을 높임으로써 뇌출혈 등을 일으킴)가 있으므로 의학적으로 거의 사용하지 않는다고 이윤성 박사는 밝혔다. 코카인은 한국에서도 마약법에 의거하여 규제하는 마약으로 취급한다.

마약으로 취급되는 것 중 잘 알려진 것은 1940년대에 일본에서 만들어진 히로뽕이다. 원래 이름은 필로폰(Philopon)이지만 일본 발음으로 히로폰이 한국에서 히로뽕이 된 것이다. 처음에는 '잠 안 오는 약' 또는 '살빼는 약'으로 선전되었으며, 실제로 제2차 세계대전 중에는 군수품공장의 노동자, 보초병, 무전병, 돌격대에게 피로를 모르게 하는 약이나 잠을 깨는 약, 자신감을 주는 약으로 투여했다.

히로뽕은 물에 아주 잘 녹기 때문에 마실 수도 있고 정맥주사를 놓을 수도 있으며, 코로 흡입하거나 증기를 마시는 방법 등이 있어 파급이 매우 용이한 면을 갖고 있다. 히로뽕의 역할은 중추신경계와 교감신경을 흥분시킨다는 점이다. 신경말단에서 신경전달물질인 카테콜아민이 많이 나오도록 만들고, 이것이 다시 흡수되는 것을 억제함으로써 신경말단을 항상 흥분상태로 만드는 것이다.

히로뽕을 사용하면 배고프거나 피곤한 줄 모르고 힘이 솟으며 정신이 맑아지는 것 같은 느낌을 갖지만, 곧 약효가 떨어지면 반대 현상이 나타나며 중독증을 일으키는 것이 문제를 야기시킨다고 이윤성 박사는 설명했다.

더욱이 히로뽕은 한 가지 약효를 내는 것이 아니라 사람의 상태에 따라 환각 증세를 보이기도 한다. 흥분제는 반드시 치사량에 이르러야 사람을 죽이는 것이 아니라는 점에서도 규제를 요구한다. 작은 양으로도 심장발작이나 발작성 고혈압 또는 고열증 따위로 급사할 수도 있다고 한다.✝

참을 수 없는 고통의 메커니즘

통증은 수술 등에만 느껴지는 것이 아니다. 사람이 태어나서 사망할 때까지 수술을 하지 않더라도 수많은 통증으로 고통을 당한다. 통증에 대해 근래까지 알려진 것을 나홍식 박사의 글을 참조하여 설명한다.

피부가 손상될 때 느껴지는 아픔은 외부로부터 몸을 보호하기 위한 '면역적 방어 메커니즘'으로 설명한다. 선천적으로 통증을 느끼지 못하는 기형아들이 외부의 해로운 자극을 제대로 피하지 못해 온몸에 치명적인 상처를 받는 것이야말로 통증의 중요성을 알려 준다.

아픔을 전달하는 것은 가느다란 감각신경(수초가 없는 무수신경이나 가는 유수신경)이 담당한다. 지름이 좁은 관일수록 물질 이동에 대한 저항이 높

✝ 「마약, 그 뒤에 숨은 이야기」, 이윤성, 과학동아, 1996. 7

| 참을 수 없는 통증 |
고통의 메커니즘은 아직 정설이 없으나 문조절이론이 가장 잘 알려져 있다(사진 박효순)

아진다. 신경에서도 가는 신경이 굵은 신경에 비해 이온들의 이동이 활발하지 못해 감각 정보의 전달 속도가 느리다. 그 결과 굵은 신경에 의해 전도되는 촉각이나 압각(초속 80m로 전달하는 굵은 유수신경)보다 가는 신경에 의한 통각(초속 0.5~3m의 무수신경 또는 초속 4~30m의 가는 유수신경)이 뇌나 척수에 늦게 도달한다.

그런데 방어 기능을 담당하는 통각의 전도 속도가 다른 감각들보다 늦다는 것은 '생체 보존의 기본 법칙'에 어긋난다. 예를 들어 못에 찔렸을 때 아프다는 정보가 뇌나 척수에 늦게 전달되면 자극으로부터 늦게 피하게 돼 손상이 커지기 때문이다.

그렇다면 통각의 전도 속도가 늦은 이유는 무엇일까. 이것은 전도 속도가 늦는 것이 유리한 점도 있다는 것을 의미한다.

엄밀하게 말하면 피부에 통각을 느끼는 신경이 촘촘하게 분포돼 어느 곳 하나 아프지 않은 곳이 없어야 방어 기능을 충분히 갖췄다고 말할 수 있다. 하지만 전도 속도가 빠르려면 신경이 굵어져야 하고 분포도 촘촘해야 하는데, 그러려면 연필 굵기만한 우리 다리의 신경은 팔뚝 굵기만큼 굵어지고 다리는 코끼리 다리만큼 커져야 한다. 결국 신경 전달만을 위해서 인체를 무한정 확대할 수 없다는 것을 인체가 알아서 적응토록 했다고

진통제 | 303

밖에 설명할 수 없다는 뜻이다.

놀라운 사실이지만, 고통의 메커니즘에 대한 정설은 아직도 없다고 한다.

일반적으로는 1965년 멜작과 월 박사가 발표한 문조절이론(gate control theory)이 잘 알려져 있다. 이 이론은 말초감각신경 중 촉각이나 압각을 전달하는 굵은 신경섬유가 가느다란 신경섬유에 의해 전달되는 통증을 억제한다는 것이다. 즉 굵은 신경섬유는 척수 교양질 내에 있는 문을 닫아 통각 정보를 차단하며, 가는 신경섬유는 거꾸로 문을 열어 통각 정보가 뇌에 도달하도록 한다는 것이다. 그러나 가는 신경 섬유도 문을 닫을 수 있다는 연구 결과도 보고되어, 이 문제는 앞으로 보다 많은 연구가 필요하다고 나홍식 박사는 말한다.

발목을 삐면 매우 이상한 경험을 한다. 순간적으로 날카롭고 아픈 곳이 분명한 통증으로 느끼지만 곧바로 사라진다. 이후 피부 깊숙이 둔하면서도 퍼지는 통증을 느낀다. 이를 이중통(二重痛)이라고 한다.

첫번째 통증이 손상 자체를 알리는 과정이라면, 두 번째 통증은 손상으로 파괴된 세포와 신경말단에서 나오는 여러 물질들이 주변으로 퍼지면서 나타난다. 이 통증은 적어도 1~2주까지 지속된다.

발목을 삐면 다리를 절룩이거나 움직이지 못하게 되는데, 이는 손상 부위를 덜 움직이게 만듦으로써 조직을 신속하게 회복하기 위한 방어 메커니즘의 일환이라고 김전 박사는 설명한다. 움직이지 않는 동안은 통증 정보가 중추신경계에 전달되지 않기 때문에 아픔을 느끼지 않는다는 것이다.✢

이런 통증을 느낀다는 것은 체내 조직이 손상되었음을 의미하므로 이때 통각신경을 흥분시키는 물질이 방출된다. 이것이 가만히 있어도 욱신욱신 아프거나 평소에는 아픔을 일으키지 않는 자극에도 아프게 느껴지는 통각 과민을 일으키기도 한다.

현재까지 알려진 통각물질로는 세로토닌, 브리디키닌, 아세틸콜린, 히

✢ 「못 곳곳을 누비는 통증」, 김전, 과학동아, 1996. 7

스타민, 칼륨이온, 수소이온, 프로스타글란딘 등 여러 가지가 있다. 그러나 이 물질들이 어떻게 통각신경을 흥분시키는지 아직 정확히 밝혀지지 않았으므로 많은 사람들의 도전이 필요하다.✟✟

이상과 같은 신경계의 통증을 다소 시간의 차이가 있지만 일반적인 통증 또는 급성 통증이라고 한다. 그런데 이와 같은 통증과는 달리 만성 통증이 있다. 멜러니 선스톰 박사는 만성 통증을 뇌와 척수에 비정상적인 변화를 일으키는 신경계의 병리 현상으로 설명했다. 즉 질병과 흡사하다는 뜻이다.

통증을 조직의 손상이나 질병으로부터 몸을 보호하기 위한 경보 수단이라고 생각하면, 급성 통증은 이러한 경보 체제가 정상적으로 가동하고 있다는 표시다. 즉 통증이 있다면 어딘가 손상된 것이다. 그래서 손상된 부위가 치료되면 통증도 사라진다.

그러나 만성 통증은 이 경보 체제가 망가진 것이다. 통증을 전달하는 선이 절단되거나 손상되면 전체의 경보 체제가 뒤죽박죽이 된다. 시스템 자체가 손상되었으므로 수리가 되지 않는데 이를 '신경통'이라고도 부른다.

문제는 만성 통증은 걸핏하면 악화된다는 점이다. 클리퍼드 울프 박사는 이를 다음과 같이 설명한다.

> 신체적인 통증은 신체를 변화시킨다. 이것은 감정의 손실이 마음을 멍들게 하는 것과 같다. 우리 몸의 통증 전달 체제는 성형성이 있다. 다시 말해 통증에 의해서 통증을 일으키는 체제가 재편성될 수 있다는 뜻이다.

만성 통증 환자에게는 대부분 불안과 우울 증세가 나타난다. 통증과 우울증은 같은 신경회로를 공유하기 때문이다. 세로토닌과 엔도르핀 같은

✟✟ 「참을 수 없는 고통의 메커니즘」, 나흥식, 과학동아, 1996. 7

| 뇌의 통증 차단 메커니즘 |
(자료 이영완)

신경전달물질과 호르몬은 건강한 뇌를 조절하지만 우울증을 억제하기도 한다. 그러므로 우울증 치료제가 통증을 치료할 수도 있지만, 우울증이나 스트레스를 유발하는 사건은 통증을 악화시킬 수 있다는 데 치료의 어려움이 있다.

현재 이들 질병을 치료하는 대안으로 떠오르는 기술이 '유전자칩'이다. 이 기술로 신경이 통증에 반응할 때 어떤 유전자가 작용하는지 알아낼 수 있다. 현재까지는 통증과 관련된 유전자로 확인된 것이 60개이지만, 적어도 수백 개 이상이 통증과 관련된 유전자가 있다고 추정된다.

학자들은 통증에 관련되는 핵심유전자를 찾기 위해 분주하다. 다른 통증 유전자들을 움직이게 하는 마스터 스위치 역할을 하는 유전자를 발견한다면 통증을 획기적으로 억제할 수 있기 때문이다.✝

호랑이에게 물려 가도 정신만 차리면 산다

'호랑이에게 물려 가도 정신만 차리면 산다'는 말이 있다. 과학자들은

✝ 「통증 치료 어디까지 왔나」, 멜러니 선스톰, 리더스다이제스트, 2004. 11

이 경우 "정말 살 수 없을지는 몰라도 최소한 아프지 않을 수는 있다"고 말한다.

실제 19세기 말 아프리카를 탐험한 리빙스턴 박사는 사자에게 공격 당한 적이 있는데, 어깨가 뜯겨 나가는 순간에도 고통을 느끼지 못했다고 회고한 바 있다.††

최근 국내 과학자가 감각신호를 차단함으로써 고통을 막아내는 뇌의 메커니즘을 밝혀냈다. 한국과학기술원(KAIST) 생명과학과 김대수(金大洙) 교수는 배앓이를 자주 하는 아들에게 책을 읽어 주거나 TV를 보여 주면 '언제 아팠느냐'는 식으로 아무 고통을 느끼지 못하는 데 주목했다.

김교수는 이를 뇌가 선택적으로 통증 신호를 받아들이기 때문이라고 생각하고 관련 유전자를 찾았다. 이렇게 찾아낸 것이 바로 'T타입 칼슘 채널 유전자'이다. 실험 결과 이 유전자가 활동하면 복통을 일으키는 약물을 먹여도 생쥐는 전혀 고통을 느끼지 못했다. 반면 유전자가 억제된 경우에는 온몸을 뒤틀며 고통을 호소했다.

T타입 유전자는 어떻게 감각신호를 차단할 수 있을까. 김교수는 최근 T타입 유전자가 일종의 잡음(noise)을 발생시킨다는 사실을 처음 밝혀냈다.

1932년 독일의 한스 베르거는 '사람은 감각 그 자체가 아니라 신경세포가 전달하는 전기신호를 감지한다'는 사실을 알아냈다.

그 후 여러 감각기관에서 받아들인 감각신호는 대뇌 각 부분에 흩어져 보관됐다가, 척수와 대뇌를 잇는 뇌조직인 시상핵(視床核)에서 하나의 기억으로 연결돼 대뇌 피질로 전달된다는 사실이 알려지게 됐다.

김교수는 "시상핵에서 연결된 감각신호가 대뇌로 전달될 때는 두 가지 형태의 신호가 발생한다"며 "최근 생쥐 실험 결과 T타입 유전자가 활동하면 신호가 한꺼번에 전달되는 다발성 발화(多發性 發火) 형태라는 사실을 밝혀냈다"고 말했다.

†† 「사자에 물린 리빙스턴 왜 아프지 않았을까」, 이영완, 조선일보, 2004. 10. 6

여러 사람이 한꺼번에 말을 하면 무슨 말인지 알아들을 수 없는 것처럼, 여러 감각신호가 동시에 전달되면 일종의 잡음이 되어 뇌가 의미를 파악할 수 없게 된다는 것이다.

반대로 감각신호가 마치 모르스 부호처럼 끊어져서 전달되는 긴장성(緊張性) 발화라면 감각신호 하나하나를 정확하게 인식할 수 있게 된다.

김교수는 "같은 자극에도 성격에 따라 다른 반응을 보이는 현상을 같은 메커니즘으로 설명할 수 있다"고 말했다.

놀이기구를 탈 때 시큰둥한 사람도 있고, 어떤 사람은 고함을 지르며 신바람을 즐긴다. 김교수는 호기심이 강하고 스릴을 좋아하는 사람에게서는 아마도 긴장성 발화 경향이 강할 것으로 예상했다.

실제로 다발성 발화를 억제해 긴장성 발화가 강화되도록 쥐의 유전자를 조작하자 갑자기 호기심이 왕성해졌다고 한다. 신호 하나하나가 명확하게 인식되면서 정보량이 많아졌기 때문이다. 물론 같은 양의 통증에도 고통을 훨씬 더 강하게 느끼는 희생도 따른다.

김교수는 반대로 "의지를 강하게 해 통증을 참아내는 것이나, 정신수련을 하면 마음이 평안해지는 것은 다발성 발화가 강화돼 외부의 자극을 잡음으로 만들어 버리는 능력이 발달하기 때문으로 설명할 수 있다"며 "최근 뇌 연구는 이처럼 사람의 정신과 인식, 그리고 자아(自我)와 같은 철학적 주제까지도 연구 대상으로 삼고 있다"고 설명했다.

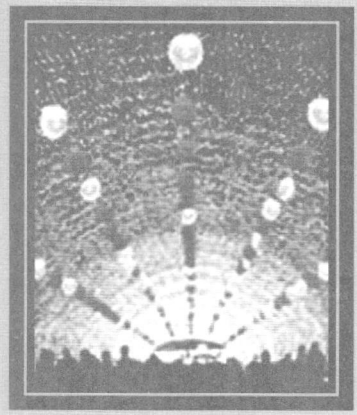

반딧불이
Firefly

반딧불이로 하여금 빛을 내게 하는 효소는 여러 가지가 있다.
그들 모두가 생명체의 생명 유지에 결정적인 영향을 미치는 것이므로
학자들은 그것의 성질을 규명하는 데 많은 노력을 기울이고 있다.
특히 인간에게 있어 효소의 중요성이 얼마나 큰지는 많은 학자들이
노벨상이라는 영광을 얻었다는 것으로도 증명된다.

- 본문 중 -

반딧불이

중국 동진(東晋)의 차윤(車胤)은 초를 살 돈이 없어 반딧불이를 모아 공부했다고 한다. 이 이야기에서 '고생하면서도 꾸준히 학문을 닦는다'는 뜻의 형설지공(螢雪之功)이라는 고사성어가 생겨났다. 그런데 많은 사람들이 정말로 그런 일이 가능했을까 하고 의문을 갖는다. 결론만 말하자면 이 이야기는 사실이다. 충분히 많은 수의 반딧불이를 잡는다면 실내에서 책을 읽는 정도의 밝기를 얻는 것이 어려운 일은 아니다.

반딧불이는 한 마리가 3룩스의 빛을 발한다. 반딧불이 80마리가 있으면 쪽당 20자가 인쇄된 천자문을 읽을 수 있으므로 200마리 정도이면 신문을 읽을 수 있다.

반딧불이에 대한 전설은 매우 애처롭다. 우리나라의 설화부터 보자.

순봉이라는 한 젊은이가 한양의 부잣집 딸 숙경을 처음 보고 상사병을 앓았다. 순봉은 가난한 과부의 자식이라 소원을 풀지 못하고 숙경의 초당 근처를 날아다니는 벌레라도 되기를 바라며 죽었다. 결국 그 넋이 반딧불이가 되어 밤이 되면 초당 근처를 나는데, 숙경은 무심코 이를 잡아 종이

| 콜럼버스의 움직이는 촛불 |
콜럼버스는 아메리카 대륙에 상륙하기 직전 '바다위에 움직이는 촛불'을 보았다고 적었다. 이것은 짝짓기를 하고 있는 반딧불이로 추정된다.

봉지 속에 넣어 머리맡에 두었다. 순봉은 결국 숙경과 같이 살고 싶다는 소원을 이룬 것이다.

일본에서는 구로헤이라는 사람이 살인, 강도, 방화를 일삼다가 결국 붙잡혀 생매장 당하는데, 그의 아들이 아버지와 같이 묻어 달라고 간절하게 애원하여 결국 같이 묻혔다. 무고한 이 효자의 넋이 반딧불이가 되었다는 전설이다.

중국의 반딧불이 설화는 모진 계모와 함께 사는 한 소년에 관한 이야기다. 소년은 계모의 심부름으로 산 너머 마을에 콩기름을 사러 가다가 산속에서 동전을 잃어버렸다. 이를 찾다가 날이 저물고 비바람 속을 헤매던 소년은 결국 물에 빠져 죽었다. 소년은 죽어서도 계모가 두려워 반딧불이가 되어 밤에도 자지 않고 동전을 찾아 헤맨다는 것이다

이처럼 각국의 설화를 보면 반딧불이에 관한 정서를 읽을 수 있다.

한국의 반딧불이가 감성적이고 일본의 반딧불이가 윤리적이라면 중국의 반딧불이는 현실적인데, 반딧불이가 밤을 밝혀 준다는 내용에서는 대동소이하다.

콜럼버스가 아메리카 대륙에 상륙하기 하루 전날 밤, 콜럼버스는 '바다 위에서 움직이는 촛불들'을 보았다고 기록했다. 이것은 아마 짝짓기를 하고 있는 버뮤다 반딧불이로 추정된다.

1634년 쿠바 해안에 접근하던 영국 선박들은 해안의 무수한 불빛들을 보고 침공 작전을 포기했다. 적이 빈틈없는 방어태세를 갖추고 있는 것으로 생각했던 것이다. 현대의 사학자들은 그 '방어병들'이 '쿠쿠조'라고 불리는 수많은 발광성 방아벌레였을 것이라고 추측한다.†

여하튼 밤에 변변한 발광기구가 없던 시절 반딧불이는 밤을 밝혀 주는 데 큰 역할을 했다. 실제로 제2차 세계대전 중에 일본군은 발광(發光)하는 작은 바다새우(사이프리디나)를 사용했다. 장병들은 이 작은 새우를 상자에 넣고 다녔는데 건조한 새우는 발광하지 않지만 물에 넣으면 곧바로 발광을 했다. 울창한 밀림에서 지도를 본다든지 보고서를 작성하려면 낮에도 반드시 조명이 필요하다. 이때 회중전등을 사용하면 적에게 들킬 우려가 있지만 바다 새우가 내는 불빛은 수십 보만 떨어져도 발각되지 않으므로 은밀한 활동에 안성맞춤이었다.

반딧불이의 명칭도 제각기 다르다. 중국에서는 형화충(螢火蟲), 단조(丹鳥), 단량(丹良), 소촉(宵燭), 소행(宵行)이라 부르고, 일본에서는 호타루라 부르며, 우리나라에서는 개똥벌레, 반디, 까랑으로 부른다. 영어로는 'firefly'로 '불빛을 내는 파리'라는 뜻이다.††

효소 작용으로 발광

빛을 내는 생물은 반딧불이만이 아니다.

밤바다에서 파도를 맞을 때 빛을 내는 바다반딧불이, 심해에 사는 발광 오징어, 발광세균 등 여러 가지가 있다. 남미산 벌레인 레일로드 웜(rail road worm)은, 머리는 빨갛게 몸은 녹색으로 발광한다.

헤엄갯지렁이의 일종으로 대서양의 버뮤다 섬에 서식하는 버뮤다 불벌

† 「빛을 내는 신기한 생물들」, 마이크 토너, 리더스다이제스트, 1995. 6

†† 「반딧불이를 살려야 하는 이유」, 허두영, 위클리 숄, No. 87, 2003.

레는 보름부터 2~3일이 지난 밤에 암컷이 해면에 원을 그리며 계속 빛을 낸다. 그러면 해면 아래 있던 수컷이 무리를 지어 빛을 내면서 원에 합류한다. 암컷과 수컷은 해면에 원을 그리며 헤엄쳐 알과 정자를 해수 중에 방출한다고 한다.

심해어들의 95%는 발광한다. 발광하는 어류 중에는 자신이 직접 발광하는 것도 있고, 체내의 특수한 기관에 공생하는 발광세균이 발광하는 것도 있다. 포토블레파론이라는 물고기는 눈 아래에 세균을 넣는 조직이 있고 그 위에 셔터 작용을 하는 막이 있어 '눈꺼풀'이 빛을 내거나 꺼지는 것처럼 보인다.[†††]

햇빛이 전혀 미치지 않는 250m 깊이의 바닷속에 사는 빛해파리의 경우, 이들이 소형잠수정을 감싸자 잠수정 안에 있는 계기반의 눈금을 읽을 수 있을 정도로 밝은 청록색의 빛을 내뿜었다는 보고도 있다. 대부분의 바다 유기체들은 푸른 빛을 내는데, 이것은 푸른 빛이 물 속에서 다른 색보다 더 멀리까지 가기 때문이다.

푸에르토리코의 포스포레센트만에서 야간 수영을 하는 사람들에게 푸르스름한 흰 빛을 비춰 주는 것은 미세한 발광식물 플랑크톤이다. 일본에는 달빛독버섯 중에 지름이 15cm나 되는 것도 있다.[††††]

반딧불이를 비롯한 발광체가 빛을 내는 것은 세포 내에서 일어나는 효소의 작용 때문이다. 즉 루시페라제라는 효소가 루시페린이라는 물질을 변환시키는데, 이 과정에서 빛이 나는 것이다.

1887년 프랑스의 뒤부아(Dubois)는 갈매기조개나 반디방아벌레에서 얻은 발광 성분이 열에 안정한 성분과 불안정한 성분으로 되어 있는 것을 발견했다. 그는 안정한 부분을 루시페린(luciferine), 불안정한 효소 성분을 루시페라아제(luciferase)라 명명했다. 근래에 바다해파리(Aequorea) 등에서 발광단백질도 발견되고 있어 이 루시페린-루시페라아제 계가 유

[†††] 「식물바이오테크놀러지」, 스즈키 마사히코, Blue Backs, 1991

[††††] 「빛을 내는 신기한 생물들」, 마이크 토너, 리더스다이제스트, 1995. 6

일한 발광 요소는 아닌 것이 발견되었지만, 발광생물의 대부분은 이 계로 발광한다고 스즈키 마사히코는 설명했다.

생물의 발광에는 체외 발광과 세포 내 발광이 있다.

체외 발광을 하는 동물은 두 가지 형의 세포를 갖고 있다. 한쪽 세포에는 루시페린이라는 커다란 황색 과립이 들어 있고, 또 다른 한쪽 세포에는 작은 발광효소 입자가 들어 있다. 동물이 근육을 수축시키면 이들 물질이 세포 사이나 체외로 밀려 나온다. 이때 루시페린이 산화되어 빛을 내는 것이다.

체외 발광은 주로 바다 생물이 많이 이용하는데, 바다반딧불이는 적이 오거나 어떤 자극이 있으면 발광물질을 내고 자신은 도망간다. 심해의 발광오징어의 경우도 마찬가지다. 암흑의 해저에서 오징어의 먹물은 아무 소용이 없기 때문에 발광물질을 내고 도망가는 것이다.

반면에 세포 내 발광의 경우는, 반딧불이나 야광충과 같이 루시페린과 발광효소 두 가지가 세포 안에 들어 있다.

일부 지방을 포함한 많은 물질이 산화하면서 발광하는 능력을 갖고 있다. 동·식물의 조직이 계속 움직이면서 발광할 때에는 특히 그 빛이 강해진다는 사실도 밝혀졌다. 가령 개구리의 심장이 수축할 때 그 심장의 표면은 늘 발광하고 있다. 인간의 경우도 미약하나마 발광을 하지만 인지할 수준은 아니다.

동물 조직의 발광은 주로 지방질의 산화로 인해 생긴다. 이때의 과정은 광합성과 정반대이다. 광합성의 경우는 빛이 전자를 보다 높은 준위의 궤도로 이동시키는데, 이때 생기는 에너지는 탄수화물의 합성을 위해 사용된다. 그러나 생물 발광은 지방질이 이따금씩 산화되는 경우뿐만 아니라 생명을 유지하기 위한 화학 반응의 경우에도 일어난다.

발광생물의 효과가 예상보다도 높자 이 현상을 건물의 조명에 이용하려

| 동물조직의 발광 |

는 계획도 나왔다. 발광세균을 플라스틱 컵이나 유리컵 속에서 살게 하자는 것이다. 세균 한 마리가 내는 빛은 매우 약하기 때문에 1와트 정도의 빛을 내기 위해서는 컵 속의 세균수가 500조 마리 이상이 되어야 한다. 500조라는 숫자 자체는 대단하지만 세균은 대단히 미세하기 때문에 발광생물로 상당한 밝기의 '램프'를 만드는 것이 불가능한 일은 아니다. 실제로 1935년에 파리의 해양연구소에서 국제학회가 열렸을 때, 해양연구소의 큰 홀의 조명으로 발광세균이 사용되었다.

생물 발광의 경우 장점이 많다는 것은 말할 것도 없다. 우선 전선이 필요하지 않다. 게다가 전등은 효율이 가장 좋은 봉입한 2중 코일 전구의 경우라 해도 공급된 에너지의 약 12%만 빛으로 전환되지만, 발광생물은 열을 내지 않는 냉광(冷光)이므로 소비에너지의 거의 100%가 빛으로 변한다. 그러므로 이와 같이 생물 발광으로 얻어지는 에너지를 빛 에너지로 직접 교환하려는 연구가 여러 학자들에 의해 추진되고 있다.

몬트리올의 맥길 대학에서는 알루미늄, 수은 및 그 밖의 금속만 있으면 빛을 발하는 박테리아를 개발했다. 연구팀들은 이들 박테리아가 광산내 금속탐지기 역할을 할 수 있다고 믿는다.

루시페라제 효소를 만들어내는 유전자를 식물 유전자와 재조합시켜 아름다운 빛을 내는 식물을 만들 수도 있다. 또 이 유전자를 미생물에 넣으면 어떤 특정한 물질이 있을 때 미생물이 빛을 내게 함으로써 특정 유해

물질 또는 화학물질을 검출하는 데 이용할 수 있다.

에드먼턴의 앨버타 대학에서는 한 박테리아의 발광 유전자를 콩의 뿌리 혹을 형성하는 박테리아에 접합시켜서 그 식물에 질소가 부족하면 뿌리가 선명한 푸른빛을 내도록 만들었다. 이를 이용하면 곡물이 물이나 비료를 필요로 할 경우, 또는 곡물에 해충이 생겼을 경우에 빛을 내게 할 수 있다. 농부들이 꼭 필요할 때에만 농작물을 돌보면서 보다 효과적으로 물과 비료를 사용할 수 있다는 설명이다.

반딧불이가 빛을 내는 과정 등은 과학적으로 규명되었지만 이들이 빛을 어떻게 미세하게 조절하는지에 대해서는 미스터리였는데, 미국 매사추세츠 주 메드포드의 터프츠 대학 생물연구팀은 2001년 8월 그 신비를 풀었다고 발표했다. 인간의 심장박동과 혈압을 조절하는 산화질소가 반딧불이의 불빛을 정밀하게 조절하는 스위치 역할을 한다는 것이다. 산화질소는 심장박동 및 기억 기능 조절을 돕는 등 인체에서도 중요한 역할을 하는 화학물질이다.

베리 A. 트림머 박사는, 산화질소가 반딧불이의 기관(氣管, 공기가 지나는 통로)과 나란히 위치한 세포에서 생성된다고 발표했다. 생성된 산화질소는 반딧불이의 뇌가 보내는 화학적 신호에 따라 인접한 세포조직인 미토콘드리아의 기능을 잠시 정지시키게 되고, 그 결과 주기적인 산소 방출이 이뤄져 다른 세포가 빛을 발하도록 하는 효소가 만들어진다는 것이다.

이런 일련의 과정이 진행되는 데 약 1천 분의 1초 정도밖에 걸리지 않는다. 그 때문에 1초에도 수백 번씩 빛깔이 변할 수 있는 것이다. 빛의 종류와 지속 시간은 뇌에서 조절하는데, 어떤 종은 한 가지 불빛을 오래 내는 반면, 어떤 종은 짧은 빛을 세 번 연속으로 내기도 한다.

새러 루이스 박사는 '반딧불이의 불빛은 짝을 짓기 위한 신호'라며 전 세계에 분포된 반딧불이가 각기 고유한 신호를 가지고 있다고 말했다. 수

「빛을 내는 신기한 생물들」, 마이크 토너, 리더스다이제스트, 1995. 6

| 반딧불이 |

컷이 발광함으로써 짝짓기에 대한 암컷의 의사를 물을 때 암컷이 나름의 빛을 발하며 OK 의사를 밝히면 짝짓기가 성사되는 것이다.

반딧불이는 딱정벌레 반딧불이과로 분류되는데, 애벌레로 2년을 살고 성충이 돼 빛을 발하며 날아다니는 기간은 약 2주 정도에 불과하기 때문에, 반딧불이들이 빛을 내며 춤추는 것은 이 작은 곤충들의 생애에 있어 가장 중요한 순간이다.††

반딧불이는 발광용이 아니라 벽사적인 의미로 군사적인 용도에서도 많이 사용되었다. 로마에서 전투를 앞둔 병사들은 반딧불이가 벽사의 힘이 있으므로 질병과 화살이나 창을 피해 목숨을 지켜 줄 것으로 믿었다. 또한 양피 속에 반딧불이를 넣고 땅에 묻으면 적군의 말이 달려오다가 비명을 지르고 되돌아간다고 생각했다.

우리나라에서는 칠석날 잡은 반딧불이로 만든 고약은 백발을 흑발로 만든다 하여 많은 의약품에 첨가되었다.†††

††
「반딧불이 발광의 비밀은 산화 질소」, 월간조선, 2001. 8

†††
「반딧불이를 살려야 하는 이유」, 허두영, 위클리 솔, No. 87, 2003

노벨상의 보고, 효소

촉매란 어떤 반응을 빠르게 하면서 그 과정에서 사라지지 않는 것을 말한다. 예를 들어 녹말을 산으로 처리하면 당으로 바뀌는데, 이때 산은 반응의 속도를 빠르게 해주지만 이 과정에서 소비되지는 않는다. 빵 반죽에 이스트를 넣으면 거품이 생기면서 반죽이 부풀고 가벼워지는 것도 마찬가지이다.

많은 학자들은 이 효소가 유기 촉매 작용을 한다고 생각했다. 이것은 소량의 효소만으로도 어떤 목표를 이룰 수 있다는 뜻이다. 사실 효소는 의약, 식품, 화학공업, 에너지, 바이오 센서, 폐기물 회수, 유전병 치료 등 거의 모든 분야에서 활용되고 있다. 음식물의 분해를 도와주는 소화제도 있으며, 몸에서 분비되는 노폐물인 때의 성분을 완전히 분해시켜 물에 용해시키는 효소 세제가 있는가 하면, 당뇨병 환자의 혈액 중 혈당 농도를 측정하는 것도 효소의 몫이다.

효소가 우리의 인체는 물론 생활 및 산업과 깊은 관계가 있는 이유는, 효소의 역할이 어떤 물질을 변화시키는 것이기 때문이다. 즉 효소와 특정 물질은 자물쇠와 열쇠에 비유할 수 있다. 많은 물질(자물쇠)이 효소(열쇠)가 없으면 아무 변화도 일어나지 않지만, 효소가 있으면 다른 물질로 바뀌는 것이다. 일반적으로 자물쇠마다 그것에 맞는 열쇠가 있는 것처럼 한 가지의 효소는 한 종류의 물질에만 작용한다. 물론 모든 자물쇠를 열 수 있는 마스터 열쇠가 있는 것처럼 효소 하나가 여러 가지 물질을 반응시킬 수도 있다.

이처럼 효소가 중요한 역할을 하게 된다는 것을 알게 되자 학자들은 효소가 무엇으로 구성되어 있는지를 파악하는 데 관심을 보였다.

학자들은 효소가 단백질이라고 추측했다. 그것은 효소가 단백질처럼 쉽

섬너 ▶
노스럽 ▶▶
스탠리 ▶▶▶

게 파괴되기 때문이다. 그러나 효소가 단백질이라는 주장에 대해 1915년에 식물 색소물질에 관한 연구로 노벨 화학상을 수상한 빌슈테터(Richard Martin Willstater)가 강력히 반대하는 상황이 일어났다. 그는 '효소는 단백질이 아니라 운반 분자로, 단백질을 이용하는 단순한 화학 약품'이라는 결론을 내린 것이다.

노벨상 수상자의 이러한 결론은 많은 학자들로 하여금 더 이상 논쟁을 할 수 없게 만들었다. 현재도 그렇지만 그 당시에도 특별한 경우가 아니라면 노벨상 수상자가 반대하는 이론은 더 이상 연구를 하지 않게 마련이었다. 노벨상 수상자의 영향력도 영향력이지만 그들의 조언이나 방향 제시가 옳은 경우가 많으며, 또 그들의 제안에 의해 노벨상을 수상하는 경우도 많았기 때문이다.

그러나 미국의 섬너(James Batcheller Sumner)는 빌슈테터의 이론에 반대되는 강력한 증거를 발견했다. 그는 잭콩나무 열매의 용액에서 '우레아제'라는 효소 성질을 나타내는 결정을 추출했다. 우레아제는 효소를 이산화탄소와 암모니아로 분해하는 촉매이다. 그것은 일정한 단백질의 성질을 나타냈다. 미국의 노스럽(John Howard Northrop)은 섬너가 효소를 결정화하는 데 성공하자 이것을 더욱 확장시켜 펩신을 포함한 많은 효소를 결정화시키고 이것들 모두가 단백질임을 밝혔다. 그의 연구는 단백질 분야의 발전에 기여한 것은 물론 공동 연구자인 스탠리(Wendell Meredith Stanley)의 바이러스 연구에 길을 열었다. 섬너와 노스럽, 스탠리는 1946년에 노벨 화학상을 공동 수상했는데, 섬너와 노스럽의 수상 제목은 〈효소의 결정화와 단백질 분해 효소의 연구〉이지만 스탠리의 수상 대상은 〈바이러스와 효소의 결정화 연구〉였다.

효소의 구조 규명

효소가 단백질로 되어 있다는 것을 알아낸 학자들은 효소가 어떤 구조를 갖고 있는지 궁금해 했다. 효소의 구조를 알아내어 효소의 작용 메커니즘을 이해하면 더 강력한 효소를 인위적으로 만드는 길이 생기기 때문이다. 단백질의 구성 성분이 아미노산인 것처럼 효소 또한 아미노산이 연결된 실타래와 유사한 모양을 갖고 있다.

그러므로 어떤 아미노산이 어떤 순서로 연결되어 있는가에 따라 효소의 작용이 달라지게 된다. 반면에 효소의 작용을 방해하는 물질이 소량이라도 있으면 그것은 효소가 제 역할을 하지 못하도록 방해한다. 독극물을 먹거나 중금속이 체내에 들어오면 신체에 이상이 생기는 것은 주로 이런 이유 때문이다. 이시안화칼륨이나 시안화수소와 같은 화합물의 시안기는 효소의 철 원자와 결합한다. 일부 국가의 가스실에서 사형 집행에 사용되는 시안화수소는 이러한 원리를 이용한 것이다.

효소의 특이성은 각 효소가 특정한 화합물과 결합하기 위해 특별한 표면 구조를 갖고 있다는 점이다. 또한 효소는 자신이 적합한 물질과는 즉시 결합하지만 다른 물질, 심지어는 비슷한 물질과도 결합하지 않는다.

이것은 단백질이 수많은 서로 다른 구성으로 이루어져 있기 때문이다.

학자들에게는 또 다른 의문도 있었다. 단백질로 만들어진 전체 효소 분자가 촉매 작용을 위해 모두 필요한 것인지, 효소의 어느 부분만으로도 충분한 효과를 얻을 수 있는지 궁금해 한 것이다. 이것은 이론적인 면뿐만 아니라 실용적인 면에서도 매우 중요하다. 효소는 오늘날 넓은 분야에서 사용되고 있는데, 만일 전체 효소 분자가 필수적인 것이 아니라 효소의 일부분만이 작용한다면 나머지 활성 분야만을 따로 떼어내 합성하는 것이 가능할 수 있기 때문이다.

한편 생화학적으로 단백질 구조 자체를 밝혀 보자는 연구도 끊임없이 진행되었다. 세포를 구성하는 핵산, 지질, 탄수화물, 단백질 등의 분자들이 어떻게 생명 현상에 기여하는가를 알아내자는 것이다.

이런 의문에 답하려는 학문을 '살아 있는 세포의 화학'이라고 부른다. 즉 생물학적 과정을 분자 개념을 통해서 설명하자는 것이다.

미개발국에서 가장 관건이 되는 것은 충분한 단백질의 섭취이다.

단백질은 음식물로서 뿐만 아니라 생체의 중요한 구성 성분으로 다양한 기능을 한다. 유전 정보를 담고 있는 핵산을 인간의 뇌라고 한다면, 단백질은 몸 전체라고 할 만큼 그 기능이 광범위하고 정교하다.

머리카락을 이루는 알파-케라틴 같은 단백질은 생체 구조물을 지탱하고, 음식물 소화 효소는 생산 요원으로 활동한다. 또한 인슐린처럼 신호를 전달하는 전령사의 역할을 해 주변 환경 변화에 적절히 대응하도록 하거나 항체처럼 침입자를 퇴치하는 방어군의 역할을 수행하기도 한다. 한마디로 단백질은 생명 활동의 전 분야에 관여해 완벽하게 임무를 수행하는 만능 재주꾼이다.

이러한 단백질의 구조가 어떻게 되어 있는지를 학자들이 주목하지 않을 수 없다. 1962년 노벨 화학상을 수상한 막스 페루츠(Max F. Perutz,

1914~1997) 박사가 이 부분에 도전했다. 이 단원은 정용제 박사의 글에서 많이 참조했다. 그는 헤모글로빈이 허파에서 산소와 결합해 혈액을 통해 조직으로 이동한 다음 산소를 내놓고 대신 이산화탄소와 결합해 허파로 운반되는데, 펩신은 단백질의 펩티드 결합을 깨뜨려 분해시킨다는 점에 주목했다. 간단하게 말해 그의 의문점은 이 '두 단백질이 어떤 차이로 서로 다른 기능을 수행하느냐'였다.

단백질 분자는 크기가 수십에서 수백 옹스트롬이다. 이 정도의 크기는 광학현미경은 물론 배율이 훨씬 뛰어난 전자현미경으로도 관찰하기 힘든 일이었다.

그런데 마침 이들 연구를 가능케 하는 기구가 제작되었다.

그것은 X선 결정학적 방법(X-ray crystallographic method)이다. 이것은 시료에 일정한 파장의 빛을 쬐어 흡수되는 파장을 조사하거나 혹은 분자로부터 나오는 빛의 파장을 분석하는 방법으로 분자 구조를 알아내는 것이다. 이 방법은 1913년 로렌스 블랙과 그의 아버지 헨리 블랙(1915년 노벨 물리학상 공동수상)에 의해 결정 구조 연구에 이용되기 시작하여 각광을 받은 것이다.

처음에 과학자들은 단백질이 3차원 구조가 명확하게 갖춰지지 않은 콜로이드 형태의 구조를 이룬다고 생각했다. 그러나 단백질 중의 하나인 우레아제가 결정화되고, 이어서 1934년 버날과 크로푸트(후에 호지킨으로 개명, 1964년 노벨 화학상 수상)가 펩신 결정의 X선 회절 문양을 얻어냄으로써 단백질이 일정한 구조를 갖고 있다는 점을 발견했다. 단백질이 결정화된다는 것을 파악한 학자들은, 단백질이 특이한 배열과 같은 규칙성과 대칭성을 갖을 것으로 예측했다.

페루츠는 케임브리지 대학 카벤디시 연구소에서 버날 교수의 학생으로 합류했고, 1937년 헤모글로빈의 구조를 X선 회절에 의한 방법으로 찾아

▶ 페루츠
▶▶ 켄드루

내겠다고 도전장을 던졌다. 1946년에는 켄드루(1917~1997)가 합류했지만 회절 데이터를 수집하고 분석하는 일에 많은 노력과 시간이 소요되었고, 분석하는 방법도 명확하게 정립되지 않았으므로 시간은 계속 흘렀다.

1953년 마침내 페루츠는 원자번호가 큰 중원자를 이용한 '동형치환법'을 사용하면 단백질 결정 분자 구조를 알아낼 수 있다는 것을 발견했다. 헤모글로빈과 미오글로빈을 조사한 그의 성과는 학자들이 예상하던 것과는 전혀 달랐다. 단백질이 규칙성과 대칭성을 갖고 있으리라 생각했지만, 그들 구조는 대칭성도 없고 어떤 규칙성도 발견할 수 없는 '멋대로 생긴' 모습이었다.

여하튼 페루츠에 의해 헤모글로빈의 구조가 밝혀짐으로써 마침내 단백질 3차원 구조를 원자 수준에서 볼 수 있게 되었다. 그가 이들 구조를 밝힐 수 있었던 것은 다소 행운도 따랐기 때문이다.

그들이 실험 대상으로 삼은 미오글로빈과 헤모글로빈이 주로 알파나선 구조로 이루어졌기 때문에 결정학적 구조 분석이 상대적으로 쉬운 단백질이었다. 이후 단백질의 구조가 밝혀진 것은 기하급수적으로 늘어나 수천 개가 넘는다. 이것은 분자생물학의 발전으로 설명할 수 있지만, 분자 구조가 실생활에서 그만큼 중요하게 인식되었기 때문이다.

대표적인 예가 신약 개발 분야이다. 감기는 바이러스 감염에 의한 질병인데, 바이러스가 숙주세포에서 자손을 생산해 감염 세포로부터 나오는 과정에 여러 단백질들이 관여한다. 이들 중 특정 단백질에서 기능적으로 중요한 역할을 하는 부분에 다른 분자를 결합시키면 기능이 무력화되고 바이러스는 결국 증식하지 못하므로 감기가 치유된다. 즉 단백질에 선택적으로 결합하는 분자, 즉 의약품을 개발할 때 단백질의 구조를 정확히 파악하면 예상보다 빠른 성과를 얻을 수 있음을 물론이다.

구조 변형을 통해 기능이 향상된 단백질을 설계하고 생산하는 데도 3차원 구조의 이해가 요구된다. 발효 식품 등 산업용 단백질은 열에 의해 쉽게 변성되는데, 이때 단백질 구조를 적절히 바꾸어 열에 내성을 갖도록 하면 보다 오랫동안 효소를 이용하여 경비를 획기적으로 줄일 수 있다.

존 켄드루는 1917년 옥스퍼드 교수인 아버지와 예술사학자인 어머니를 두고 옥스퍼드에서 태어났다. 그는 영국의 이공학계 엘리트 코스인 클리프턴 칼리지를 졸업하고 케임브리지 대학의 트리니티 칼리지에 입학하여 화학공학을 전공했다. 제2차 세계대전이 발발되자 레이더를 개발하는 프로젝트에 참여하여 명예 영국 공군 중령직을 받기도 했다.

전쟁기간 동안 정부의 과학 담당자 문역을 맡고 있던 버날 교수와 자주 만나게 되었고, 자동적으로 페루츠와 업무로 접촉했다. 이것이 전쟁이 끝난 후 켄드루와 페루츠가 공동 연구를 하게 된 경유이다. 처음에는 페루츠와 함께 헤모글로빈 구조를 규명한 켄드루는 독자적으로 미오글로빈을 연구했다. 당시에 미오글로빈은 분자량이 상대적으로 작고 결정으로 만들기 쉬우며 구조가 밝혀지지 않은 단백질이었다.✝

✝ 「단백질 구조 밝힌 생화학의 선구자들」, 정용제, 과학동아, 1998. 9

콘포스 ▶
카러 ▶▶

스쿠알렌

콘포스(Sir John Warcup Cornforth)는 옥스퍼드 대학에서 아미노산 D-penicillamine라는 페니실린 분자의 구조를 측정했는데, 그것은 현재 독극물인 중금속의 해독제로 사용되는 것이다. 그는 또한 그것을 최초로 합성한 사람이었다.

그 후 콘포스는 생화학 반응, 즉 천연 생산물의 구조를 이해하는 것이 입체화학에서 절대적으로 필요하다고 생각하고 이 두 부분을 연결시키는 역할을 수행했다. 기본 원리는 1948년에 알렉산더 오스틴에 의해 제기되었지만, 오스틴은 자신의 이론을 더 이상 발전시키지 않았다. 반면에 콘포스는 상어의 간에서 생기는 스쿠알렌, 시아릭 액시드(sialic acid), 코티손을 포함하는 생물학적으로 중요한 천연물의 화학 합성, 아세트산 분자 간에서 스쿠알렌과 콜레스테롤로 촉매 반응에 의해 응집되어지는 패턴 명시 등 헤트로 화학 등에 기여했다.

여기서 잠시 많은 학자들의 주목을 받고 있는 스쿠알렌에 대해 알아보자. 스쿠알렌은 콘포스에 의해 인공적으로 합성되었지만, 스쿠알렌의 화학식은 1937년에 노벨 화학상을 수상한 카러(Paul Karrer)에 의해 이미 밝혀져 있었다. 스쿠알렌은 '$C_{30}H_{60}$'인데 포화지방산의 경우 '$C_{30}H_{72}$'이므로, 스쿠알렌은 수소원자가 무려 12개나 모자라는 고도의 불포화지방산이다.

따라서 스쿠알렌은 인체 내에 흡수되면 매우 강력한 환원 작용에 의해 체내의 산소 함유량을 현격하게 높이며, 노폐물의 원활한 배설에 크게 기여한다. 또한 스쿠알렌은 혈액을 맑게 하고 산성인 혈중 콜레스트롤을 중화시켜 배설시킴으로써 심장질환, 동맥경화, 고혈압, 간장질환 등을 예방하는 데 효과가 있다고 알려져 있다. 물론 스쿠알렌은 치료성 약품이나 특효약이 아니며, 특수한 구성 성분이 건강 보조 식품으로서 좋은 기능을 갖고 있을 뿐이다.

콘포스는 각 분자에서 여섯 개의 탄소 원자를 포함하고 있는 '멜바로닉 산'이라 불리는 물질의 생화학적 반응의 입체화학을 연구하였다. 이 멜바로닉 산의 중요성은 생화학적으로 중요한 스테로이드의 일종이라는 데 있었다. 그는 생물학적 분자로서 존재하는 CH_3 메틸기에 대해서도 연구하였는데, 이것은 대부분 생물학적 분자로 존재하였지만 효소 반응에 의해 변경되거나 생성되므로 그 변화를 아는 것은 매우 중요한 일이었다. 그의 연구는 '어떻게 하면 공간적으로 직접 생화학 반응을 통하여 효소를 발생시킬 수 있는가'를 알아내는 것이었다.

그러나 그의 연구 중에서 가장 중요한 것은 많은 학자들이 질문하였던 의문, 즉 '효소가 합성 작용을 하는 데 필요하지 않은 부분이 있다'는 것을 발견한 점이다. 자연 상태에서 효소는 여러 가지 다른 모양을 취할 수 있다. 어떤 기질이 활성 부위에 첨가되면 효소는 기질의 형태에 따라 자신의 모양을 조절하며 분자의 비활성 부위를 제공해서 결합을 단단하게 하고, 촉매 작용에 매우 높은 효과를 나타내는 것이다. 이것은 생명체의 생명 유지에 필요한 과정의 지식을 깊게 해준 것은 물론, 효소 산업이 중요 산업으로 발전하는 데 크게 기여하였다.

한편 크로아티아의 프렐로그(Vladimir Prelog)는 사회적으로 중요성을 갖고 있는 불규칙한 형태의 알카로이드를 연구하였고, 곧이어 스테로이드를 분리하는 연구에 참여했다. 그는 아실케톤의 미생물 환원법과 알코올의 효소 산화법에 관한 입체화학적인 연구에서부터 일반적인 효소 반응의 입체화학적인 메커니즘뿐만 아니라, 효소의 활동 위치 구조를 파악하는 데 결정적인 기여를 했다. 그의 연구는 입체화학을 제 궤도에 올려 놓은 것으로 인정되었다.

1975년도 노벨 화학상은 콘포스와 프렐로그에게 돌아갔다. 그들의 노벨상 수상 이유는 각각 '효소에 의한 촉매 반응을 이용한 입체화학'에서의 업적과 '유기분자 반응과 입체화학 연구'였다. 참고적으로 반딧불이는 청정지역에 사는 환경 지표종(指標種)으로 매우 민감한 곤충이다. 하루살이처럼 하잘것없어 보이는 반딧불이가 환경 보호 대상의 대표적인 곤충으로 꼽히는 것은, 반딧불이는 육상(물가)·수중·지중의 환경을 양호하게 유지하지 않으면 나타나지 않기 때문이다. 반딧불이는 농약, 수질 오염, 개발로 인한 서식처 파괴 등이 있을 경우 살지 못한다.

더욱이 반딧불이는 야행성이기 때문에 강한 불빛을 싫어한다. 따라서 농촌의 가로등과 차량의 불빛은 반딧불이를 사라지게 만든다. 복개된 서울의 청계천을 자연으로 돌려주면서 반딧불이가 살 수 있는 환경으로 만들자는 것도 이와 같은 까닭이다. 무주군 설천면 일원의 하천에서 반딧불이가 살고 있는 서식지가 발견되었고, 1982년 11월 4일 그 서식지는 천연기념물 제322호로 지정되었다.

노벨상이 만든 세상
화학상 I

초판인쇄 | 2007년 6월 20일
초판발행 | 2007년 6월 25일

지은이 | 이종호
펴낸이 | 주영희
펴낸곳 | 나무의 꿈

주소 | 121-842 서울시 마포구 서교동 482-38 B1층
전화 | 02-332-4037(代)
팩스 | 02-332-4031
출판등록 | 제10-1812호

ISBN 978-89-91168-17-6(04400)
ISBN 978-89-91168-14-5(전6권)

값은 뒤표지에 있습니다.
잘못된 책은 바꾸어 드립니다.